Die Regelung von Slots (Zeitnischen) im Luftverkehrsrecht

Studies in Global Economic Law
Studien zum globalen Wirtschaftsrecht
Études en droit économique mondial

edited by Thomas Cottier

Volume 12

PETER LANG
Bern · Berlin · Bruxelles · Frankfurt am Main · New York · Oxford · Wien

Bettina Beck

Die Regelung von Slots (Zeitnischen) im Luftverkehrsrecht

Vergabe, Übertragung und Anfechtung in der Schweiz und der EG unter rechtsvergleichender Berücksichtigung US-amerikanischer Normen

PETER LANG
Bern · Berlin · Bruxelles · Frankfurt am Main · New York · Oxford · Wien

Bibliografische Information Der Deutschen Bibliothek
Die Deutsche Bibliothek verzeichnet diese Publikation in der Deutschen Nationalbibliografie; detaillierte bibliografische Daten sind im Internet über ‹http://dnb.ddb.de› abrufbar.

Inauguraldissertation zur Erlangung der Würde eines Doctor iuris der Rechtswissenschaftlichen Fakultät der Universität Bern. Die Fakultät hat diese Arbeit am 21. Juni 2007 auf Antrag der beiden Gutachter, Prof. Dr. Thomas Cottier [Erstgutachter] und Prof. Dr. Regula Dettling-Ott [Zweitgutachterin], als Dissertation angenommen, ohne damit zu den darin ausgesprochenen Auffassungen Stellung nehmen zu wollen.

ISSN 1423-9531
ISBN 978-3-03911-737-6

Hochfeldstrasse 32, Postfach 746, CH-3000 Bern 9
info@peterlang.com, www.peterlang.com, www.peterlang.net

Printed in Germany

Dank

„Ich erkläre hiermit, diese Arbeit selbstständig verfasst zu haben." Ungefähr diese Bestätigung muss jeder Autor bei der Einreichung seiner Dissertation abgeben. Ich erkläre hiermit, diese Arbeit nicht selbstständig verfasst zu haben. Beim Rückblick auf Entstehung und Werden dieser Arbeit drängt sich *eine* Feststellung auf: Diese Arbeit verdanke ich zahlreichen Helfern an zahlreichen Orten und zu zahlreichen Zeiten.

Für das Thema und ein erstes weiterhelfendes Brainstorming danke ich Franco Gullotti, heute Leiter der Medienstelle bei der Swiss. Für die innerstaatliche Fachunterstützung danke ich dem Bundesamt für Zivilluftfahrt und ganz besonders Florin Hungerbühler. Er hat mir wertvollen Zugang zu Menschen und Dokumenten verschafft und mich fachlich vielfältig unterstützt. Für bereitwillige Auskünfte in slot-spezifischen Belangen danke ich Roland Hunziker, Manager ITC, Slot Coordination Switzerland. Für die Mithilfe vor Ort danke ich den ausländischen Koordinatoren und besonders Claus Ulrich, Deutschland, Peter Morrisroe, Grossbritannien und Marika Wynne-Jones, Kanada.

Für seine Hilfe in grundlegenden Dissertationsbelangen danke ich Matthias Oesch, Assistenzprofessor an der Universität Bern. Für die inneruniversitäre Begleitung über alle Jahre danke ich Sabine Müller, Vorsteherin des Dekanats der Rechtswissenschaftlichen Fakultät der Universität Bern. Für das positive Einbeziehen der Dissarbeiten im Arbeitsalltag danke ich der Anwaltskanzlei Wenger Plattner und insbesondere den Partnern Fritz Rothenbühler und Jürg Rieben (Bern) sowie Gerhard Schmid (Basel). Für die Erstellung der Dissertationsgutachten danke ich den Berner Professoren Regula Dettling-Ott (Zweitgutachterin) und Thomas Cottier (Erstgutachter). Professor Thomas Cottier danke ich auch für die Aufnahme in die Schriftenreihe „Studies in Global Economic Law".

Für ihr unermüdliches kritisches und fachliches Mitdenken danke ich meinen Freundinnen Beatrice Durrer und Daniela Klöti. Für ihre bedingungslose Unterstützung und Begleitung (auch meines Dissprojektes) danke ich meiner Familie und vor allem meinen Eltern Annemarie und Hans Beck. Für die immerwährende Förderung bis in die jüngste Zeit danke ich meinen Grosseltern, Hanny und Hans Beck und Hanni und Jakob Staub, denen ich das Buch auch widme.

Bettina Beck

Bern, im Juli 2007 (Abschluss der Arbeiten)
und im Oktober 2008 (Drucklegung).

Vorwort

Die auf grossen Flughäfen bestehenden Ressourcenknappheiten bezüglich Start- und Landeoperationen von Flugzeugen namentlich zu bevorzugten Tageszeiten machen es erforderlich, Zeitnischen (Slots) an die Luftverkehrsunternehmungen zu vergeben. Es handelt sich um ein Problem der gerechten Vergabe knapper Güter, wie sie auch in andern Bereichen des Wirtschaftsverwaltungsrechts bei der Vergabe von Lizenzen zu Tage treten.

Zeitnischen im Luftverkehr sind ein noch junges und wenig erforschtes Gebiet, das zudem nach wie vor in Entwicklung steht. Es handelt sich um ein praktisch wichtiges, wenn auch in hohem Masse spezialisiertes Thema, das für andere Rechtsbereiche indessen in seiner grundlegenden Problematik der Verteilungsgerechtigkeit im Spannungsfeld von Knappheit und Wettbewerb wie auch in Bezug auf Fragen des Rechtsschutzes im EG und schweizerischen Recht von allgemeinem Interesse für das nationale und internationale Wirtschaftsrecht ist.

Die vorliegende Berner Dissertation von Bettina Beck befasst sich mit den Rechtsgrundlagen von Zeitnischen im schweizerischen und europäischen Recht und behandelt die Auswirkungen des Handels mit denselben. Dabei berücksichtigt die Autorin auch die Erfahrungen des US-amerikanischen Rechts. Die Autorin hat die Arbeit selbständig konzipiert und mit grosser Eigenständigkeit erarbeitet und in der vorliegenden Druckfassung weiterer Vertiefung und Durchdringung unterzogen. Besonders verdienstvoll ist dabei, dass sich Aussagen und Erkenntnisse auf Umfragen bei den für die Handhabung der Zeitnischen verantwortlichen Behörden und Stellen in verschiedenen Ländern abstützen und als Grundlage für die Lösung anstehender Probleme herangezogen werden. Die Arbeit verbindet so auf gelungene Weise empirische und normative Untersuchungen und trägt wesentlich zur rechtlichen Durchdringung der im Luftverkehrsrecht bedeutsamen Ressourcenfrage bei. Sie zeigt auf eindrückliche Weise nicht nur die Auswirkungen des US-amerikanischen Rechts, sondern auch den in der Schweiz massgebenden Einfluss des EG Rechts auf. In diesem Sinne leistet sie auch einen interessanten Beitrag zum Verhältnis der Schweiz zum europäischen Recht und dessen prägenden Einfluss auf die Gestaltung des schweizerischen Luftverkehrsrechts im Rahmen des bilateralen Luftverkehrsabkommens mit der Europäischen Gemeinschaft.

Bern, im Juli 2008 Prof. Thomas Cottier

Inhaltsübersicht

Inhaltsverzeichnis

2. Teil: Die Vergabe und Übertragung von Slots

3. Teil: Der Rechtsschutz

Literaturverzeichnis

1. Monographien, Aufsätze und Kommentare

ABEYRATNE RUWANTISSA INDRANATH RAMYA, Aviation Trends in the New Millennium, Aldershot/Burlington/Singapore/Sydney 2001 (zit., Aviation Trends).

ABEYRATNE RUWANTISSA INDRANATH RAMYA, The Legal Status of the Chicago Convention and its Annexes, in: Air & Space Law 1994, S. 113ff. (zit., Chicago Convention).

ACHERMANN ALBERTO, Der Vorrang des Völkerrechts, in: Cottier Thomas/Achermann Alberto/Wüger Daniel/Zellweger Valentin (Hrsg.), Der Staatsvertrag im schweizerischen Verfassungsrecht, Bern 2001, S. 38.

AUER ANDRÉ, Die Abkommen über den Luftverkehr: Eine politische Würdigung, in: Felder Daniel/Kaddous Christine (Hrsg.), Bilaterale Abkommen Schweiz – EU, Erste Analysen, Basel/Brüssel 2001, S. 435ff.

BAILEY ELISABETH E./GRAHAM DAVID R./KAPLAN DANIEL P., Deregulating the Airlines, An Economic Analysis, Washington D.C. 1985.

BALINSKI MICHEL L./SAND FRANCIS M., Auctioning Landing Rights at Congested Airports, in: Young Peyton (Hrsg.), Cost Allocation: Methods, Principles, Applications, Amsterdam 1985, S. 179ff.

BALFOUR JOHN, Slots for Sale, in: Air and Space Law XXII/3 1997, S. 109ff. (zit., Slots for Sale).

BALFOUR JOHN, Slot Trading in the European Union, in: ZLW 2004, S. 145ff. (zit., Slot Trading).

BALFOUR JOHN, Who Really Owns Slots? A Legal View; Presentation at the London Strategy for Overcoming Slots Limitation Congress, 22. Juli 2000 (zit., Who Owns Slots).

BASS TOM, The Role of Market Forces in the Allocation of Airport Slots, in: Boyfield Keith (Hrsg.), A Market in Airport Slots, London 2003, S. 80ff.

BECKER AXEL/JOST PETER/STROHMAYER ANDREAS, Flight unlimited 2015, in: Internationales Verkehrswesen 53 2001, S. 203ff.

BENNET DAVID L., The US System, in: Presentation at the IATA Symposium and Exhibition on Slot Allocation, Brüssel, 10./11. September 1991.

BERNAUW K., Airport/Airspace Congestion and Slot Allocation, in: European Transport Law 28 1993, S. 40ff.

BÖCKSTIEGEL KARL-HEINZ/KRÄMER PAUL MICHAEL, Völkerrechtliche Gestaltungsvorgaben für die Einführung einer wettbewerbsorientierten Allokation von Start- und Landeslots, in: ZLW 1995, S. 269ff., S. 283, S. 371ff.

BÖLHOFF CORINNA, Das Rechtsmittelverfahren vor dem Gerichtshof der Europäischen Gemeinschaften: Verfahren, Prüfungsumfang und Kontrolldichte, Baden-Baden 2001.

BORRMANN JÖRG, Zur Allokation von Start- und Landerechten: Eine Kritik an den Regulierungsvorschlägen der EG-Kommission, in: WuW 9 1991, S. 678 ff.

BOYFIELD KEITH, Who owns Airport Slots? A Market Solution to a Deepening Dilemma, in: Boyfield Keith (Hrsg.), A Market in Airport Slots, London 2003, S. 21 ff.

BRACHMANN ULRICH, Die rechtlichen und tatsächlichen Möglichkeiten zugunsten eines effektiven Wettbewerbs trotz überlasteter Flughäfen im europäischen Luftverkehr, Diss. Konstanz 1994.

BREITENMOSER STEPHAN/HUSHEER ANDRÉ, Europarecht, Bd. 1, Institutionelle Grundlagen von EU und EG, 2. Aufl., Zürich 2002.

BREITENMOSER STEPHAN/SEITZ CLAUDIA, Das Beihilferecht im Luftverkehrsbereich, in: Schweizerisches Jahrbuch für Europarecht 2003, Zürich/Basel/Genf/Bern 2004, S. 197 ff.

CASSESE ANTONIO, International Law, 2. Aufl., Oxford 2005.

CATLING JOHN, Organisation und Politik des Wirtschafts- und Sozialausschusses, in: Röttinger Moritz/Weyringer Claudia (Hrsg.), Handbuch der europäischen Integration: Strategie, Struktur und Politik, 2. Aufl., Wien 1996, S. 128 ff.

CZERNY ACHIM INGO/TEGNER HENNING, Secondary Markets for Runway Capacity, in: Essay for the Seminar of the Imprint-Europe Thematic Network „Implementing Reform on Transport Pricing: identifying mode-specific Issues“, Brüssel 2002, S. 8 ff.

CLEIS ANDREAS, Delta Airlines, in: Neue Zürcher Zeitung, 15. September 2005, S. 21 (zit., Delta Airlines).

CLEIS ANDREAS, Delta und Northwest unter Gläubigerschutz; die Hälfte der US-Flugbranche im Sanierungsverfahren, in: Neue Zürcher Zeitung, 16. September 2005, S. 21 (zit., Delta und Northwest).

CORNELIUS SABINE, Zur effizienten Allokation knapper Ressourcen – Das Beispiel der Vergabe von Start- und Landerechten an überlasteten Flughäfen in den USA, in: Volkswirtschaftliche Forschung und Entwicklung, Bd. 82, München 1994, S. 202 ff.

COTTIER THOMAS/EVTIMOV ERIK, Probleme des Rechtsschutzes bei der Anwendung der sektoriellen Abkommen mit der EG, in: Cottier Thomas/Oesch Matthias (Hrsg.), Die sektoriellen Abkommen Schweiz – EG, Ausgewählte Fragen zur Rezeption und Umsetzung der Verträge vom 21. Juni 1999 im Schweizerischen Recht, BTJP, Bern 2002, S. 179 ff. (zit., Probleme des Rechtsschutzes).

COTTIER THOMAS/EVTIMOV ERIK, Die sektoriellen Abkommen der Schweiz mit der EG: Anwendung und Rechtsschutz, in: ZBJV 2/2003, S. 77 ff. (zit., Sektorielle Abkommen).

COTTIER THOMAS/OESCH MATTHIAS, Einleitung und Übersicht, in: Cottier Thomas/Oesch Matthias (Hrsg.), Die sektoriellen Abkommen Schweiz – EG, Ausgewählte Fragen zur Rezeption und Umsetzung der Verträge vom 21. Juni

1999 im Schweizerischen Recht, BTJP, Bern 2002, S. 1 ff. (zit., Sektorielle Abkommen Schweiz – EG).

COTTIER THOMAS/OESCH MATTHIAS, International Trade Regulation, Law and policy in the WTO, the European Union and Switzerland, Cases, Materials and Comments, Bern 2005 (zit., International Trade Regulation).

COTTIER THOMAS/DZAMKO DANIEL/EVTIMOV ERIK, Die europakompatible Auslegung des schweizerischen Rechts, in: Schweizerisches Jahrbuch für Europarecht 2003, Zürich/Basel/Genf/Bern 2004, S. 357 ff.

CRAIG PAUL/DE BURCA GRAINNE, EU Law, Text, Cases, and Materials, Oxford 2003.

DEMPSEY PAUL STEVEN, Aerial Dogfights over Europe: The Liberalisation of EEC Air Transport, in: Journal of Air Law and Commerce 53 1989, S. 615 ff.

DE NEUFVILLE RICHARD/ODONI AMADEO, Airport Systems, Planning, Design and Management, New York 2003.

DETTLING-OTT REGULA, Abkommen über den Luftverkehr, in: Thürer Daniel/Weber Rolf H./Zäch Roger (Hrsg.), Bilaterale Verträge Schweiz – EG, Ein Handbuch, Zürich 2002, S. 459 ff. (zit., Abkommen).

DETTLING-OTT REGULA, Auswirkungen des Luftverkehrsabkommens auf die Rechtsstellung der Flugpassagiere, in: Cottier Thomas/Oesch Matthias (Hrsg.), Die sektoriellen Abkommen Schweiz – EG, Ausgewählte Fragen zur Rezeption und Umsetzung der Verträge vom 21. Juni 1999 im Schweizerischen Recht, BTJP, Bern 2002, S. 83 ff. (zit., Auswirkungen LVA).

DETTLING-OTT REGULA, Das sektorielle Luftverkehrsabkommen zwischen der Schweiz und der Europäischen Gemeinschaft: Aspekte der Anwendbarkeit und eine erste Bilanz, in: ZSR 2006, S. 3 ff. (zit., Das sektorielle Luftverkehrsabkommen).

DETTLING-OTT REGULA, Der Flughafen Zürich und die Auseinandersetzung mit der Bundesrepublik Deutschland über den An- und Abflug: The right to fly vs. the right to sleep, in: Jaag Tobias (Hrsg.), Rechtsfragen rund um den Flughafen, Zürich/Basel/Genf 2004, S. 57 ff. (zit., Flughafen Zürich);

DETTLING-OTT REGULA, Rechtliche Fesseln bei Allianzen mit Swiss; Kein Ende der Nationalitätenklauseln in Sicht, in: Neue Zürcher Zeitung, 26. August 2003, S. 15 (zit., Rechtliche Fesseln).

DOGANIS RIGAS, The Airport Business, London 1992 (zit., Airport).

DOGANIS RIGAS, The Airline Business in the Twenty-First Century, London 2001 (zit., Airline Business).

ENCHELMAIER STEFAN, Europäisches Wirtschaftsrecht, Stuttgart 2005.

ENZ WERNER, Das Slot-Regime in Zürich gewinnt an Bedeutung, in: Neue Zürcher Zeitung, 6. Juli 2005, S. 30.

EPINEY ASTRID/RIEDER ANDREAS/VON DANCKELMANN IRA, Europarecht, Bd. 1, Das institutionelle Recht der Europäischen Union, Bern 2004.

EWERS GIDEON, Airports Must Have Control Over Their Assets, in: Airport Business Communiqué October/November 2001.

FABERMANN EDWARD, Allocation of Capacity – The Only Real Alternative, in: Airport Operators Council International, 41st Annual Conference, Seattle 1988.

FASCHING WOLFGANG, Slot Allocation – Die unterschiedlichen Slotzuteilungsmechanismen und ihre Auswirkungen auf die Flughäfen, Wien 1994.

FELDER DANIEL, Appréciation juridique et politique du cadre institutionnel et des dispositions générales des accords sectoriels, in: Felder Daniel/Kaddous Christine (Hrsg.), Bilaterale Abkommen Schweiz – EU, Erste Analysen, Basel/Brüssel 2001, S. 117ff.

FELDER DANIEL/GRESCH LUKAS/HOLZER PATRICK EDGAR/LAUPER STEPHAN/DI PIETRO MICHEL/SCHLEISS YVONNE/SIEGWART KARINE/TRUFFER SEBASTIEN/WEBER URS, Sektorielle Abkommen CH-EG von 1999: Erste Erfahrungen, in: Schweizerisches Jahrbuch für Europarecht 2003, Zürich, Basel, Genf, Bern 2004, S. 429ff.

FLOTTAU JENS, Madrid Barajas olé, in: Aero International, Das internationale Magazin der Luftfahrt, November 2003, S. 38ff.

FRIESE ULRICH, Starker Andrang in London-Heathrow, in: Frankfurter Allgemeine Zeitung, 24. September 2003, S. 17.

GAEBEL CLEMENS, Slots als Eigentum: Verfassungsrechtlicher Eigentumsschutz von Start- und Landezeiten, in: TranspR 1990, S. 407ff.

GEMPERLE REINHOLD, Hat die Schweiz Chancen vor dem EuGH? Anfechtbare deutschte Flugbeschränkungen, in: Neue Zürcher Zeitung, 19. Dezember 2003, S. 21.

GIEMULLA ELMAR/SCHMID RONALD, Nochmals – Wem gehört die Zeit?, in: ZLW 1995, S. 259ff.

GRETHER DAVID M./ISAAC MARK R./PLOTT CHARLES R., The Allocation of Scarce Resources, Experimental Economics and the Problem of Allocating Airport Slots, Boulder/San Francisco/London 1989.

GRUNDMANN SILVIA, Marktöffnung im Luftverkehr: Hoheitliche Eintrittsbarrieren in den USA und in der EG, Baden-Baden 1999.

GYGI FRITZ, Bundesverwaltungsrechtspflege, 2. Aufl., Bern 1983 (zit., Bundesverwaltungsrechtspflege).

GYGI FRITZ, Verwaltungsrecht – Eine Einführung, Bern 1986 (zit., Verwaltungsrecht).

HÄFELIN ULRICH/HALLER WALTER, Schweizerisches Bundesstaatsrecht, 5. Aufl., Zürich 2001.

HÄFELIN ULRICH/MÜLLER GEORG, Allgemeines Verwaltungsrecht, 4. Aufl., Zürich 2002.

HALDIMANN URS, Grundzüge des Abkommens über den Luftverkehr, in: Felder Daniel/Kaddous Christine (Hrsg.), Bilaterale Abkommen Schweiz – EU, Erste Analysen, Basel/Brüssel 2001, S. 443ff.

HANIOTIS TONI, Auctions as a Trade Policy Instrument, in: Cottier Thomas/Mavroidis Petros C. (Hrsg.), State Trading in the Twenty-First Century, World Trade Forum, Volume I, Michigan 1998, S. 365ff.

HARDAWAY ROBERT M., Airport Regulation: Law and Public Policy, The Management and Growth of Infrastructure, New York 1991 (zit., Airport Regulation).

HARDAWAY ROBERT M., The FAA Buy-Sell-Rule: Airline Deregulation at the Crossroads, in: Journal of Air Law and Commerce 1986, S. 1 ff. (zit., The FAA Buy-Sell-Rule).

HETMEIER HEINZ, in Lenz Peter (Hrsg.), EGV-Kommentar, 2. Aufl., Köln 1999.

HÖFNER J. BERND, Strukturwandel im europäischen Luftverkehr: Marktstrukturelle Konsequenzen der Deregulierung, Diss. Köln 1993.

HOLZ HANS PETER, Ansätze für eine marktkonforme Slotvergabe- und Gebührenpolitik nach der Liberalisierung des Luftverkehrs in der Europäischen Gemeinschaft, in: Zeitschrift für Verkehrswissenschaft 62 1991, S. 229 ff.

HONSELL HEINRICH, Schweizerisches Obligationenrecht, Besonderer Teil, 7. Aufl., Bern 2003.

HORONJEFF ROBERT, Planning and Design of Airports, New York 1994.

HÖLTSCHI RENÉ, Die EU billigt Übernahme der Swiss durch Lufthansa; Abtreten von Slots als Auflage, in: Neue Zürcher Zeitung, 6. Juli 2005, S. 30 (zit., EU billigt Übernahme).

HÖLTSCHI RENÉ, EU genehmigt Allianz von Air France und Alitalia, Freigabe von bis zu 84 Slots, in: Neue Zürcher Zeitung, 8. April 2004, S. 23 (zit., EU genehmigt Allianz).

HULET JOHN, Study on Airport Slot Allocation, Final Report, Camberley 1991.

HUMPHEREYS BARRY, Slot Allocation: A Radical Solution, in: Boyfield Keith (Hrsg.), A Market in Airport Slots, London 2003, S. 94 ff.

HÜSCHELRATH KAI, Infrastrukturengpässe im Luftverkehr: Die Vergabe von Start- und Landerechten an Flughäfen, Wiesbaden 1998.

JAAG TOBIAS, Die schweizerischen Flughäfen: Rechtsgrundlagen, Organisation und Verfahren, in: Jaag Tobias (Hrsg.), Rechtsfragen rund um den Flughafen, Zürich/Basel/Genf 2004, S. 31 ff. (zit., Flughäfen).

JAAG TOBIAS, Europarecht; Die europäischen Institutionen aus schweizerischer Sicht, Zürich/Basel/Genf 2003 (zit., Europarecht).

JAAG TOBIAS, Institutionen und Verfahren, in: Thürer Daniel/Weber Rolf H./Zäch Roger (Hrsg.), Bilaterale Verträge Schweiz – EG, Ein Handbuch, Zürich 2002, S. 39 ff. (zit., Institutionen und Verfahren).

JAAG TOBIAS/MÜLLER GEORG/TSCHANNEN PIERRE/ZIMMERLI ULRICH, Ausgewählte Gebiete des Bundesverwaltungsrechts, 5. Aufl., Basel/Genf/München 2003.

KADDOUS CHRISTINE, Les accords sectoriels dans le système des relations extérieures de l'Union européenne, in: Felder Daniel/Kaddous Christine (Hrsg.), Bilaterale Abkommen Schweiz – EU, Erste Analysen, Basel/Brüssel 2001, S. 77 ff.

KARK ANDREAS, Die Liberalisierung der europäischen Slotvergabe und das Wettbewerbsrecht der Europäischen Gemeinschaft, Diss. Frankfurt 1989.

KARLEN PETER, Das neue Bundesgerichtsgesetz, Die wesentlichen Neuerungen und was sie bedeuten, Basel/Genf/München 2006.

KILLIAN MATTHIAS, Der Handel mit Slots, Die Entscheidung des High Court im Verfahren Regina vs. Airport Co-Ordination Ltd., in: TranspR 2000, S. 159 ff.

KLEIT ANDREW N./KOBASHI BRUCE H., Market Failure or Market Efficiency? Evidence on Airport Slot Usage, in: Research in Transportation Economics 4, Conneticut 1996, S. 1 ff.

KIRSCHNER HEINRICH/KLÜPFEL KARIN, Das Gericht erster Instanz der europäischen Gemeinschaften, Aufbau, Zuständigkeiten, Verfahren, 2. Aufl., Köln/Berlin/Bonn/München 1998.

KNIEPS GÜNTHER, Slothandel als marktwirtschaftliches Instrument bei Knappheitsproblemen an Flughäfen, in: DVWG (Hrsg.), Bd. 189, Die Verfahrensregelungen für die Vergabe von Start- und Landezeiten (Slots) bei Kapazitätsengpässen an Flughäfen, Bergisch Gladbach 1996, S. 4 ff. (zit., Slothandel).

KNIEPS GÜNTHER, Überlastung des Luftraums – Potentiale der Marktsteuerung, in: ORDO 41 1990, S. 7 f., S. 195 ff. (zit., Überlastung des Luftraums).

KOST ALBERT, Die Zuweisung von Start- und Landezeitnischen (Slots) im zivilen Luftverkehr: völkerrechtliche, schweizerische und europarechtliche Grundlagen, Diss. Bern 2003.

KÖLZ ALFRED/HÄNER ISABELLE, Verwaltungsverfahren und Verwaltungsrechtspflege des Bundes, 2. Aufl., Zürich 1998.

KRAHN HENNING, Markteintrittsbarrieren auf dem deregulierten US-Amerikanischen Luftverkehrsmarkt – Schlussfolgerungen für die Luftverkehrspolitik der Europäischen Gemeinschaft, Frankfurt 1993.

KRAUSKOPF PATRICK/CARRON-ROTH SABRINA, Rechtsentwicklungen im europäischen Recht und die Schweiz: Wettbewerbsrecht 2003, in: Schweizerisches Jahrbuch für Europarecht 2003, Zürich/Basel/Genf/Bern 2004, S. 171 ff.

KUNZ DANIEL, Verfahren und Rechtsschutz bei der Vergabe von Konzessionen: Eine Analyse der Anforderungen an eine rechtsstaatliche Verteilungslenkung bei begrenzten wirtschaftlichen Berechtigungen, Diss. Bern 2004.

KUNZ MARTIN, Kooperationsvereinbarungen im Luftverkehr, in: DVWG (Hrsg.), Bd. 199, Wettbewerbspolitik in deregulierten Verkehrsmärkten – Interventionismus oder Laisser Faire?, Bergisch Gladbach 1997, S. 38 ff.

KWONG KAI-SUN, Towards Open Skies and Uncongested Airports, An Opportunity for Hong Kong, Hongkong 1988.

LANGNER SABINE, Contractual Aspects of Transacting Slots in the United States, in: Journal of Air Transport Management 2 1999, S. 151 ff. (zit., Transacting Slots).

LANGNER SABINE, The Allocation of Slots in the Airline Industry, Baden-Baden 1996 (zit., Allocation of Slots).

LENDI MARTIN, Offene Fragen im Bereich des Verkehrs – die neue Bundesverfassung als Vorgabe, in: ZSR 2001, S. 491 ff.

LÜKING JOST, Angebotsplanung und Fluggastverhalten im überlasteten Luftverkehrssystem, Bern 1994.

MAFFEO DARIO, Slot Trading in the Reform of the Council Regulation EEC No. 95/93: A Comparative Analysis with the United States, in: Journal of Air Law and Commerce Vol. 66 Nr. 4 2001, S. 1569 ff. (zit., Slot Trading).

MAFFEO DARIO, Sull'Ammissibilità di Contratti di Compravendita di Slots, in: Diritto di Trasporti 1999, S. 668 ff. (zit., Contratti di Compravendita).

MCAFEE PRESTON/MCMILLAN JOHN, Auctions and Bidding, in: Journal of Economic Literature 1987, S. 699 ff.

MENSEN HEINRICH, Handbuch der Luftfahrt, 2. Aufl., Heidelberg 2003 (zit., Luftfahrt).

MENSEN HEINRICH, Moderne Flugsicherung, Berlin/Heidelberg 1993 (zit., Flugsicherung).

MESTMÄCKER ERNST-JOACHIM/SCHWEITZER HEIKE, Europäisches Wettbewerbsrecht, 2. Aufl., München 2004.

MEYER HENNING, Zur aktuellen Slotvergabepraxis, Luftverkehr – offener Himmel über Europa?, Institut für Verkehrswissenschaft, Münster 1991.

MICKEL WOLFGANZ W./BERGMANN JAN M., Handlexikon der Europäischen Union, Stuttgart 2005.

MILDE MICHAEL, The Chicago Convention – After Forty Years, in: Annals of Air & Space Law 1984, S. 119 ff.

MRUSEK KONRAD, Swiss entscheidet sich gegen Lufthansa, in: Frankfurter Allgemeine Zeitung, 24. September 2003, S. 11.

MÜLLER JÖRG PAUL, Grundrechte in der Schweiz: im Rahmen der Bundesverfassung von 1999, der UNO-Pakte und der EMRK, 3. Aufl. Bern 1999.

NIEJAHR MICHAEL, Neuere Überlegungen zur Vergabe von Slots, in: DVWG (Hrsg.), Bd. 189, Die Verfahrensregelungen für die Vergabe von Start- und Landezeiten (Slots) bei Kapazitätsengpässen an Flughäfen, Bergisch Gladbach 1996, S. 55 ff.

OESCH MATTHIAS, Das Vorabentscheidungsverfahren des Europäischen Gerichtshofes: Auswirkungen auf das Prozessrecht der Kantone am Beispiel Berns, in: Cottier Thomas/Kopske Alwin R. (Hrsg.), Der Beitritt der Schweiz zur Europäischen Union, Zürich 1998, S. 487 ff.

OLIVA CARL/HÜTTENMOSER CORNELIA/LÜKING JOST, Liberalisierung im Luftverkehr: Folgen für die Schweiz, Bern 2000.

OLTEN RAINER, Wettbewerbstheorie und Wettbewerbspolitik, München 1995.

PEDRAZZINI MARIO/OBERHOLZER NIKLAUS, Grundriss des Personenrechtes, 4. Aufl., Bern 1993.

RASSENTI STEVEN J./SMITH VERNON L./BULFIN RON. L., A combinatorial Auction Mechanism for Airport Time Slot Allocation, in: Bell Journal of Economics 13 1982, S. 402 ff.

ROEBEN ASTRID, Himmlische Hölle, in: Aero International, Das internationale Magazin der Luftfahrt, Februar 2004, S. 36 ff. (zit., Himmlische Hölle).

ROEBEN ASTRID, Vorreiter, in: Aero International, Das internationale Magazign der Luftfahrt, August 2002, S. 43 (zit., Vorreiter).

SALADIN PETER, Das Verwaltungsverfahrensrecht des Bundes, Basel/Stuttgart 1979.

SANDVOSS JÖRG, Slots – für Airlines der Engpassfaktor Nr. 1, in: DVWG (Hrsg.), Bd. 189, Die Verfahrensregelungen für die Vergabe von Start- und Landezeiten (Slots) bei Kapazitätsengpässen an Flughäfen, Bergisch Gladbach 1996, S. 82 ff.

SAXER MATTHIAS, Die ganze Wertschöpfungskette liberalisieren; neue und alte Sorgen der Luftfahrtindustrie, in: Neue Zürcher Zeitung, 1. März 2004, S. 7.

SCHENK GORDON PAUL, Auf dem Weg zu einem gemeinsamen Markt im Luftverkehr, Entwicklung der Liberalisierung und der Verkehrsmärkte in den USA und Europa, Diss. Hamburg 2003.

SCHNEUWLY PHILIPPE, Die Kosten der schweizerischen Luftverkehrspolitik: Bilaterale Abkommen und Slot-Zuteilungen als Wettbewerbsbehinderungen, in: Neue Zürcher Zeitung, 11. Juli 1998, S. 29.

SCHÖLCH MANFRED, Die Anforderungen der Flughäfen an ein Slotvergabesystem, in: DVWG (Hrsg.), Bd. 189, Die Verfahrensregelungen für die Vergabe von Start- und Landezeiten (Slots) bei Kapazitätsengpässen an Flughäfen, Bergisch Gladbach 1996, S. 64ff.

SCHRÖDER MAINHARD, Art. 227 EGV, in: Groeben Hans/Thiesing Jochen/Ehlermann Claus-Dieter (Hrsg.), Kommentar zum EU-/EG-Vertrag, Artikel 210–248 EGV, Bd. 5, 5. Aufl., Baden-Baden 1997.

SCHWENK WALTER/GIEMULLA ELMAR, Handbuch des Luftverkehrsrechts, 3. Aufl., Köln/Berlin/München 2005.

SEIDL ULRIKE, Marktmechanismus versus Dirigismus bei der Slotallokation in der Europäischen Union: Eine ökonomische Analyse eines politischen Prozesses, Diss. Frankfurt 2000.

SEIDLER ANDREAS, Slotvergabe auf hochbelasteten europäischen Flughäfen, Diplomarbeit Universität Lüneburg 2000.

SILINGARDI GABRIELE/MAFFEO DARIO, Gli Slots: Il caso Italia fra esperienza statunitense e comunitaria, Torino 1997, S. 35ff.

SPAETH ANDREAS, Flughafen und Luftverkehr, Wirtschaftliche Aspekte einer Partnerschaft, Landsberg/Lech 1995.

STARKIE DAVID, Allocating Airport Slots, A Role for the Market, in: Journal of Air Transport Management and Policy 4 1998, S. 111ff. (zit., Allocating Airport Slots).

STARKIE DAVID, Recent Developments in Slot Allocation: What can we learn from the U.S. Market in Airport Slots?, in: Dagtoglou P.D./Lind H./Mirmina S.A. (Hrsg.), European Air Law Association, 8th Annual Conference in Copenhagen, Athen/Den Haag/London/Boston 1996, S. 109ff. (zit., Recent Developments).

STARKIE DAVID, Slot Trading at United States Airports: A Report for the Director General for Transport of the European Communities, London 1992 (zit., Slot Trading).

STARKIE DAVID, The Economics of Secondary Markets for Airport Slots, in: Boyfield Keith (Hrsg.), A Market in Airport Slots, London 2003, S. 51ff. (zit., Secondary Markets).

STARKIE DAVID, The US Market in Airport Slots, in: Journal of Transport Economics and Policy 28 1994, S. 325ff. (zit., US Market).

STREIT MARC PATRICK, Grundlagen und Ausgestaltung von Flughafengebühren im schweizerischen Recht unter besonderer Berücksichtigung des Flughafens Zürich, Diss. Bern 2005.

TEGNER HENNING, Slotvergabe auf deutschen Flughäfen, in: Knappe Netzkapazitäten – Probleme und Lösungsstrategien in offenen Verkehrs- und Versorgungsnetzen, 34. Verkehrswissenschaftliches Seminar, Freiburg im Breisgau 2001, S. 109ff.

TETTENBORN ALEXANDER, Die Deregulierung des Luftverkehrs in den Europäischen Gemeinschaften und in den USA unter besonderer Berücksichtigung der kartellrechtlichen Aspekte, Diss. Husum 1993.

THÜRER DANIEL, Verfassungsrecht und Völkerrecht, in: Thürer Daniel/Aubert Jean-François/Müller Jörg Paul (Hrsg.), Verfassungsrecht der Schweiz, Zürich 2001, S. 179ff.

THÜRER DANIEL/HILLEMANNS CAROLIN, Allgemeine Prinzipien, in: Thürer Daniel/Weber Rolf H./Zäch Roger (Hrsg.), Bilaterale Verträge Schweiz – EG, Ein Handbuch, Zürich 2002, S. 17ff.

TSCHANNEN PIERRE, Staatsrecht der schweizerischen Eidgenossenschaft, Bern 2004.

TSCHANNEN PIERRE/ZIMMERLI ULRICH, Allgemeines Verwaltungsrecht, 2. Aufl., Bern 2004.

TSCHENTSCHER THOMAS/KOENIG CHRISTIAN, Rechtsqualität, Vergabe und Übertragbarkeit so genannter „Slots“ nach deutschem Luftverkehrsrecht, in: Neue Verwaltungsrechtliche Zeitschrift 3 1991, S. 219ff.

ULRICH CLAUS, Die Flugplankoordination der Bundesrepublik Deutschland, Bisherige Verfahren, Möglichkeiten und Grenzen, in: DVWG (Hrsg.), Bd. 189, Die Verfahrensregelungen für die Vergabe von Start- und Landezeiten (Slots) bei Kapazitätsengpässen an Flughäfen, Bergisch Gladbach 1996, S. 17ff.

VIEHHOFF IWAN/JONES IAN/MARK PHILIP, The Economics of Airport Slots, in: Fiscal Studies 14 1993, S. 37ff.

VON BÜREN ROLAND/MARBACH EUGEN, Immaterialgüter- und Wettbewerbsrecht, 2. Aufl., Bern 2002.

VON BÜREN ROLAND, Auswirkungen des Luftverkehrsabkommens auf das Wettbewerbsrecht, in: Cottier Thomas/Oesch Matthias (Hrsg.), Die sektoriellen Abkommen Schweiz – EG, Ausgewählte Fragen zur Rezeption und Umsetzung der Verträge vom 21. Juni 1999 im Schweizerischen Recht, BTJP, Bern 2002, S. 71ff.

WEBER ROLF H./SKRIPSKY MARTIN, Verhältnis Bilaterale Verträge zum EU-Recht und WTO-Recht, in: Thürer Daniel/Weber Rolf H./Zäch Roger (Hrsg.), Bilaterale Verträge Schweiz – EG, Ein Handbuch, Zürich 2002, S. 65ff.

WEIDENFELD WERNER/WESSELS WOLFGANG, Europa von A-Z, Taschenbuch der europäischen Integration, Berlin 2006.

WEIMANN LORENZ CHRISTIAN, Markteintrittsbarrieren im europäischen Luftverkehr, Konsequenzen für die Anwendbarkeit der Theorie der Contestable Markets, Hamburg 1998.

WENDLIK HERBERT, Politik und Elemente der Slotvergabe, in: Zeitschrift für Verkehrswissenschaft 64 1993, S. 260ff.

WENGLORZ W. GEORG/WITTMANN MARKUS, Tarife im EG-Linienverkehr, in: Zeitschrift für Verkehrswissenschaft 1991, S. 144ff.

WILKEN DIETER, Möglichkeiten zur Aufteilung des Luftverkehrs, in: Internationales Verkehrswesen 44 1992, S. 210ff.

WILLECKE RAINER/HOLZ HANS PETER, Die zukünftige Entwicklung des Schienen- und Luftverkehrs in der Bundesrepublik Deutschland vor dem Hintergrund von Integration und Liberalisierung in der Europäischen Gemeinschaft, Endbericht zum Forschungsprojekt A10/16.36/90242/87 des deutschen Bundesministeriums für Verkehr 1991.

WITTMANN MARKUS, Die Liberalisierung des Luftverkehrs in der europäischen Gemeinschaft, Diss. Konstanz 1994.

WOERZ CLAUDIA, Deregulierungsfolgen im Luftverkehr, Handlungsempfehlungen für Marktordnung und Umweltpolitik, Heidelberg 1996.

WOLF HARTMUT, Alternative Verfahren der Slotallokation auf hochbelasteten Flughäfen, Kieler Arbeitspapier Nr. 652, Kiel 1994 (zit., Slotallokation).

WOLF HARTMUT, Möglichkeiten und Grenzen marktwirtschaftlicher Verfahren zur Vergabe von Start- und Landerechten auf Flughäfen – Vorschlag für ein „zweitbestes Auktionsverfahren", Kieler Arbeitspapier Nr. 671, Kiel 1995 (zit., Marktwirtschaftliche Verfahren).

WOLF HARTMUT, Privatisierung im Flughafensektor, Eine ordnungspolitische Analyse, Kieler Studien 325, Heidelberg 2003 (zit., Privatisierung).

WOLF HARTMUT, Zur Vergabe von Start- und Landerechten auf europäischen Flughäfen, Administrative Lenkung oder Auktionsverfahren?, in: Die Weltwirtschaft 1991, S. 187ff. (zit., Vergabe von Start- und Landerechten).

WOLF HARTMUT, Zur wettbewerbsmässigen Organisation des Zugangs zu Flughäfen, in: DVWG (Hrsg.), Bd. 199, Wettbewerbspolitik in deregulierten Verkehrsmärkten – Interventionismus oder Laisser Faire?, Bergisch Gladbach 1997, S. 67ff. (zit., Zugang zu Flughäfen).

WOLF PETER, Die Grundregeln des Wettbewerbs im Luftverkehr, in: Gröner Helmut (Hrsg.), Regulierung und Wettbewerb im europäischen Luftverkehr, Berlin 1989, S. 15ff.

ZÄCH ROGER, Gesamtüberblick, in: Thürer Daniel/Weber Rolf H./Zäch Roger (Hrsg.), Bilaterale Verträge Schweiz – EG, Ein Handbuch, Zürich 2002, S. 3ff.

ZIMMERLI ULRICH/KÄLIN WALTER/KIENER REGINA, Grundlagen des öffentlichen Verfahrensrechts, Bern 2003.

ZOELLER TOM, Slot Changes under AIR 21, Washington 2002.

2. Materialien und Rechtsquellen

a) Schweiz

Abkommen zwischen der Schweizerischen Eidgenossenschaft und der Europäischen Gemeinschaft über den Luftverkehr vom 21. Juni 1999 (Luftverkehrsabkommen), SR 0.748.127.192.68 (zit., LVA).

Approbation du Règlement d'exploitation de l'Aéroport International de Genève vom 31. Mai 2001, Office fédéral de l'aviation civile, 414.00.

Betriebsreglement des Flughafens Zürich vom 31. Mai 2001, mit Änderungen vom 18. Oktober 2001, 15. Oktober 2002, 19. Dezember 2002, 16. April 2003, 23. Juni 2003, 27. September 2003 und 27. Dezember 2004 (Stand: Januar 2005).

Bundesgesetz über das Bundesgericht vom 17. Juni 2005 (Bundesgerichtsgesetz), wird ab Inkrafttreten die SR-Nummer des bisherigen Bundesrechtspflegegesetzes (OG) übernehmen, vgl. bisher BBl 2005 S. 4045 (zit., BGG).

Bundesgesetz über das Bundesverwaltungsgericht vom 17. Juni 2005 (Verwaltungs-gerichtsgesetz), noch keine SR-Nummer, da noch nicht in Kraft, vgl. aber BBl 2005, S. 4093 (zit., VGG).

Bundesgesetz über das Bundesstrafgericht vom 4. Oktober 2002 (Strafgerichtsgesetz), SR 173.71 (zit., SGG).

Bundesgesetz über das Verwaltungsverfahren vom 20. Dezember 1968 (Verwaltungsverfahrensgesetz), SR 172.021 (zit., VwVG).

Bundesgesetz über die Verantwortlichkeit des Bundes sowie seiner Behördenmitglieder und Beamten vom 14. März 1958 (Verantwortlichkeitsgesetz), SR 170.32.

Bundesgesetz über die Luftfahrt vom 21. Dezember 1948 (Luftfahrtgesetz), SR 748.0 (zit., LFG).

Bundesgesetz über die Organisation der Bundesrechtspflege vom 16. Dezember 1943 (Bundesrechtspflegegesetz), SR 173.110 (zit., OG).

Bundesverfassung der Schweizerischen Eidgenossenschaft vom 18. April 1999, SR 101 (zit., BV).

Verordnung über die Koordination von Zeitnischen (Slots) auf Flughäfen vom 17. August 2005, SR 748.131.2 (zit., Slotkoordinationsverordnung).

Verordnung über die Infrastruktur der Luftfahrt vom 23. November 1994, SR 748.131.1 (zit., VIL).

Verordnung über Organisation und Verfahren eidgenössischer Rekurs- und Schiedskommissionen vom 3. Februar 1993, SR 173.31 (zit., VRSK).

Verordnung über die Luftfahrt vom 14. November 1973 (Luftfahrtverordnung), SR 748.01 (zit., LFV).

b) *Europa (EG)*

Geänderter Vorschlag für eine Verordnung des Europäischen Parlaments und des Rates zur Änderung der Verordnung EWG Nr. 95/93 des Rates vom 18. Januar 1993 über gemeinsame Regeln für die Zuweisung von Zeitnischen auf Flughäfen in der Gemeinschaft vom 7. November 2002 (zit., KOM 2002 623).

Gemeinsamer Standpunkt (EG) Nr. 22/2004 im Hinblick auf den Erlass der Verordnung (EG) Nr. 793/2004 des Europäischen Parlaments und des Rates vom 21. April 2004 zur Änderung der Verordnung (EWG) Nr. 95/93 des Rates über gemeinsame Regeln für die Zuweisung von Zeitnischen auf Flughäfen in der Gemeinschaft, vom Rat festgelegt am 19. Februar 2004 (zit., GS Nr. 22/2004).

Mitteilung der Europäischen Kommission an das Europäische Parlament betreffend den vom Rat angenommenen gemeinsamen Standpunkt im Hinblick auf den Erlass des geänderten Vorschlags für eine Verordnung des Europäischen Parlaments und des Rates zur Änderung der Verordnung EWG Nr. 95/93 des Rats vom 18. Januar 1993 über gemeinsame Regeln für die Zuweisung von Zeitnischen auf Flughäfen in der Gemeinschaft vom 24. Februar 2004 (zit., KOM 2004 136).

Mitteilung der Europäischen Kommission an das Europäische Parlament über den Gemeinsamen Standpunkt des Rates im Hinblick auf den Erlass der Verordnung des Europäischen Parlaments und des Rates zur Änderung der Verordnung (EWG) Nr. 95/93 des Rates vom 18. Januar 1993 über gemeinsame Regeln für die Zuweisung von Zeitnischen auf Flughäfen in der Gemeinschaft vom 5. April 2002 (zit., SEK 2002 373).

Mitteilung der Kommission an das Europäische Parlament und an den Rat: Die Folgen der Attentate in den Vereinigten Staaten für die Luftverkehrsbranche vom 10. Oktober 2001 (zit., KOM 2001 574).

Mitteilung der Europäischen Kommission an den Europäischen Rat, das Europäische Parlament, den Wirtschafts- und Sozialausschuss und den Ausschuss der Regionen „Luftverkehr und Umwelt“ vom 1. Dezember 1999 (zit., KOM 1999 640).

Stellungnahme des Wirtschafts- und Sozialausschusses zu dem „Vorschlag für eine Verordnung des Europäischen Parlaments und des Rates zur Änderung der Verordnung (EWG) Nr. 95/93 des Rates vom 18. Januar 1993 über gemeinsame Regeln für die Zuweisung von Zeitnischen auf Flughäfen in der Gemeinschaft“ (zit., Stellungnahme des Wirtschafts- und Sozialausschusses).

Verordnung (EG) Nr. 1459/2006 der Kommission vom 28. September 2006 über die Anwendung von Artikel 81 Absatz 3 EG-Vertrag auf bestimmte Gruppen von Vereinbarungen und aufeinander abgestimmten Verhaltensweisen betreffend Konsultationen über Tarife für die Beförderung von Passagieren im Personenlinienverkehr und die Zuweisung von Zeitnischen auf Flughäfen (zit., EG Nr. 1459/2006).

Verordnung (EG) Nr. 793/2004 des Europäischen Parlaments und des Rates vom 21. April 2004 zur Änderung der Verordnung EWG Nr. 95/93 des Rates über gemeinsame Regeln für die Zuweisung von Zeitnischen auf Flughäfen in der Gemeinschaft (zit., Europäische Slotverordnung, Slotverordnung oder EG Nr. 793/2004).

Verordnung (EG) Nr. 139/2004 des Rates vom 20. Januar 2004 über die Kontrolle von Unternehmenszusammenschlüssen (zit., EG Nr. 139/2004).

Verordnung (EG) Nr. 1/2003 des Rates vom 16. Dezember 2002 zur Durchführung der in den Artikeln 81 und 82 des Vertrags niedergelegten Wettbewerbsregeln (zit., EG Nr. 1/2003 – Kartellverfahrensverordnung).

Verordnung (EWG) Nr. 1617/93 der Kommission vom 25. Juni 1993 zur Anwendung von Artikel 85 Absatz 3 EWG-Vertrag auf Gruppen von Vereinbarungen, Beschlüssen und aufeinander abgestimmten Verhaltensweisen betreffend die gemeinsame Planung und Koordinierung von Flugplänen, den gemeinsamen Betrieb von Flugdiensten, Tarifkonsultationen im Personen- und Frachtlinienverkehr sowie die Zuweisung von Zeitnischen auf Flughäfen (zit., EWG Nr. 1617/93).

Verordnung (EWG) Nr. 95/93 des Rates vom 18. Januar 1993 über gemeinsame Regeln für die Zuweisung von Zeitnischen auf Flughäfen der Gemeinschaft (zit., EWG Nr. 95/93).

Verordnung (EWG) Nr. 2408/92 des Rates vom 23. Juli 1992 über den Zugang von Luftfahrtunternehmen der Gemeinschaft zu Strecken des innergemeinschaftlichen Flugverkehrs (zit., EWG Nr. 2408/92).

Vertrag zur Gründung der Europäischen Gemeinschaft vom 25. März 1957, zuletzt geändert durch den Vertrag von Nizza vom 21. Februar 2001 (zit., EGV).

Vertrag über die Europäische Union vom 7. Februar 1992, zuletzt geändert durch den Vertrag von Nizza vom 26. Februar 2001 (zit., EUV).

Vorschlag für eine Verordnung des Europäischen Parlaments und des Rates zur Änderung des geänderten Vorschlags für eine Verordnung des Europäischen Parlaments und des Rates zur Änderung der Verordnung (EWG) Nr. 95/93 des Rates vom 18. Januar 1993 über gemeinsame Regeln für die Zuweisung von Zeitnischen auf Flughäfen in der Gemeinschaft vom 24. April 2003 (zit., KOM 2003 207).

Vorschlag für eine Verordnung des Europäischen Parlaments und des Rates zur Änderung des geänderten Vorschlags für eine Verordnung des Europäischen Parlaments und des Rates zur Änderung der Verordnung (EWG) Nr. 95/93 des Rates vom 18. Januar 1993 über gemeinsame Regeln für die Zuweisung von Zeitnischen auf Flughäfen in der Gemeinschaft vom 11. Januar 2002 (zit., KOM 2002 7).

Vorschlag für eine Verordnung des Europäischen Parlaments und des Rates zur Änderung der Verordnung (EWG) Nr. 95/93 des Rates vom 18. Januar 1993 über gemeinsame Regeln für die Zuweisung von Zeitnischen auf Flughäfen in der Gemeinschaft vom 20. Juni 2001 (zit., KOM 2001 335).

c) Amerika/International

Airline Deregulation Act (USA) Pub. L. 95–104 vom 24. Oktober 1978 (92 Stat. 1705) (zit., ADA).
Buy Sell Rule vom 1. April 1986 (USA).
Canada Airports Act, Bill C 27; noch nicht in Kraft, Stand: Zweite Lesung des House of Commons vom 28./29. April und 7. Mai 2003 (CAN).
Code of Federal Regulations Title 14 Chapter I Part 93 Subpart K und Subpart S, zuletzt revidiert am 1. Januar 2004 (USA) (zit., 14 C.F.R. 93).
Chicagoer Abkommen, Übereinkommen über die internationale Zivilluftfahrt vom 7. Dezember 1944, SR 0.748.0.
United States Code Title 49 Subtitle VII Part A Subpart ii Chapter 417 vom 22. Januar 2002 (USA) (zit., 49 U.S. Code).
Wendell H. Ford Aviation Investment and Reform Act for the 21st Century, Pub. L. 106–181 vom 5. April 2000 (USA) (114 Stat. 61) (zit., AIR-21).

3. Weitere Publikationen

Aerosuisse, Bundesamt für Zivilluftfahrt, Swiss International Airports Association, Volkswirtschaftliche Bedeutung der Luftfahrt in der Schweiz, Zürich 2006 (zit., Bedeutung der Luftfahrt in der Schweiz).
Aerosuisse, Schiedsgerichtsordnung, Zürich 2001 (zit., Schiedsgerichtsordnung).
Aviation Daily, Interview mit Karel Van Miert vom 30. März 1999, S. 1 f. (zit., Aviation Daily).
BAA Heathrow / Gatwick / Stansted, Conditions of Use, including Airport Charges from 1 April 2003, London April 2003 (zit., Airport Charges).
British Airways / Swiss, Media Release vom 23. September 2003 (zit., British Airways / Swiss, Media Release).
Bundesamt für Justiz (BJ), Leitfaden für die Ausarbeitung von Erlassen des Bundes, Bern 2002, S. 316.
Bundesamt für Zivilluftfahrt (BAZL), Luftverkehr: Linien- und Charterverkehr, 2. Quartal 2002, S. 8 (zit., Luftverkehr, Linien- und Charterverkehr, 2. Quartal 2002).
Bundesamt für Zivilluftfahrt (BAZL), Luftverkehrsstatistik: Linien- und Charterverkehr im Jahr 2001, S. 8 (zit., Luftverkehrsstatistik 2001).
Bundesamt für Zivilluftfahrt (BAZL), Luftverkehrsstatistik: Linien- und Charterverkehr im Jahr 2004, S. 10 (zit., Luftverkehrsstatistik 2004).
Bundesamt für Zivilluftfahrt (BAZL), Folien Finanzierungsmodelle 2002 (zit., BAZL: Finanzierungsmodelle).

Bundesamt für Statistik (BFS), Bundesamt für Zivilluftfahrt (BAZL), Swiss Civil Aviation 2005, Neuenburg 2006.

Caveri Luciano, Entwurf eines Berichtes über den Vorschlag für eine Verordnung des Europäischen Parlaments und des Rates zur Änderung der Verordnung EWG Nr. 95/93 vom 27. Mai 2003 (zit., Caveri, Bericht 2003).

Coopers & Lybrand, The Application and Possible Modification of Council Regulation 95/93 on Common Rules for the Allocation of Slots at Community Airports, Final Report, 17. Oct. 1995.

Deutsche Lufthansa AG (Hrsg.), Weltluftverkehr; Lufthansa und Konkurrenz, Köln 1960.

Deutsches Bundesministerium für Verkehr, Bau- und Wohnungswesen (Hrsg.), Die rechtliche Einordnung der Slots im Hinblick auf etwaige Eigentumsverhältnisse, unter Berücksichtigung der wirtschaftlichen Gegebenheiten in Deutschland und im EU-Binnenmarkt, Bonn 1999, S. 26 ff. (zit., BMVBW).

EUACA, Recommended Practice, Interpretation of Force Majeur 2006.

EUACA, Recommended Practice, Slot Monitoring and the Determination of Historics 2005.

EUACA, Schedule Optimisation Meeting Guidelines 2004.

Financial Times, Interview mit Neil Kinnock vom 26. März 1999, S. 20 (zit., Financial Times).

Huguenin Claire, Obligationenrecht Interaktiv, Schweizerisches Obligationenrecht, Besonderer Teil, Skriptum und web based training, http://www.elt.unizh.ch/orbt/Lektionen/Kauf/Tausch.html.

IATA Comments on the European Commission's Staff Working Document regarding Commercial Slot Allocation Mechanisms 2004.

International Air Transport Association (IATA), Worldwide Scheduling Guidelines, Ausgaben 2002/2003 (zit., SPG 2003 resp. SPG 2004).

Lengwiler Yvan, Bemerkungen zur Auktion der UMTS-Frequenzen in der Schweiz. Newsletter der Koordinationsstelle Informationsgesellschaft des BAKOM, http://www.wwz.unibas.ch/witheo/yvan/papers/UMTS-ISPS.html.

Morrisroe Peter / Cole James, EU-Regulations: Amendments of Regulation No 95/93, Seminar on the Amended EU-Regulation 95/93, 8. Juli 2005, Paris (zit., Morrisroe / Cole).

NERA-Einführungsbericht 10, London 2004, S. 1 ff. (zit., NERA-Einführungsbericht).

NERA-Study to Assess the Effects of Different Slot Allocation Schemes, A Final Report for the European Comission, London 2004, S. 60 ff. (zit., NERA-Studie 2004).

O'Connell Dominic, The sky-high demand for Heathrow slots, Source: Airport Coordination UK, 14. Februar 2004, S. 1 ff.

Schenkel Daniel / Wehrli Daniel, Schlussbericht zum Runden Tisch Flughafen Zürich – Analysen seiner Stärken und Schwächen, Zürich, 3. November 2003.

Schweizerischer Bundesrat, Bericht über die Luftfahrtpolitik der Schweiz 2004 vom 10. Dezember 2004, BBl 2005, S. 1802 (zit., Luftfahrtpolitischer Bericht des Bundesrates).

Start frei – Die Zeitung für die Nachbarn des Flughafens Frankfurt, Ausbau bringt 100'000 Jobs mehr, November 2003, S. 1 (zit., Start frei).

Statuten der Slot Coordination Switzerland vom 1. April 2004.

Stockmann Ulrich, Entwurf einer Empfehlung für die zweite Lesung betreffend den Gemeinsamen Standpunkt des Rates im Hinblick auf den Erlass der Verordnung des Europäischen Parlaments und des Rates zur Änderung der Verordnung EWG Nr. 95/93 des Rates über gemeinsame Regeln für die Zuweisung von Zeitnischen auf Flughäfen in der Gemeinschaft vom 5. März 2004 (zit., Empfehlung).

Stockmann Ulrich, Entwurf eines Berichtes über den Vorschlag für eine Verordnung des Europäischen Parlaments zur Änderung der Verordnung EWG Nr. 95/93 über gemeinsame Regeln für die Zuweisung von Zeitnischen auf den Flughäfen der Gemeinschaft, 5. Februar 2002 (zit., Bericht).

U.S. Department of Transport (DOT), Secretary's Task Force on Competition in the U.S. Domestic Airline Industry: Airports Traffic-Control and Related Concerns, Impact on Entry, Report, Washington D.C. 1990 (zit., U.S. DOT 1990).

U.S. General Accounting Office (GAO), Airline Deregulation – Changes in Airfares, Service Quality and Barriers to Entry, Report to Congressional Requestors, GAO/RCED-99-92, Washington D.C. 1999 (zit., U.S. GAO 1999).

U.S. General Accounting Office (GAO), Changes in Airfares, Service and Safety since Airline Deregulation, General Report, GAO/T-RCED-96-126, Washington D.C. 1996 (zit., U.S. GAO 1996).

U.S. House of Representatives (Congressman Crowley Joseph), La Guardia – Can the Airport and the Community coexist?, Washington D.C. 2001 (zit., U.S. House of Representatives 2001).

Internetverzeichnis

http://www.aci-europe.org
Homepage des Airports Council International
http://www.acl-uk.org
Homepage der Slotkoordination Grossbritanniens
http://www.aerosuisse.ch
Homepage des Dachverbandes der Schweizerischen Luftfahrt
http://www.alpar.ch
Homepage des Betreibers des Flughafens Bern-Belp
http://www.aopa.ch
Homepage der „Aircraft Owners and Pilots Association“ Schweiz
http://www.aragge.ch
Homepage der „Association des Riverains de l'Aéroport de Genève“
http://www.asda-svlr.ch
Homepage der Association Suisse de Droit Aérien et Spatial
http://www.assoclearance.it
Homepage der Slotkoordination Italiens
http://www.aviation.admin.ch
Homepage des Bundesamtes für Zivilluftfahrt
http://www.brucoord.org
Homepage der Slotkoordination Belgiens
http://www.cohor.org
Homepage der Slotkoordination Frankreichs
http://www.dot.gov
Homepage des Department of Transport USA
http://www.ecac-ceac.org
Homepage der European Civil Aviation Conference (ECAC)
http://www.euaca.org
Homepage der Flugplankoordinatoren der Europäischen Union
http://www.euroairport.com
Homepage des Euro Airport Basel Mulhouse Freiburg
http://www.eurocontrol.be
Homepage der European Organisation for the Safety of Air Navigation
http://www.europa.eu.int
Internetportal EUROPA
http://www.eraa.org
Homepage der European Regions Airlines Association (ERA)
http://www.flughafen-zuerich.ch
Homepage des Flughafens Zürich

http://www.fhkd.org
Homepage der Slotkoordination Deutschlands
http://www.gva.ch
Homepage des Aéroport de Genève
http://www.iasl.mcgill.ca
Homepage des Institute of Air and Space Law, Mc Gill University Montreal, Canada
http://www.iata.org
Homepage der International Air Transport Association (IATA)
http://www.icao.org
Homepage der International Civil Aviation Organization (ICAO)
http://www.publiekrecht.leidenuniv.nl
Homepage des International Institute of Air and Space Law Leiden, Niederlande
http://www.schutzverbandzuerich.ch
Homepage des Schutzverbandes des Flughafens
http://www.siaa.ch
Homepage der Swiss International Airports Association (SIAA)
http://www.slotcoordportugal.com.pt
Homepage der Slotkoordination Portugals
http://www.slotcoordination.ch
Homepage der Slotkoordination der Schweiz
http://www.slotcoordination.nl
Homepage der Slotkoordination Hollands
http://www.slots-austria.com
Homepage der Slotkoordination Österreichs
http://www.swiss.com
Homepage der Swiss International Air Lines Ldt.
http://www.tc.gc.ca
Homepage von „Transport Canada“
http://www.ue.eu.int
Homepage des Rates der Europäischen Union
http://www.unique.ch
Homepage der Flughafen Zürich AG

Fachgespräche

Die Fachgespräche mit den nachfolgend aufgeführten Personen wurden mit Ausnahme der schriftlichen Kontakte mit Herrn Erich Rindlisbacher und Herrn Roger Rüfenacht jeweils persönlich vor Ort oder am Schedule Optimisation Meeting 2004 in Paris geführt.

Sofern eine unpersönliche E-Mail-Adresse bekannt ist, wird diese angegeben, andernfalls sind weitere Informationen über die Internet-Adresse verfügbar.

CODDÉ EDWIN, General Manager Koordination („Koordinator") Belgien
bsc@biac.be

CYSNEIROS MARIA ISABEL, Koordinatorin Portugal
http://www.slotcoordportugal.com.pt

ESSER CLEMENS, Deutsches Bundesministerium für Verkehr, Bau- und Wohnungswesen
http://www.bmvbw.de

GIORDANO RENATO, Koordinator Italien
assoclearance@assoclearance.it

HERBANE ERIC, Koordinator Frankreich
hdqcoxh@cohor.org

HUNGERBÜHLER FLORIN, Bundesamt für Zivilluftfahrt (BAZL)
http://www.aviation.admin.ch

HUNZIKER ROLAND, Manager ITC, Slot Coordination Switzerland
info@slotcoord.ch

MENZOU NIKI, Mitglied Koordination Griechenland
Slot-coord@olympic-airways.gr

MONASTERIO IGNACIO, Koordinator Spanien
slot.cord@aena.es

MORRISROE PETER, Koordinator Grossbritannien
coordination@acl-uk.org

RINDLISBACHER ERICH, Koordinator Schweiz
info@slotcoord.ch

RÜFENACHT ROGER, Bundesamt für Zivilluftfahrt (BAZL)
http://www.aviation.admin.ch

SAGER ANDREAS, Koordinator Österreich
info@slots-austria.com

STOCKMANN ULRICH, Berichterstatter des Europäischen Parlaments betr. die Revision der europäischen Slotverordnung
http://www.ulrich-stockmann.de
STRANG RICK, Koordinator Niederlande
info@slotcoordination.nl
ULRICH CLAUS, Koordinator Deutschland
coordination@fhkd.org
WYNNE-JONES MARIKA, Mitarbeiterin Koordination Vancouver/Kanada
slotcoordination@yvr.ca

Abkürzungsverzeichnis

ABl.	Amtsblatt der Europäischen Gemeinschaft/der Europäischen Union
a. M.	anderer Meinung
Abs.	Absatz
ACI	Airports Council International
ADA	Airline Deregulation Act (USA)
AEA	Association of European Airlines
AIR	Aviation Investment and Reform Act (USA)
ARAG	Association des Riverains de l'Aéroport de Genève
Art.	Artikel
ASC	Airline Scheduling Committee
ATC	Air Traffic Control
Aufl.	Auflage
BA	British Airways
BAZL	Bundesamt für Zivilluftfahrt (CH)
BAKOM	Bundesamt für Kommunikation
BBl	Bundesblatt (CH)
Bd.	Band
BG	Bundesgesetz (CH)
BGBl.	undesgesetzblatt
BGE	Entscheidung des Schweizerischen Bundesgerichtes der amtlichen Sammlung (CH)
BGG	Bundesgesetz über das Bundesgericht vom 17. Juni 2005 (Bundesgerichtsgesetz), noch keine SR-Nummer, da noch nicht in Kraft, vgl. aber BBl 2005 S. 4045 (CH)
BMVBW	Bundesministerium für Verkehr, Bau- und Wohnungswesen (D)
BV	Bundesverfassung der Schweizerischen Eidgenossenschaft vom 18. April 1999, SR 101 (CH)
C.	Clause
CAA	Civil Aviation Authority (USA)
CAB	Civil Aeronautics Board (USA)
C.F.R.	Code of Federal Regulations (USA)
Diss.	Dissertation
DOT	Department of Transport (USA)

DVWG	Deutsche Verkehrswissenschaftliche Gesellschaft (D)
E.	Erwägung
EAS	Essential Air Service (USA)
ECAC	European Civil Aviation Conference
EG Nr. 793/2004	Verordnung EG Nr. 793/2004 des Europäischen Parlaments und des Rates vom 21. April 2004 über gemeinsame Regeln für die Zuweisung von Zeitnischen auf Flughäfen in der Gemeinschaft
EG	Europäische Gemeinschaften
EGKS	Europäische Gemeinschaft für Kohle und Stahl
EGV	Vertrag zur Gründung der Europäischen Gemeinschaft vom 25. März 1957
EMRK	Europäische Menschenrechtskonvention
etc.	et cetera
EU	Europäische Union
EUACA	European Union Airport Coordinators Association
EuG	Europäisches Gericht erster Instanz
EuGH	Europäischer Gerichtshof
europ.	europäisch
EUV	Vertrag über die Europäische Union vom 7. Februar 1992
EWG Nr. 2408/92	Verordnung EWG Nr. 2408/92 des Rates vom 23. Juli 1992 über den Zugang von Luftfahrtunternehmen der Gemeinschaft zu Strecken des innergemeinschaftlichen Flugverkehrs
EWG Nr. 95/93	Verordnung EWG Nr. 95/93 des Rates vom 18. Januar 1993 über gemeinsame Regeln für die Zuweisung von Zeitnischen auf Flughäfen in der Gemeinschaft
EWG	Europäische Wirtschaftsgemeinschaft
EZB	Europäische Zentralbank
f./ff.	folgende/fortfolgende
FAA	Federal Aviation Authority (USA)
FATUREC	Federation of Air Transport User Representatives in the European Community
FAZ	Frankfurter Allgemeine Zeitung (Tageszeitung, D)
Fn	Fussnote
G.	Gesetz
GAO	General Accounting Office (USA)
HDR	High Density Rule (USA)
Hrsg.	Herausgeber
Hs.	Halbsatz
IATA	International Air Transport Association

ICAO	International Civil Aviation Organisation
IFR	Instrumentenflugregel (Instrumental Flight Rule)
Inc.	Incorporated
insbes.	insbesondere
i.V.m.	in Verbindung mit
IOCU	International Organisation of Consumers' Union
Kap.	Kapitel
LFG	Bundesgesetz über die Luftfahrt vom 21. Dezember 1948, SR 748.0, Luftfahrtsgesetz (CH)
LFV	Verordnung über die Luftfahrt vom 14. November 1973, SR 748.01, Luftfahrtsverordnung (CH)
lit.	litera = Buchstabe
Ltd.	Limited
LVA	Abkommen zwischen der Schweizerischen Eidgenossenschaft und der Europäischen Gemeinschaft über den Luftverkehr vom 21. Juni 1999, SR 748.127.192.68, Luftverkehrsabkommen
NERA	National Economic Research Associates
Nr.	Nummer
NYA	New York Air
NZZ	Neue Zürcher Zeitung (Tageszeitung, CH)
OECD	Organisation for Economic Co-operation and Development
OG	Bundesgesetz über die Organisation der Bundesrechtspflege vom 16. Dezember 1943, SR 173.110, Bundesverwaltungsrechtspflegegesetz (CH)
PanAm	Pan American World Airways
Pkt.	Punkt
REKO/INUM	Eidgenössische Rekurskommission für Infrastruktur und Umwelt
resp.	respektive
Rz	Randziffer
S.	Seite
Sec.	Section
SGG	Bundesgesetz über das Bundesstrafgericht vom 4. Oktober 2002 (Strafgerichtsgesetz), SR 173.71 (CH)
SPC	Scheduling Procedures Committee
Spstr.	Spatenstrich
SR	Systematische Sammlung des Bundesrechts
TranspR	Transportrecht (Fachzeitschrift, D)
TRAP	Traffic Peaks Study Group
u. a.	unter anderem

Uabs.	Unterabsatz
US/U.S./USA	United States of America
VFR	Sichtflugregel (Visual Flight Rule)
VGG	Bundesgesetz über das Bundesverwaltungsgericht vom 17. Juni 2005 (Verwaltungsgerichtsgesetz), noch keine SR-Nummer, da noch nicht in Kraft, vgl. aber BBl 2005, S. 4093 (CH)
vgl.	vergleiche
VIL	Verordnung über die Infrastruktur der Luftfahrt vom 23. November 1994, SR 748.131.1 (CH)
VPB	Verwaltungspraxis der Bundesbehörden (CH)
VRSK	Verordnung über Organisation und Verfahren eidgenössischer Rekurs- und Schiedskommissionen vom 3. Februar 1993, SR 173.31 (CH)
vs.	versus = gegen
VwVG	Bundesgesetz über das Verwaltungsverfahren vom 20. Dezember 1968, SR 172.021, Verwaltungsverfahrensgesetz (CH)
WSG	Worldwide Scheduling Guidelines (IATA)
WuW	Wirtschaft und Wettbewerb (Fachzeitschrift, D)
z. B.	zum Beispiel
ZBJV	Zeitschrift des Bernischen Juristenvereins (CH)
ZGB	Schweizerisches Zivilgesetzbuch vom 10. Dezember 1907, SR 210 (CH)
Ziff.	Ziffer
zit.	zitiert als
ZLW	Zeitschrift für Luft- und Weltraumrecht (Fachzeitschrift, D)
ZSR	Zeitschrift für schweizerisches Recht

Einleitung

Weltweit gewinnt der Luftverkehr immer stärker an Bedeutung. Ohne ihn sind die heutigen Personen- und Wirtschaftsströme kaum mehr denkbar. Die rasche Erreichbarkeit eines Standortes wird – auch für die Schweiz – immer wichtiger.

> Die Erreichbarkeit bestimmt, in welchem Umfang die entsprechende Region am wirtschaftlichen Wachstumsprozess teilhaben kann. Eine optimale Anbindung stellt eine notwendige Voraussetzung für die Entwicklung der Schweiz dar. [...] Der rasche Transport von Personen und Gütern über weite Distanzen ermöglicht der Wirtschaft die Ausdehnung ihrer Absatz- und Arbeitsmärkte, führt zu einer Intensivierung des Binnenwettbewerbs, macht die Schweiz als Standort für in- und ausländische Unternehmen attraktiv und fördert den für die Schweiz wichtigen Tourismus.[1]

Stetig steigende Flugverkehrszahlen wiederspiegeln diese Entwicklung: Auf den Schweizer Landesflughäfen haben sich die Passagierzahlen zwischen 1980 und 2000 mehr als verdoppelt[2]. Die bisher höchste Anzahl von Flugbewegungen wurde im Jahr 2000 verzeichnet[3]. Die anschliessende Abnahme der Flugbewegungen kann hauptsächlich auf den Niedergang der Swissair im Herbst 2001 zurückgeführt werden[4]. Im Frühjahr 2002 verringerte sich in der Schweiz sowohl die Anzahl der Flugbewegungen, als auch jene der beförderten Passagiere[5]. Seit 2004 sind die Passagierzahlen in Zürich

1 Luftfahrtpolitischer Bericht des Bundesrates, S. 1802.
2 Aerosuisse, Bundesamt für Zivilluftfahrt, Swiss International Airports Association, Bedeutung der Luftfahrt in der Schweiz, Zürich, S. 51.
3 Aerosuisse, Bundesamt für Zivilluftfahrt, Swiss International Airports Association, Bedeutung der Luftfahrt in der Schweiz, S. 47.
4 Vgl. hierzu S. 67, Fn 294 hinten.
5 Die nachfolgenden Zahlen beziehen sich auf den Vergleich der Periode April bis Juni 2001 mit derselben Periode des Jahres 2002 im Linien- und Charterverkehr und beruhen auf der BAZL-Publikation „Luftverkehr, Linien- und Charterverkehr“, 2. Quartal 2002, S. 8; Rückgang der Flugbewegungen: Flughafen Zürich von 73'001 (2001) auf 62'574 (2002); Flughafen Genf

und Basel im Gegensatz zu den Flugbewegungen allerdings wieder leicht angestiegen. Diese sich gegenläufig verhaltenden Kurven lassen sich mit einer durchschnittlich höheren Auslastung der Flugzeuge erklären[6].

Der Luftverkehr in Europa hat sich zwischen 1980 und 2000 sogar verdreifacht[7]. Insgesamt bleibt der Luftverkehrsmarkt ein Wachstumsmarkt, der kontinuierliche Steigerungsraten aufweist[8]. Die grösste Zunahme an Flugbewegungen in Europa wird auf den Flughäfen Paris Charles de Gaulle und Amsterdam Schiphol erwartet[9]. Schiphol rechnet bis ins Jahr 2012 mit einer Zunahme von 20 Millionen Passagieren. Der niederländische Flughafen begegnete der Verkehrszunahme bereits in den vergangenen Jahren mit einem Flughafenausbau. Aufgrund der Eröffnung der so ge-

---

von 28'189 (2001) auf 27'634 (2002); Flughafen Basel von 24'685 (2001) auf 21'424 (2002). Rückgang der beförderten Passagiere: Flughafen Zürich von 5'918'840 (2001) auf 4'565'347 (2002); Flughafen Genf von 1'869'881 (2001) auf 1'761'134 (2002); Flughafen Basel von 974'000 (2001) auf 821'837 (2002). Bei einer Gesamtbetrachtung der Flughäfen Basel, Bern, Genf, Lugano, Sion, St. Gallen Altenrhein und Zürich hat die Anzahl Flugbewegungen insgesamt um 12 Prozent abgenommen, die Anzahl beförderter Passagiere um insgesamt 18 Prozent. Gesamthaft fanden im Jahr 2001 auf dem Flughafen Zürich 274'234 Flugbewegungen (Linien- und Charterverkehr) statt, währenddem im Jahr 2004 nur noch 231'100 Flugbewegungen verzeichnet wurden. Auf dem Flughafen Genf sank die Anzahl jährlicher Flugbewegungen von 113'369 im Jahr 2001 auf 112'866 im Jahr 2004, vgl. Luftverkehrsstatistik 2001, S. 8 sowie Luftverkehrsstatistik 2004, S. 10.

6 Zum Abschnitt vgl. Aerosuisse, Bundesamt für Zivilluftfahrt, Swiss International Airports Association, Bedeutung der Luftfahrt in der Schweiz, S. 51. Zu den Flugverkehrsdaten vgl. Swiss Civil Aviation 2005, Bundesamt für Statistik, Bundesamt für Zivilluftfahrt, Neuchatel 2006, http://www.bfs.admin.ch/ bfs/portal/de/index/news/publikationen.Document.85861.pdf (Stand: Januar 2007).

7 Pressemitteilung der IATA, vgl. URL: http://www.iata.org/pressroom/industry_stats/2003-04-10-01.html (Stand: September 2005).

8 Die Zahlen der europäischen Linienfluggesellschaften belegen Ende 2003, dass der Passagierflugverkehr trotz der SARS-Krise und den Nachwirkungen der Terroranschläge in New York ein bescheidenes Wachstum von einem Prozent bei den verkauften Passagierkilometern erreicht hat; SAXER, S. 7.

9 NERA-Studie 2004, S. 46.

nannten „Polderbaan" im Februar 2003 können nun selbst bei schlechtem Wetter drei Bahnen gleichzeitig betrieben werden[10]. In Madrid[11] hat der Bau zweier zusätzlicher Landebahnen im Jahr 2006 zu einer Steigerung der stündlich möglichen Flugbewegungen von knapp 50% geführt. Auch in Frankfurt[12] und London Heathrow[13] wird dank dem Bau zusätzlicher Pisten eine Kapazitätssteigerung möglich sein.

Auf internationaler Ebene rechnet die International Air Transport Association[14] (nachfolgend „IATA") zwischen 2004 und 2008 mit einem Wachstum des Personenverkehrs von sechs Prozent und erwartet gar eine Verdoppelung des Flugverkehrs bis ins Jahr 2020[15].

Aufgrund des zunehmenden Luftverkehrs und der daraus resultierenden starken Auslastung der knapp bemessenen Infrastrukturressourcen kommt dem so genannten „Slot", jenem Zeitfenster, in dem ein Start oder eine Landung eines Flugzeugs auf einem Flughafen abgewickelt wird und ohne den ein Start oder eine Landung – zumindest auf den überlasteten Flughäfen – nicht zulässig ist, grosses Gewicht zu.

10 ROEBEN, Himmlische Hölle, S. 40 f.: „In Schiphol können seit dem Ausbau jährlich bis zu 600'000, stündlich bis zu 125 Flugbewegungen durchgeführt werden."

11 In Madrid Barajas stehen seit Anfang 2006 insgesamt zwei neue Landebahnen zur Verfügung. Dies entspricht einer stündlichen Kapazität von 120 Flugbewegungen oder einer Steigerung von knapp 50 Prozent im Vergleich zu bisher, vgl. FLOTTAU, S. 43. Die Eröffnung des umgebauten Flughafens fand am 5. Februar 2006 statt; vgl. URL: http://www.aena.es/csee/html (Stand: September 2006).

12 Dank dem Bau einer neuen Landebahn, die 2007 in Betrieb genommen werden soll, wird die Kapazität des Frankfurter Flughafens von 500'000 auf 660'000 Flugbewegungen pro Jahr steigen, vgl. Start frei, S. 1. Zur Flughafenkapazität der Vergangenheit auf dem Flughafen Frankfurt vgl. ULRICH, S. 54.

13 Die Inbetriebnahme einer zusätzlichen dritten Piste auf dem Flughafen London Heathrow wird allerdings kaum vor 2012 realisierbar sein, vgl. HUMPHEREYS, S. 95.

14 Vgl. Fn 22.

15 URL: http://www.iata.org/pressroom/industry_stats/2003-04-10-01.html (Stand: September 2005).

„Gute" Slots stellen eine der wichtigsten Grundlagen für die wirtschaftliche Überlebensfähigkeit einer Fluggesellschaft dar. Der wahre Wert der Slots spiegelt sich insbesondere im wirtschaftlichen Wert der Slots. Plakativ hierfür sind die Angaben des Londoner Beratungsunternehmens „Aviation Economics" welches den Preis für einen Slot auf dem grössten europäischen Flughafen – London Heathrow – bereits 2003 auf bis zu 14 Millionen Euro veranschlagte[16]. Angesichts der Nachfrage in London Heathrow dürfte dieser Preis weiter ansteigen.

Jede Fluggesellschaft kämpft mittels attraktiver An- und Abflugszeiten um einträgliche Passagier-Segmente. Für Anschlussflüge auf Hubflughäfen spielt die Abflug- respektive Ankunftszeit eine entscheidende Rolle. Besitzt eine Fluggesellschaft Slots zu wirtschaftlich ungünstigen Zeiten[17], erzielt sie einen tiefen Sitzladefaktor, das heisst, sie kann ihre Flugzeuge schlechter auslasten.

Die Flughäfen stellen die zur Ausübung des Slotrechts notwendige Infrastruktur zur Verfügung. Eine Erhöhung und Optimierung des Slotangebotes kann nur mittels eines Ausbaus oder einer Umnutzung jener Elemente erreicht werden, die den Anforderungen nicht mehr genügen[18]. Dazu können beispielsweise Flugbetriebsflächen mit Start- und Landebahnen, auf denen die Flugzeuge von der Einstiegstelle zur Startbahn (und umgekehrt) gelangen, Umschlageinrichtungen mit Terminalanlagen für die Abfertigung der Passagiere, Verladeeinrichtungen für die Luftfracht oder Park- und Halteflächen gehören[19].

Die Realisierung von Ausbauprojekten hängt nebst finanziellen Gesichtspunkten stark vom politischen Umfeld ab, namentlich von der Akzeptanz des Flughafens in der Bevölkerung. Zudem beein-

16 FRIESE, S. 17. Für weitere Angaben zum wirtschaftlichen Wert von Slots, vgl. S. 137. Der Gesamtwert aller Slots auf dem Flughafen Zürich im Jahre 1999 wurde immerhin auf 106 Millionen US Dollar geschätzt, vgl. BMVBW, S. 285.

17 Bei ungünstigen Zeiten handelt es sich hauptsächlich um Flüge mit Ankunftszeiten nach 22.30 Uhr, da zu jenen Zeiten kaum mehr Umsteigemöglichkeiten bestehen.

18 HÜSCHELRATH, S. 11.

19 HORONJEFF, S. 249 ff.

flussen unabänderliche, zum Teil starken Schwankungen unterliegende Faktoren der Flughafenumgebung wie beispielsweise Sichtverhältnisse, Windrichtung und Windstärke[20] den Flugbetrieb.

In einer ersten Annäherung an das Thema wird der Begriff Slot definiert und abgegrenzt; die relevanten nationalen, europäischen und internationalen Normen werden dargelegt und die teilweise unterschiedlichen Interessen der beteiligten Parteien im Zusammenhang mit Slots aufgezeigt. Besondere Beachtung wird dabei der Stellung der Schweiz im europäischen Rechtsgefüge im Zusammenhang mit der Inkraftsetzung des Bilateralen Luftverkehrsabkommens mit der EG im Jahr 2002 geschenkt.

In einem zweiten Teil werden das aktuell praktizierte Slotvergabeverfahren, aber auch mögliche alternative Allokationsmethoden besprochen und auf bereits erfolgte oder noch geplante Revisionen des europäischen „Slot"-Rechts hingewiesen. Hervorgehoben werden wiederum die Gegebenheiten in der Schweiz, rechtsvergleichend einbezogen wird die Rechtslage in den USA. Die Frage, wie ein Slot rechtlich zu qualifizieren ist; ob es sich um Eigentum oder aber um ein schlichtes Benützungsrecht handelt, führt sodann zur Erörterung der zulässigen Slotübertragungsformen und leitet zur umstrittenen Thematik der Einführung eines Slot-Sekundärmarktes in Europa über. Die Erfahrungen der USA mit der Liberalisierung finden entsprechend Eingang.

Im dritten Teil wird der Frage des Rechtsschutzes im Anschluss an Entscheide eines Koordinators nachgegangen. Behandelt werden die gemäss europäischem Recht relativ formlosen Vermittlungsverfahren durch den so genannten Koordinierungsausschuss sowie anschliessend einer Schlichtungsstelle. Die Thematisierung der begrenzten Möglichkeiten, an den Europäischen Gerichtshof zu gelangen, schliessen die Erörterungen der europäischen Ebene ab. Die Betrachtung des schweizerischen Instanzenzugs, der aufgrund der Justizreform im Jahr 2007 grundlegende Änderungen erfahren hat, bildet den Abschluss dieser Dissertation.

20 De Neufville/Odoni, S. 376.

1. Teil
Grundlagen

I. Slots als Regulativ der Zivilluftfahrt

A. Einführung

1. Regelungsbedürfnisse in der Luftfahrt

Die zivile Luftfahrt hat sich in den letzten Jahrzehnten stark entwickelt, parallel dazu wurden die vorhandenen Infrastrukturressourcen stetig knapper. Sowohl etablierte Fluggesellschaften als auch neu in den Markt eintretende Luftfahrtunternehmen erhielten auf stark frequentierten Flughäfen in Grossstädten oder Ballungszentren zu bestimmten Zeiten kaum noch eine Start- oder Landeerlaubnis. Verspätungen bei Start und Landung nahmen signifikant zu, ebenso der daraus resultierende wirtschaftliche Schaden für alle Betroffenen[21].

Weltweit versuchten Luftfahrtbehörden, Flughäfen und Fluggesellschaften die Verteilung der Start- und Landezeiten sowie die Benutzung der Flughafeninfrastruktur auf stark ausgelasteten Flughäfen zu regeln – mit unterschiedlichen Resultaten.

21 WSG 2006, S. V.

2. *Lösungsansätze*

Bereits seit 1947 organisierte die IATA[22] Flugplankonferenzen[23], anlässlich derer die Fluggesellschaften ihre Flugpläne aufeinander abstimmten[24]. Nach Auftreten der ersten gravierenden Kapazitätsprobleme wurde an diesen Konferenzen zudem über eine Verteilung der Start- und Landerechte beraten[25]. 1975 setzte die IATA eine so genannte „Traffic Peaks Study Group" (nachfolgend „TRAP") ein, welche das Flugaufkommen an ausgewählten Grossflughäfen[26] zu analysieren hatte. Bis ins Jahr 1976 entwickelte die TRAP Strategien, um Kapazitätsengpässe zu vermeiden[27].

3. *Einführung der Vergabe von Start- und Landerechten*

Mit den so genannten Worldwide Scheduling Guidelines (nachfolgend „WSG") konzipierte die IATA 1976[28] in Zusammenarbeit mit Flughäfen und Industrieexperten erstmals ein internationales Regelwerk über die Vergabe von Start- und Landerechten, welches Vorgaben zur Verteilung der knappen Ressourcen beinhaltete.

22 Die International Air Transport Association (IATA), welche über zwei Hauptsitze in Genf und Montreal verfügt, wurde 1945 in Havanna in Form einer „internationalen Körperschaft" gemäss kanadischem Recht zur weltweiten Interessenvertretung der gewerblichen Luftfahrt gegründet, vgl. Act of the Canadian Parliament (1st session, 20th Parliament, 9 George VI 1945: Royal Assent received Dec. 18th 1945). „IATA is the prime vehicle for interairline cooperation in promoting safe, reliable, secure and economical air services. Its members comprise some 260 airlines."; http://www.iata.org/about/index.htm (Stand: Oktober 2006).

23 WSG 2006, S. V; Diese Flugplankonferenzen wurden damals „Time Table Conferences" genannt; vgl. auch SEIDL, S. 32.

24 WENDLIK, S. 268.

25 BRACHMANN, S. 35.

26 Bei den ausgewählten Grossflughäfen handelt es sich um Bordeaux, Caracas/Maigueria, Frankfurt, Hong Kong, Kairo, Kopenhagen, London Heathrow, Marseilles, Nairobi, New York JFK, Prestwick und Sydney, vgl. hierzu ABEYRATNE, Aviation Trends, S. 29ff.

27 ABEYRATNE, Aviation Trends, S. 29ff.

28 Vgl. BERNAUW, S. 42; SEIDL, S. 32; LANGNER, Allocation of Slots, S. 72.

Das Nachfolgegremium der TRAP, das Scheduling Committees (SPC) der IATA erhielt die Aufgabe, die Vergabe der Start- und Landerechte international abzustimmen und zu koordinieren.

Für jeden Start und jede Landung auf einem stark frequentierten Flughafen müssen die Fluggesellschaften aufgrund dieser Guidelines eine Zeitnische – einen so genannten Slot – vorweisen können. Dieser Slot beschreibt das Zeitintervall, in welchem ein Start oder eine Landung stattzufinden hat.

B. Die verschiedenen Slot-Arten

1. *Ausgangslage*

Zur legalen Durchführung eines Fluges sind verschiedene Bewilligungen und Konzessionen respektive Genehmigungen notwendig. Ein zulässiger Start und eine zulässige Landung setzen zudem einen so genannten Scheduled Slot voraus. Von den Scheduled Slots zu unterscheiden sind der Real-Time-Slot sowie der En-Route-Slot[29].

2. *Scheduled Slot*

Beim Scheduled Slot (nachfolgend „Slot“[30]) handelt es sich um die zugewiesene Zeitspanne (sog. Zeitnische), die eine Fluggesellschaft vom betreffenden Flughafen zur Durchführung eines Starts oder einer Landung erhält. Dieser Slot stellt einen Planwert für jeweils eine Flugplanperiode dar; die effektive Start- oder Landezeit eines Flugzeuges wird vom Real-Time-Slot bestimmt.

29 Coopers & Lybrand, S. 10; HÜSCHELRATH, S. 51 ff.; LANGNER, Allocation of Slots, S. 39 ff.

30 In Kanada besteht zwar kein Kapazitätsproblem hinsichtlich der Slots, jedoch bezüglich der Infrastruktur. Den Engpass bilden hier die Gates, die Einsteige-Orte zu den Flugzeugen. Daher sind Aussagen bezüglich der Slots in Europa und in den USA sinngemäss auf die Gates in Kanada anwendbar.

a) (Scheduled-) Slot gemäss EG[31]-Recht

In der für die EG-Staaten[32] seit 1993 geltenden Verordnung (EWG) Nr. 93/95 des Rates über gemeinsame Regeln für die Zuweisung von Zeitnischen in der Gemeinschaft[33] gemäss ihrer ursprünglichen Fassung wird der Begriff Slot mit „Zeitnische" übersetzt und definiert als

> die von einem Koordinator gemäss dieser Verordnung gegebene Erlaubnis, die für den Betrieb eines Luftverkehrsdienstes erforderliche Flughafeninfrastruktur eines koordinierten Flughafens an einem bestimmten Tag und zu einer bestimmten Uhrzeit, die von einem Koordinator nach dieser Verordnung zugewiesen wurden, in vollem Umfang zum Starten oder Landen zu nutzen.[34]

Ein solcher Slot beinhaltet die Berechtigung, die einem Luftfahrtunternehmen für die Dauer eines bestimmten Zeitraumes erteilt

31 Die Begriffe EG und EU sind nicht identisch. Die Europäischen Gemeinschaften [bestehend aus Europäischer Gemeinschaft (EG) und Europäischer Atomgemeinschaft (EAG)] bilden die erste Säule der Europäischen Union (EU). Die EU besitzt selbst wohl keine Rechtspersönlichkeit, die EG hingegen schon, vgl. Art. 281 EGV; JAAG, Europarecht, S. 118f. Daher ist in dieser Dissertation namentlich von EG-Recht, EG-Organen sowie EG-Mitgliedstaaten die Rede, vgl. hierzu auch die Wortwahl im Abkommen zwischen der Schweizerischen Eidgenossenschaft und der Europäischen Gemeinschaft über den Luftverkehr vom 21. Juni 1999 (Luftverkehrsabkommen), SR 0.748.127.192.68, in Kraft getreten am 1. Juni 2002, Art. 4: „Im Anwendungsbereich dieses Abkommens unterliegt die freie Niederlassung von Staatsangehörigen eines EG-Mitgliedstaates oder der Schweiz [...]". Insbesondere bei Zitaten oder „eingebürgerten" Begriffen (z.B. EU-Osterweiterung) wird allerdings die Wortwahl „EU" verwendet.

32 Gemäss Art. 249 Abs. 2 EGV hat eine Verordnung allgemeine Geltung: „Sie ist in allen ihren Teilen verbindlich und gilt unmittelbar in jedem Mitgliedstaat". Die Wiedergabe dieser EGV-Norm fand sich auch in Art. 15 EWG Nr. 95/93 gemäss ursprünglicher Fassung.

33 Verordnung (EWG) Nr. 95/93 des Rates vom 18. Januar 1993 über gemeinsame Regeln für die Zuweisung von Zeitnischen auf Flughäfen in der Gemeinschaft (ursprüngliche Fassung); Amtsblatt der Europäischen Gemeinschaften (ABl.) vom 22. Januar 1993, L 14, S. 1.

34 Art. 2 lit. a EWG Nr. 95/93, zuletzt geändert durch Verordnung (EG) Nr. 793/2004.

wird, Start- und Landebahn sowie die Flughafeninfrastruktur zu benutzen und verleiht dem Unternehmen zudem das Anrecht, den Flugplan zu veröffentlichen[35].

b) (Scheduled-) Slot gemäss schweizerischem Recht

Gemäss der in der Schweiz für die koordinierten Flughäfen[36] geltenden Verordnung über die Koordination von Zeitnischen[37] (Slots) auf Flughäfen, verleiht die Zuweisung eines Slots einem Luftfahrtunternehmen auf einem vollständig koordinierten Flughafen zu bestimmten Zeiten für die Dauer[38] der Erlaubnis das Recht auf Zugang und Nutzung der Flughafeneinrichtungen zum Landen und Starten.

c) (Scheduled-) Slot gemäss US-amerikanischem Recht

Im Unterschied zu den Definitionen im EG-Recht beinhaltet ein Slot gemäss der amerikanischen High Density Rule[39] (HDR), die auf vier besonders stark ausgelasteten Flughäfen in den USA Anwendung findet, die „operational authority to conduct one IFR landing or take-off operation each day during a specific hour or 30 minute period at one of the four High Density Traffic airports"[40].

Die amerikanische HDR gewährt somit eine Serie von Slots im Sinne des europäischen Rechts; die halbjährlich zugeteilte Zeitnische steht an allen sieben Tagen der Woche zur selben Zeit zur Verfügung. Bei einem Slot nach europäischem Recht handelt es

35 LANGNER, Allocation of Slots, S. 18.

36 Zur Klassifizierung der Flughäfen und insbesondere zum Begriff des koordinierten Flughafens, vgl. S. 17ff. und Fn 64 hinten.

37 Art. 5 Abs. 2 der Verordnung über die Koordination von Zeitnischen (Slots) auf Flughäfen vom 17. August 2005 (Slotkoordinationsverordnung), SR 748.131.2, vgl. auch S. 28 hinten.

38 Auf dem Flughafen Zürich beträgt die Zeitspanne eines Slots fünf Minuten, auf dem Flughafen Genf zehn Minuten, vgl. URL: http://www.slotcoordination.ch/declared-capacity.html (Stand: Oktober 2005).

39 Vgl. S. 100ff. hinten.

40 14 C.F.R. § 93.213.a (2), vgl. auch S. 109ff. hinten.

sich hingegen um die Erlaubnis für eine einzige Flugbewegung (Start oder Landung) an einem bestimmten Tag der Woche[41].

d) (Scheduled-) Slot gemäss Worldwide Scheduling Guidelines

Gemäss den IATA-WSG handelt es sich bei einem Slot um die „scheduled time of arrival or departure available for allocation by, or as allocated by, a coordinator for an aircraft movement for a specific date at a fully coordinated airport“[42]. Inhaltlich deckt sich der Begriff der Zeitnische in der europäischen Slotverordnung mit jenem der WSG.

3. *Real-Time-Slot*

Aufgrund der Fülle nicht planbarer Einflüsse wie beispielsweise Wetterverhältnisse oder dem so genannten „traffic mix“, dem Mischungsverhältnis von kleineren und grösseren Flugzeugen zu einem bestimmten Zeitpunkt[43], sind so genannte Real-Time-Slots notwendig, welche die tatsächliche Landezeit angeben, die unter Umständen von der Zeit des zugeteilten (Scheduled-) Slots abweichen kann. Bevor ein Flugzeug auf einem Flughafen landen oder starten kann, muss die Flugsicherung – die Air Traffic Control (nachfolgend „ATC“) – dem Piloten einen Real-Time-Slot zuteilen[44].

Bei startenden Flugzeugen vergibt die ATC den Real-Time-Slot anhand der geplanten Startzeit (Scheduled Slot), der Startrichtung, der momentanen Entfernung des Flugzeugs von der Startbahn sowie der Gewichtsklasse. Mit diesen Angaben lässt sich die effektive Dauer des Starts eines bestimmten Flugzeuges berechnen[45]. Für die Vergabe der Start-Real-Time-Slots findet zumeist das first-come-first-serve-Verfahren Anwendung[46].

41 Grundmann, S. 161 f.
42 Sec. 5.3 WSG 2006.
43 Langner, Allocation of Slots, S. 37.
44 Zur Vergabe der Slots, vgl. S. 45 ff. hinten.
45 Für weiterführende Informationen vgl. URL: http://www.eurocontrol.be (Stand: Juli 2004).
46 Langner, Allocation of Slots, S. 18.

Bei landenden Flugzeugen versucht die ATC im Falle einer Abweichung vom Scheduled Slot Staus zu verhindern, indem sie die Piloten bereits vor deren Abflug am Ausgangsflughafen über die erwartete Verspätung am Ankunftsflughafen informiert. Falls dies nicht möglich ist, wie inbesondere bei Langstreckenflügen, bei welchen je nach Wind- und Wetterverhältnissen die Flugdauer erheblich variieren kann[47], werden die anfliegenden Flugzeuge bis zur Landefreigabe in eine Warteschleife in einen festgelegten „Warteraum" verwiesen und grundsätzlich nach dem first-come-first-serve-Verfahren behandelt. Dies bedeutet, dass das zuerst anfliegende Flugzeug als erstes die Freigabe für die Durchführung der Landung erhält[48].

4. *En-Route-Slot*

Der Begriff En-Route-Slot beschreibt ein Intervall von fünfzehn Minuten, in welchem ein Luftfahrzeug einen bestimmten Luftsektor passieren darf. Das Lenkinstrument des En-Route-Slots ist notwendig, um eine Überlastung der Luftsektoren – die Bildung von so genannten „bottle necks" – zu verhindern[49].

Mit Hilfe eines Computers des Central Flow Management Units (CFMU) der Eurocontrol[50] in Brüssel, welcher direkt mit den Area Control Centers (ACC) Europas verbunden ist[51], analysieren „flow

47 Fachgespräch mit Hunziker Roland, Slot Coordination Switzerland.

48 Hüschelrath, S. 54.

49 Mensen, Flugsicherung, S. 173.

50 Die Eurocontrol mit Sitz in Brüssel wurde 1960 gegründet, als der Luftraum erstmals nicht mehr kleinräumig gesichert werden konnte, da die modernen Düsenflugzeuge viel schneller flogen und neuerdings Flughöhen von über 6'000 Meter erreichten. 1992 ist die Schweiz der Organisation beigetreten, vgl. Schwenk/Giemulla, S. 92ff. Für weiterführende Informationen vgl. URL: http://www.eurocontrol.be (Stand: September 2005).

51 Vgl. URL: http://www.skyguide.ch/de (Stand: August 2005): „Skyguide ist für die zivile und militärische Flugsicherung in der Schweiz und einem Teil des angrenzenden Luftraums verantwortlich. Jeden Tag leitet das Unternehmen 3'000 Flugzeuge und achtet dabei stets auf eine sichere, flüssige und kosteneffiziente Abwicklung des Luftverkehrs".

managers“ kontinuierlich die Verkehrssituation des europäischen Luftraums. Aufgrund dieser Analysen vergibt das CFMU die En-Route-Slots ad hoc[52]. Eine frühere Vergabe der En-Route-Slots ist nicht möglich, da namentlich Wetterbedingungen, Verspätungen, die am Abflugflughafen auftreten oder Sperrungen des Luftraumes kurzfristig die Entstehung von Flaschenhälsen beeinflussen.

Das CFMU kommuniziert die En-Route-Slots nach deren Festlegung dem Tower des Ausgangsflughafens, der anhand des En-Route-Slots die genaue Abflugszeit, den Real-Time-Slot, bestimmt. So kann individuell gewährleistet werden, dass das Flugzeug sich im Zeitpunkte des En-Route-Slots im bestimmten Luftsektor befindet[53]. Der En-Route-Slot ist daher von grösserem Gewicht als der Scheduled-Slot und der Real-Time-Slot; am Flugtag ist einzig der En-Route-Slot bestimmend. Die europäischen Behörden versuchen allerdings, die drei Slote einander möglichst anzugleichen, um Verspätungen zu verhindern. Da die tägliche Verkehrssituation jedoch nur schwer voraussehbar ist und die Slotzeitspanne aus Kapazitätsgründen kaum verlängert werden kann, stellt dies ein schwieriges Unterfangen dar[54].

C. Notwendigkeit einer koordinierten Vergabe von Slots

1. Ausgangslage

Nicht auf jedem Flughafen wird zur Abwicklung eines Starts oder einer Landung die Zuweisung eines Slots verlangt. Nur auf besonders überlasteten Flughäfen stellt dieses Lenkinstrument eine Notwendigkeit dar.

Wie viele Flugzeuge pro Stunde auf einem Flughafen starten und landen können, hängt von verschiedenen Faktoren ab. Auf-

52 URL: http://www.cfmu.eurocontrol.be/cfmu/public/standard_page/about_dayswork.html (Stand: September 2005).

53 LANGNER, Allocation of Slots, S. 41 f.

54 STOCKMANN, Bericht, S. 7.

grund der folgenden Kriterien lässt sich die Kapazität der Flughafeninfrastruktur bestimmen: Anzahl Terminals, Abstellflächen, Pisten und Rollwege, Topographie der Flughafenumgebung, Pistenanordnung, An- und Abflugrouten sowie vorgegebene Flugbeschränkungen[55]. Die nachfolgenden Erläuterungen beziehen sich auf die Rechtslage in der EG, vergleichend erwähnt ist daneben der internationale Standart gemäss IATA WSG sowie die Rechtslage in der Schweiz gemäss Slotkoordinationsverordnung.

2. *Klassifizierung der Flughäfen*

Grundsätzlich ist im Zusammenhang mit den Slots gemäss europäischem Recht zwischen drei verschiedenen Kategorien von Flughäfen zu unterscheiden: den „nicht koordinierten Flughäfen", „den flugplanvermittelten Flughäfen"[56] sowie den „koordinierten Flughäfen"[57].

Die europäische Slotverordnung übernimmt mit dieser Unterteilung der Flughäfen die internationale Terminologie und die Kategorien der WSG[58]; diese unterscheiden zwischen „non coordinated[59]" (oder „Level 1") Flughäfen, die den „nicht koordinierten" Flughäfen entsprechen, „schedules facilitated[60]" oder („Level 2") Flughäfen, die das Pendant zu den „flugplanvermittelten Flughäfen" darstellen und den „coordinated[61]" oder „Level 3" Flughäfen, die mit den „koordinierten" Flughäfen übereinstimmen.

55 BRACHMANN, S. 31, 145.
56 Gemäss Verordnung (EWG) Nr. 95/93 (ursprüngliche Fassung) wurden die flugplanvermittelten Flughäfen als „koordinierte" Flughäfen bezeichnet, vgl. Art. 2 lit. f EWG Nr. 95/93 gemäss ursprünglicher Fassung.
57 Gemäss Verordnung (EWG) Nr. 95/93 (ursprüngliche Fassung) wurden die koordinierten Flughäfen als „vollständig koordinierte" Flughäfen bezeichnet, vgl. Art. 2 lit. g EWG Nr. 95/93 gemäss ursprünglicher Fassung.
58 Sec. 2 WSG 2006.
59 Sec. 3 WSG 2006.
60 Sec. 4 WSG 2006.
61 Sec. 5 WSG 2006.

Die Slotkoordinationsverordnung[62] der Schweiz, welche die Koordination von Slots auf Flughäfen in der Schweiz regelt, folgt allerdings einer anderen Terminologie. Da die Schweiz sich zunächst auf die europäische Slotverordnung in ihrer ursprünglichen Fassung, nicht aber die revidierte Slotverordnung stützte[63], übernahm sie die Terminologie der ursprünglichen europäischen Slotverordnung. Inhaltlich stimmen die in der Slotkoordinationsverordnung sowie der konsolidierten Fassung der europäischen Slotverordnung verwendeten Begriffe allerdings überein.

a) Nicht koordinierte Flughäfen

Auf „nicht koordinierten" oder „Level 1" Flughäfen halten sich Flughafenkapazität und Nachfrage die Waage. Entsprechend ist eine Zuweisung von Slots auf diesen Flughäfen nicht notwendig. Fluggesellschaften, die auf einem nicht koordinierten Flughafen starten oder landen wollen, brauchen bei der Flugplanung einzig die Genehmigung der Flughafenverantwortlichen. Auf nicht koordinierten Flughäfen gibt es keine Flughafenkoordinatoren.

In der Schweiz sind die Regionalflughäfen Bern-Belp (BRN/LSZB), Birrfeld (LSZF), Ecuvillens (LSGE), Grenchen (ZHI/LSZG), Lausanne-Blécherette (QLS/LSGL), Les Eplatures (LSGC), Lugano-Agno (LUG/LSZA), Samedan (SMV/LSZS) und Sitten (SIR/*LSGS) nicht koordinierte Flughäfen[64].

62 Vgl. S. 13 Fn 37 vorne und S. 28 hinten.

63 Vgl. S. 69 ff. hinten.

64 Mit St. Gallen-Altenrhein (ACH/*LSZR) ist ein weiterer Flughafen in der Schweiz nicht koordiniert. Dieser Flughafen ist jedoch noch nicht als Regionalflughafen konzessioniert, vgl. URL: http://www.aviation admin.ch/themen/ebene4/00404/index.html?lang=de (Stand: Oktober 2005). In Bressaucourt ist zudem der Bau eines weiteren Regionalflughafens geplant, vgl. JAAG, Flughäfen, S. 37, Fn 51. Gemäss Art. 3 der schweizerischen Slotkoordinationsverordnung bezeichnet das BAZL jene Flughäfen in der Schweiz, die im Sinne der Verordnung (EWG) Nr. 95/93 „koordiniert" oder „vollständig koordiniert" sind – daraus folgt, dass die übrigen „nicht koordiniert" sind, vgl. auch URL: http://www.slotcoordination.ch/airports.html (Stand: September 2005) für „non-coordinated airports" (Level 1): all other Swiss airports (LUG, BRN, ACH and SMV).

b) Flugplanvermittelte Flughäfen

Auf „flugplanvermittelten“ oder „Level 2“ Flughäfen kommt es nur zu gewissen Tagesspitzenzeiten, Wochentagen oder Jahreszeiten – den so genannten „Peak-Hours“ – zu Engpässen, die durch freiwillige Kooperation von Luftfahrtunternehmen und Flughafen unter Kontrolle zu bringen sind.

Ein unabhängiger Flugplanvermittler muss trotzdem ernannt werden, um die Benutzung des Flughafens auf die Luftfahrtunternehmen abzustimmen[65]. Seine Rolle beschränkt sich jedoch darauf, die Tätigkeiten der Luftfahrtunternehmen zu erleichtern[66] sowie einen reibungslosen Ablauf zu ermöglichen.

Slots werden auf diesen Flughäfen nicht benötigt, denn drohende Überlastungen können durch freiwillige Zusammenarbeit vermieden werden. Die Flugplanvermittler dieser Flughäfen sind jedoch bei den internationalen Flugplankonferenzen der Luftfahrtunternehmen (Scheduling Conferences[67]) anwesend[68], um Lösungen durch freiwillige Kooperation der beteiligten Luftfahrtunternehmen zu erreichen. Basel-Müllhausen (BSL)[69] ist der einzige flugplanvermittelte Flughafen der Schweiz[70].

65 Art. 2 lit. i und Art. 4 Abs. 1 EWG Nr. 95/93, zuletzt geändert durch Verordnung (EG) Nr. 793/2004.

66 DETTLING-OTT, Abkommen, S. 499.

67 Vgl. S. 41 hinten.

68 Art. 4 Abs. 3 EWG Nr. 95/93, zuletzt geändert durch Verordnung (EG) Nr. 793/2004. Zu den Aufgaben des Flugplanvermittlers vgl. auch Art. 4 Abs. 4 und 6, zur Unabhängigkeit vgl. Art. 4 Abs. 2 der Slotverordnung.

69 Vgl. Annex 3 WSG 2006; vgl. auch URL: http://www.slotcoordination.ch/airports.html (Stand: Oktober 2005). Allerdings bezeichnet die Schweiz ihre Flughäfen gemäss jener Terminologie der ursprünglichen Slotverordnung; Basel wird daher als „koordinierter“ Flughafen bezeichnet.

70 Vgl. URL: http://www.slotcoordination.ch (Stand: Oktober 2005). Gemäss Art. 2 Abs. 3 Slotkoordinationsverordnung ist in der Schweiz allerdings – ebenfalls aufgrund der vorläufigen Übernahme der Slotverordnung zunächst in ihrer ursprünglichen Fassung – nicht ein Flugplanvermittler, sondern ein Koordinator für die Slotvergabe zuständig; vgl. auch Art. 4 Abs. 1 EWG Nr. 95/93.

c) Koordinierte Flughäfen

„Koordinierte“ oder „Level 3“ Flughäfen sind Flughäfen, auf welchen eine (koordinierte) Vergabe von Slots notwendig ist. Voraussetzung ist, dass während mindestens einer Flugplanperiode[71] Kapazitätsengpässe aufgetreten sind. Versuche, die Situation durch freiwillige Anpassung der Flugpläne der Luftfahrtunternehmen unter Kontrolle zu bringen, sind gescheitert[72]. Angebot und Nachfrage können nicht mehr koordiniert werden. Aus diesem Grund muss auf solchen Flughäfen jede Fluggesellschaft einen Slot vorweisen können, um zu einer bestimmten Zeit die Start- oder Landeerlaubnis zu erhalten.

Es ist zwingend ein unabhängiger Flughafenkoordinator[73] einzusetzen, der hauptsächlich vor und während der internationalen Flugplankonferenzen (Scheduling Conferences[74]) mit den Luftfahrtunternehmen in Kontakt tritt, um Verhandlungen über Flugstrecken und Flugzeiten zu führen und die Anfragen der interessierten Luftfahrtunternehmen zu koordinieren[75]. Im Einzelfall kann auf solchen Flughäfen aufgrund der Auslastung zu gewissen Zeiten kein Slot mehr erhältlich sein und es muss ein Ausweichflughafen gewählt werden[76]. In der Schweiz sind die Flughäfen Genf (GVA) und Zürich (ZHR) koordinierte Flughäfen[77].

71 Art. 3 Abs. 5 EWG Nr. 95/93, zuletzt geändert durch Verordnung (EG) Nr. 793/2004.

72 Gemäss Art. 3 Abs. 5 EWG Nr. 95/93, zuletzt geändert durch Verordnung (EG) Nr. 793/2004, müssen die Unterkapazitäten derart ausgeprägt vorliegen, dass erhebliche Verspätungen nicht vermieden werden können und die Möglichkeit einer kurzfristigen Behebung dieser Schwierigkeiten nicht besteht.

73 Art. 4 Abs. 1 EWG Nr. 95/93, zuletzt geändert durch Verordnung (EG) Nr. 793/2004; zu den Aufgaben des Koordinators, vgl. auch Abs. 3, 5 und 6, zur Unabhängigkeit vgl. Abs. 2 der Slotverordnung.

74 Vgl. S. 41 hinten.

75 Art. 2 Abs. 3 Slotkoordinationsverordnung.

76 Vgl. die Situation in London Heathrow: Auf dem Londoner Flughafen sind 97 Prozent aller Zeitnischen vergeben und die gewünschte Zeitnische zumeist nicht erhältlich. Fachgespräch mit MORRISROE PETER, Koordinator Grossbritannien.

77 Annex 3 WSG 2006; vgl. auch URL: http://www.aviation.admin.ch (Stand: September 2005).

3. *Kapazitätsanalyse eines Flughafens*

Auf einem nicht koordinierten oder flugplanvermittelten Flughafen wird gemäss europäischer Slotverordnung eine Kapazitätsanalyse durchgeführt[78], sobald ein Luftfahrtunternehmen, das mehr als die Hälfte der Flugdienste an einem Flughafen betreibt oder das Leitungsorgan des Flughafens der Ansicht ist, die Kapazität reiche für die gegenwärtigen oder geplanten Flugdienste zu bestimmten Zeiten nicht mehr aus[79]. Auch die Europäische Kommission kann eine Kapazitätsanalyse verlangen[80]. Ergänzend besteht die Möglichkeit einer Kapazitätsüberprüfung, wenn Neubewerber ernsthafte Schwierigkeiten haben, Zeitnischen zu erhalten oder wenn ein EG-Mitgliedstaat dies für nötig hält[81].

Anlässlich der Kapazitätsanalyse werden die Unterkapazitäten für den betreffenden Flughafen unter Berücksichtigung der umweltschutzbedingten Einschränkungen festgestellt. Dabei wird geprüft, ob sich die Unterkapazitäten allenfalls durch eine neue oder geänderte Infrastruktur oder durch betriebliche Veränderungen beseitigen lassen[82].

4. *Koordinierungserklärung*

Wenn die Kapazitätsanalyse ergeben hat, dass sich auf einem Flughafen Angebot und Nachfrage bezüglich Starts und Landungen nicht mehr decken und die Kapazität für die Abwicklung aller gewünschten gegenwärtigen oder geplanten Flugbewegungen wäh-

78 Art. 3 Abs. 3 EWG Nr. 95/93, zuletzt geändert durch Verordnung (EG) Nr. 793/2004; für Details vgl. KOST, S. 45.

79 Art. 3 Abs. 3 i EWG Nr. 95/93, zuletzt geändert durch Verordnung (EG) Nr. 793/2004.

80 Art. 3 Abs. 3 ii EWG Nr. 95/93, zuletzt geändert durch Verordnung (EG) Nr. 793/2004.

81 Art. 3 Abs. 3 EWG Nr. 95/93, zuletzt geändert durch Verordnung (EG) Nr. 793/2004.

82 Art. 3 Abs. 3 EWG Nr. 95/93, zuletzt geändert durch Verordnung (EG) Nr. 793/2004.

rend mindestens einer Flugplanperiode nicht mehr ausreicht und einerseits erhebliche Verspätungen auf dem Flughafen nicht vermieden werden können[83] und sich andererseits die Kapazitätsschwierigkeiten kurzfristig nicht beheben lassen[84], muss der Mitgliedstaat[85] sicherstellen[86], dass der Flughafen für die betreffenden Zeiten für koordiniert erklärt wird[87].

5. *Aufhebung der Koordinierungserklärung*

Es ist grundsätzlich möglich, nach einem Rückgang der Flugbewegungen auf einem Flughafen die Koordinierungserklärung zurückzunehmen[88]. Da sich jedoch zum heutigen Zeitpunkt kaum ein genereller Rückgang der Flugtätigkeit auf den zur Zeit stark frequentierten koordinierten Flughäfen Europas abzeichnet, wurde von dieser Möglichkeit bisher noch nicht Gebrauch gemacht.

83 Art. 3 Abs. 5 lit. a EWG Nr. 95/93, zuletzt geändert durch Verordnung (EG) Nr. 793/2004.

84 Art. 3 Abs. 5 lit. b EWG Nr. 95/93, zuletzt geändert durch Verordnung (EG) Nr. 793/2004.

85 In der Schweiz ist das BAZL für die Bezeichnung der koordinierten und vollständig koordinierten Flughäfen zuständig, vgl. Art. 3 Slotkoordinationsverordnung.

86 Art. 3 Abs. 5 EWG Nr. 93/95, zuletzt geändert durch Verordnung (EG) Nr. 793/2004.

87 Vgl. Sec. 3.5 WSG 2006.

88 Art. 3 Abs. 7 EWG Nr. 95/93, zuletzt geändert durch Verordnung (EG) Nr. 793/2004.

II. Slots im geltenden Recht

A. Europäisches Recht

1. Ausgangslage

Wie bereits erörtert[89], hat das Ungleichgewicht zwischen dem expandierenden Luftverkehr in Europa und geeigneter Flughafeninfrastruktur, die diesen Bedarf decken konnte, stark zugenommen, ebenso die daraus resultierende Zahl überlasteter Flughäfen in der Gemeinschaft. Daher entschloss sich die Europäische Gemeinschaft im Jahre 1993, die Slotzuteilung innerhalb der Gemeinschaft verbindlich und einheitlich zu regeln[90].

Die Worldwide Scheduling Guidelines[91] der IATA, die auf supranationaler Ebene die Richtlinie für eine faire und effiziente Slotvergabe darstellen, genügten als Grundlage für die Slotvergabe in Europa nicht mehr[92], gehen doch die WSG – sinnvollerweise – auf besondere Regelungsbedürfnisse der EG wie namentlich gemeinwirtschaftliche Verpflichtungen[93] oder das Festlegen eines bestimmten Rechtsmittelweges[94] nicht ein.

89 Vgl. S. 9 ff. vorne.
90 Vgl. Präambel der Slotverordnung.
91 Vgl. S. 40 hinten.
92 Vgl. auch GRUNDMANN, S. 170.
93 Art. 9 EWG Nr. 95/93, zuletzt geändert durch Verordnung (EG) Nr. 793/2004.
94 Art. 11 EWG Nr. 95/93, zuletzt geändert durch Verordnung (EG) Nr. 793/2004.

2. *Generelle Rechtsetzungskompetenz der EG-Organe*

In jenen Rechtsgebieten, in welchen der Europäischen Gemeinschaft die ausschliessliche legislative Kompetenz zusteht, kann das Parlament und der Rat, der Rat oder die Kommission gemäss Art. 249 des Vertrages zur Gründung der Europäischen Gemeinschaft[95] (nachfolgend „EGV") Verordnungen erlassen[96], die in allen Teilen verbindlich und unmittelbar in jedem Mitgliedstaat anwendbar sind[97]. Dieser Vorrang des sekundären Gemeinschaftsrechts über das nationale Recht wurde vom Gerichtshof der Europäischen Gemeinschaften in Luxemburg (nachfolgend „EuGH") entwickelt. Im Costa-ENEL-Urteil[98] von 1964 erklärte der EuGH, der Vertrag zur Gründung der Europäischen Gemeinschaft[99] habe eine Rechtsordnung „sui generis" geschaffen. Die Mitgliedstaaten hätten ihre Souveränität beschränkt und „einen Rechtskörper geschaffen, der für ihre Angehörigen und sie selbst verbindlich" sei. Aus diesem Grunde geht das Gemeinschaftsrecht entgegenstehendem nationalem Recht der Mitgliedstaaten vor.

3. *Rechtsetzungskompetenz auf dem Gebiet des Verkehrsrechts*

Die Statuierung einer Gemeinsamen Verkehrspolitik (GVP) der EG fand bereits in der ursprünglichen Fassung des Vertrags zur Grün-

95 Vertrag zur Gründung der Europäischen Gemeinschaft vom 25. März 1957.

96 Verordnungen entsprechen einem Gesetz im innerstaatlichen Recht, vgl. hierzu JAAG, Europarecht, S. 214.

97 „Zur Erfüllung ihrer Aufgaben und nach Massgabe dieses Vertrags erlassen das Europäische Parlament und der Rat gemeinsam, der Rat und die Kommission Verordnungen, [...]." „Die Verordnung hat allgemeine Geltung. Sie ist in allen ihren Teilen verbindlich [...].", Art. 249 EGV.

98 Vgl. EuGH-Urteil *Costa (Flamino) v. ENEL*, Rs. 6/64, Slg. 1964, S. 585.

99 Art. 189 des Vertrags zur Gründung der Europäischen Gemeinschaft vom 1.1.1958 in seiner ursprünglichen Fassung von Rom; heute Art. 249 des Vertrags zur Gründung der Europäischen Gemeinschaft in der Fassung von Amsterdam vom 2. Oktober 1997.

dung der Europäischen Gemeinschaft Eingang[100]. Art. 70 des konsolidierten Vertrags wiederholt den Auftrag von Art. 3 I lit. f., eine gemeinsame Verkehrspolitik zu betreiben, die auf die Herstellung, Bewahrung und Verbesserung eines funktionierenden Binnenmarktes im Bereich des internationalen sowie des transnationalen Verkehrs abzielt[101].

Gestützt auf Art. 71 EGV steht der Gemeinschaft die legislative Kompetenz im Bereiche des grenzüberschreitenden Verkehrs zu, sowie die Kompetenz, die Bedingungen für die Zulassung der so genannten Kabotage – des Inlandverkehrs durch Verkehrsunternehmen, die nicht im betreffenden Mitgliedstaat ansässig sind – festzulegen.

Die legislative Kompetenz der Gemeinschaft auf dem Gebiete des Luftverkehrs ist in Art. 80 Abs. 2 des Vertrages zur Gründung der Europäischen Gemeinschaft (EGV)[102] verankert, wonach der Rat die Möglichkeit besitzt, geeignete Vorschriften für die Luftfahrt zu erlassen.

Aufgrund der Open Skies-Urteile des EuGH geniesst die EG ausserdem die ausschliessliche Kompetenz für den Abschluss von internationalen Abkommen mit Drittstaaten im Bereich des Flugverkehrs[103].

100 Art. 74–84 des Vertrags zur Gründung der Europäischen Gemeinschaft in der Fassung von Rom.

101 WEIDENFELD/WESSELS, S. 366, vgl. auch Art. 154 EGV.

102 „Der Rat kann mit qualifizierter Mehrheit darüber entscheiden, ob, inwieweit und nach welchem Verfahren geeignete Vorschriften für die Seeschifffahrt und die Luftfahrt zu erlassen sind.", Art. 80 Abs. 2 des Vertrages zur Gründung der Europäischen Gemeinschaft (EGV) vom 25. März 1957, welcher am 1. Januar 1958 in Kraft getreten ist (BGBl. II 1958, S. 1) in der Fassung des Vertrages über die Europäische Union vom 7. Februar 1992 (BGBl. II S. 1253/1256), geändert durch den Amsterdamer Vertrag vom 2. Oktober 1997 (in Kraft getreten am 1. Mai 1999) sowie zuletzt geändert durch den Vertrag von Nizza vom 21. Februar 2001 (in Kraft getreten am 1. Februar 2003).

103 Vgl. hierzu COTTIER/OESCH, International Trade Regulation, S. 254 ff.

4. *Inkraftsetzung und Revision der europäischen Slotverordnung*

Am 18. Januar 1993 wurde die Verordnung (EWG) Nr. 95/93[104] (nachfolgend „EWG Nr. 95/93" oder „Slotverordnung gemäss ursprünglicher Fassung"), welche die Slotvergabe auf allen Gemeinschaftsflughäfen regelt[105] vom Rat[106] der Europäischen Gemeinschaften verabschiedet und trat am 21. Februar 1993 in Kraft[107]. Sie soll gewährleisten, dass die verfügbaren Slots für Starts und Landungen auf Flughäfen der Gemeinschaft, die von Kapazitätsengpässen betroffen sind, effizient genutzt und auf unparteiische, diskriminierungsfreie und transparente Weise verteilt werden[108].

Seit 1993 änderten das Europäische Parlament und der Europäische Rat die Verordnung dreimal ab[109]. Aufgrund der Terroranschläge in New York vom 11. September 2001 fand Art. 10a in der Verordnung (EWG) Nr. 95/93 Eingang. Diese Norm sollte die negativen Auswirkungen der Attentate auf die Luftfahrtunternehmen in Bezug auf die Slots minimieren[110]. Als Folge des Irak-

104 Verordnung (EWG) Nr. 95/93 des Rates vom 18. Januar 1993 über gemeinsame Regeln für die Zuweisung von Zeitnischen auf Flughäfen in der Gemeinschaft; vgl. Fn 33 vorne.

105 Art. 1 Abs. 1 EWG Nr. 95/93, zuletzt geändert durch Verordnung (EG) Nr. 793/2004; Amtsblatt der Europäischen Union (ABl.) vom 30. April 2004, L 138, S. 51: „Diese Verordnung gilt für Gemeinschaftsflughäfen."

106 Aufgrund des Beschlusses (EG) Nr. 93/591 des Rates vom 8. November 1993 über seine Bezeichnung im Anschluss an das Inkrafttreten des Maastrichter Vertrages über die Europäische Union (EUV) vom 7. Februar 1992, der am 1. November 1993 in Kraft getreten ist (Amtsblatt der Europäischen Gemeinschaften (ABl.) vom 16. November 1993, L 281, S. 18, Berichtigung in Amtsblatt der Europäischen Gemeinschaften (ABl.) vom 20. November 1993, L 285, S. 41), wurde der Rat der Europäischen Gemeinschaften in Rat der Europäischen Union oder kurz „Ministerrat" umbenannt, vgl. hierzu auch Art. 4 EUV und Art. 202 EGV.

107 Gemäss Art. 15 EWG Nr. 95/93 (ursprüngliche Fassung) tritt die Verordnung am dreissigsten Tag nach ihrer Veröffentlichung im Amtsblatt der Europäischen Gemeinschaften (in casu ABl. vom 22. Januar 1993, L 14) in Kraft.

108 KOM 2001 335, S. 2.

109 Zum Verfahren der Verordnungsrevision in der EG, vgl. S. 141 ff. hinten.

110 Änderung der Verordnung (EWG) Nr. 95/93 durch Verordnung (EG) Nr. 894/2002 des Europäischen Parlaments und des Rats vom 27. Mai 2002,

Krieges und des Ausbruchs der Lungenkrankheit SARS ist die Slotverordnung zudem um Art. 10b ergänzt worden[111].

Am 21. April 2004 wurde die Slotverordnung letztmals durch die Verordnung (EG) Nr. 793/2004 abgeändert[112]. Diese dritte Änderung der Verordnung ist die materiell Bedeutsamste. Ihr ist daher ein Grossteil dieser Dissertation gewidmet.

B. Schweizerisches Recht

1. *Ausgangslage*

Gemäss Bundesverfassung ist die Gesetzgebung betreffend die Luftfahrt Bundessache. Art. 87 BV[113] räumt dem Bund eine umfassende Gesetzgebungs-Kompetenz ein, welche der Bund mit dem Luftfahrtgesetz und den sich darauf stützenden Verordnungen ausgeschöpft hat[114].

---

in Kraft getreten am 1. Juli 2002, vgl. Amtsblatt der Europäischen Union (ABl.) vom 31. Mai 2002, L 142, S. 3.

111 „Im Rahmen der Anwendung von Artikel 10 Absatz 3 akzeptieren die Koordinatoren, dass Luftfahrtunternehmen in der Flugplanperiode Sommer 2004 ein Anrecht auf dieselben Abfolgen von Zeitnischen haben, die ihnen für die Flugplanperiode Sommer 2003 zugewiesen worden waren.“ Änderung der Verordnung (EWG) Nr. 95/93 (Fassung vom 1. Juni 2002) durch Verordnung (EG) Nr. 1554/2003 des Europäischen Parlaments und des Rates vom 22. Juli 2003, in Kraft getreten am 5. September 2003; vgl. Amtsblatt der Europäischen Union (ABl.) vom 4. September 2003, L 221, S. 1.

112 Amtsblatt der Europäischen Union (ABl.) vom 30. April 2004, L 138, S. 50. Aussagen in dieser Dissertation, die sich auf die geänderte Fassung der Slotverordnung gemäss EG Nr. 793/2004 beziehen, werden nachfolgend mit „revidierte Slotverordnung“ oder schlicht „Slotverordnung“ gekennzeichnet und mit „EWG Nr. 95/93, zuletzt geändert durch Verordnung (EG) 793/2004“ zitiert.

113 Bundesverfassung der Schweizerischen Eidgenossenschaft vom 18. April 1999 (BV), SR 101.

114 Jaag/Müller/Tschannen/Zimmerli, S. 92.

Aufgrund des Inkrafttretens des Abkommens zwischen der Schweizerischen Eidgenossenschaft und der Europäischen Gemeinschaft über den Luftverkehr vom 1. Juni 2002[115] (nachfolgend auch „LVA"), welches nach sechsjähriger Verhandlungsdauer am 21. Juni 1999 unterzeichnet und vom Schweizer Souverän am 21. Mai 2000 mit klarer Mehrheit gutgeheissen worden ist[116], sind jedoch gewisse Regelungsbefugnisse auf die Organe der EG übertragen worden[117].

2. *Verordnung über die Koordination von Zeitnischen (Slots)*

Im August 2005 hat der Bundesrat mit der Verordnung über die Koordination von Zeitnischen (Slots) auf Flughäfen[118] (nachfolgend „Slotkoordinationsverordnung") erstmals eine schweizerische Normierung der Zuweisung von Slots an Luftfahrtunternehmen geschaffen. Art. 11 hält fest, dass die Verordnung am 1. Oktober 2005 in Kraft tritt[119] und bis spätestens zum 31. Oktober 2009 gilt. Die Verordnung wird früher ausser Kraft gesetzt, sofern eine entsprechende gesetzliche Regelung in der Luftfahrtgesetzgebung

115 Abkommen zwischen der Schweizerischen Eidgenossenschaft und der Europäischen Gemeinschaft über den Luftverkehr vom 21. Juni 1999 (Luftverkehrsabkommen, LVA), SR 0.748.127.192.68, vgl. S. 29 ff. hinten.

116 Cottier/Oesch, Sektorielle Abkommen Schweiz – EG, S. 1.

117 Jaag/Müller/Tschannen/Zimmerli, S. 92.

118 Die Slotkoordinationsverordnung gehört zu den selbständigen Bundesrats-Verordnungen (Art. 164 Abs. 2 BV statuiert, dass Rechtsetzungsbefugnisse durch Bundesgesetz übertragen werden können, soweit dies nicht durch die BV ausgeschlossen wird). Sie erging gestützt auf Art. 36 Abs. 1 („Der Bundesrat erlässt nähere Vorschriften über Bau und Betrieb von Flugplätzen.") i.V.m. Art. 3 Abs. 3 sowie Art. 92 und 109 des Bundesgesetzes über die Luftfahrt vom 21. Dezember 1948 (Luftfahrtgesetz, nachfolgend auch LFG), SR 748.0 und in Ausführung der Art. 1 und 2 des Luftverkehrsabkommens zwischen der Schweizerischen Eidgenossenschaft und der Europäischen Gemeinschaft und des Art. 4 der Verordnung (EWG) Nr. 95/93 des Rates vom 18. Januar 1993 über gemeinsame Regeln für die Zuweisung von Zeitnischen auf den Flughäfen in der Gemeinschaft.

119 Art. 11 Abs. 1 Slotkoordinationsverordnung.

vorgenommen worden ist[120]. Gemäss Art. 1 reguliert die Verordnung die Koordination der Zeitnischen (Slots) auf Flughäfen der Schweiz.

Vor dem Erlass dieser Verordnung galt hinsichtlich der Vergabe von Slots gemäss Verordnung über die Infrastruktur der Luftfahrt[121] (nachfolgend „VIL") – nebst der Verordnung (EWG) 95/93 des Rates[122] – einzig die Regelung, dass das Betriebsreglement eines Flughafens die Benützung von Flugplatzanlagen und – im weiteren Sinne – die Vergabe von Start- und Landeerlaubnis zu regeln habe.

3. *Bilaterales Luftverkehrsabkommen Schweiz – EG*

Mit dem Inkrafttreten des Luftverkehrsabkommens zwischen der Schweiz und der EG hat die Schweiz die gesamte, zum Zeitpunkt des Vertragsabschlusses bestehende europäische Gesetzgebung im Bereich der Zivilluftfahrt übernommen und ist damit einem EG-Mitglied gleichgestellt[123]. Die bisher geltenden 14 bilateralen Verträge zwischen EG-Staaten und der Schweiz werden in jenen Bereichen, die im neuen Abkommen geregelt sind, suspendiert, soweit sie nicht weitergehende Rechte enthalten[124]. Ob die Schweiz für

120 Art. 11 Abs. 2 Slotkoordinationsverordnung.

121 Art. 23 lit. d Verordnung über die Infrastruktur der Luftfahrt vom 23. November 1994 (VIL), SR 748.131.1.

122 Vgl. S. 31 hinten.

123 Bericht über die Luftfahrtpolitik der Schweiz 2004 vom 10. Dezember 2004, BBl 2005, S. 1792.

124 Vgl. Art. 33 LVA („Unbeschadet des Artikels 16 geht dieses Abkommen den einschlägigen Bestimmungen geltender zweiseitiger Vereinbarungen zwischen der Schweiz und EG-Mitgliedstaaten über Angelegenheiten vor, die Gegenstand dieses Abkommens und des Anhangs sind.") und Art. 16 LVA („Die Bestimmungen dieses Kapitels gehen den einschlägigen Bestimmungen der geltenden zweiseitigen Vereinbarungen der sektoriellen Abkommen zwischen der Schweiz und den EG-Mitgliedstaaten vor."), Botschaft zur Genehmigung der sektoriellen Abkommen zwischen der Schweiz und der EG vom 23. Juni 1999, BBl 1999, S. 6150.

Flüge in und aus Drittstaaten eine abweichende Ordnung aufstellen will, ist noch offen[125].

a) *Das LVA als Integrationsabkommen*

Das Luftverkehrsabkommen Schweiz – EG ist im Unterschied zu den sechs anderen Verhandlungsdossiers der Bilateralen I ein eigentliches Integrationsabkommen[126]. Es wird mit diesem Abkommen das bestehende Recht der EG auf die Schweiz ausgedehnt[127]. „Il s'agit [...] d'un accord d'intégration, qui vise à harmoniser à l'intérieur de l'Europe le droit relatif aux transports aériens."[128] Dies bedeutet, dass die Schweiz (vorerst mit Ausnahme einzelner Verkehrsrechte) in etwa die gleichen Bestimmungen betreffend den Luftverkehr übernimmt wie dies bei einem EU-Beitritt der Fall wäre. „Diskriminierungen aus Gründen der Staatsangehörigkeit werden verboten und natürliche und juristische Personen aus der Schweiz sind denjenigen aus der EU gleichgestellt."[129]

Mit andern Worten: Die Schweiz übernimmt mit dem Abkommen über den Luftverkehr das Luftrecht der EG[130] und somit alle in diesem Gebiete erlassenen Verordnungen und Richtlinien, den so genannten Acquis Communautaire, den gemeinschaftlichen Besitzstand des Rechts der EG.[131] Auch die europäische Slotverordnung EWG 95/93[132] gehört somit zum in der Schweiz geltenden Recht.

125 DETTLING-OTT, Abkommen, S. 500.
126 AUER, S. 440.
127 Vgl. Botschaft zur Genehmigung der sektoriellen Abkommen zwischen der Schweiz und der EG vom 23. Juni 1999, BBl 1999, S. 6150.
128 KADDOUS, S. 82.
129 Art. 3 LVA; VON BÜREN, S. 72.
130 DETTLING-OTT, Auswirkungen LVA, S. 83; vgl. KADDOUS, S. 81: „La suisse reprend en substance à peu près les mêmes dispositions légales qu'en cas d'adhésion à l'Union Européenne, mais avec des restrictions puisque les droits de transport seront accordés par étapes aux compagnies aériennes."
131 DETTLING-OTT, Das sektorielle Luftverkehrsabkommen, S. 4.
132 Vgl. u.a. S. 23ff. vorne.

Art. 33 LVA verdeutlicht zudem, dass dieses Abkommen den geltenden zweiseitigen Vereinbarungen betreffend die Verkehrsrechte zwischen der Schweiz und EG-Staaten vorgeht. Im Bereiche der Verkehrsrechte erfährt die Ausdehnung des EG-Rechts zumindest vorläufig allerdings eine Einschränkung: die Verkehrsrechte werden schweizerischen Fluggesellschaften gemäss Art. 15 LVA etappenweise zugestanden[133].

b) Innerstaatliche Geltung

Völkerrecht und Landesrecht sind gemäss monistischer Theorie, zu der sich die Schweiz bekennt, Teile eines einheitlichen Regelungssystems[134]. Daher bedürfen Staatsverträge für die innerstaatliche Wirksamkeit keiner Transformation ins nationale Recht (Inkorporationssystem); sie sind ab ihrem Inkrafttreten automatisch fester Bestandteil der schweizerischen Rechtsordnung und damit für alle Staatsorgane verbindlich[135].

Eine Umsetzung des Luftverkehrsabkommens ins Landesrecht durch einen förmlichen Aufnahmeakt der Bestimmungen des Rechts der EG ins nationale Recht ist folglich nicht erforderlich. Aufgrund des monistischen Verständnisses der Schweiz gilt im Verhältnis zu den EG-Staaten das LVA mit den im Anhang genannten Verordnungen, ohne dass schweizerische Gesetze angepasst werden müssen. Zu beachten ist überdies, dass durch die Revision des Luftfahrtgesetzes im Jahre 1998 die Rechtslage in der Schweiz bereits derart angepasst wurde, dass es keiner weiteren Änderungen des bestehenden Rechts bedarf, um dem LVA zu entsprechen[136]. Hinsichtlich jener Rechtsverhältnisse, die nicht unter das Abkommen fallen, ist hingegen weiterhin schweizerisches Recht anwendbar[137].

133 Zu den Verkehrsrechten vgl. u.a. DETTLING-OTT, Rechtliche Fesseln, S. 15.
134 HÄFELIN/HALLER, S. 560f.
135 Vgl. BGE 124 II 293 E. 4b, S. 307; ACHERMANN, S. 38.
136 WEBER/SKRIPSKY, S. 75; vgl. auch Botschaft zur Genehmigung der sektoriellen Abkommen zwischen der Schweiz und der EG, BBl 1999, S. 6262.
137 JAAG/MÜLLER/TSCHANNEN/ZIMMERLI, S. 92.

c) Normenhierarchie

Klar festgehalten werden muss die Hierarchie der Normen: Der Inhalt des bilateralen Luftverkehrsabkommens der Schweiz mit der EG geht entgegenstehendem schweizerischem Gesetzesrecht vor[138]. Es ist jedoch zu beachten, dass das Bundesgericht zur Prämisse des Übergesetzesranges von Völkerrecht eine Ausnahme entwickelt hat[139]: Demnach ist ein völkerwidriges Bundesgesetz ausnahmsweise gleichwohl anzuwenden, sofern der Bundesgesetzgeber die Verletzung des Staatsvertrages bewusst in Kauf genommen hat[140].

Innerstaatlichem Recht wäre ausnahmsweise dann ein Vorrang zuzubilligen, wenn die völkerrechtlichen Verträge gegen den Kern eines Grundrechtes oder gegen andere zentrale Grundwerte der schweizerischen Bundesverfassung verstossen oder aber zentrale Prinzipien des nationalen Rechts missachten würden[141]. Anhaltspunkte, dass dies beim LVA so sein könnte, sind jedoch nicht ersichtlich. Gemäss Thürer/Hillemanns haben die bilateralen Abkommen jedoch, da sie weder zwingendes Völkerrecht noch den Beitritt zu einer supranationalen Gemeinschaft beinhalten, nicht Überverfassungsrang, sondern stehen zwischen Verfassungs- und einfachem Bundesrecht[142].

d) Einfluss der europäischen Gerichte auf die Schweiz

Die sektoriellen Abkommen zwischen der Schweiz und der EG sehen im Allgemeinen weder gesamthaft noch einzeln gemeinsame Organe zur richterlichen Streitbeilegung vor. Die Abkommen sehen zudem keine einheitliche Festlegung des Rechtsweges vor.

138 Vgl. Art. 193 Abs. 4 und Art. 194 Abs. 2 BV.

139 Vgl. „Schubert-Praxis“, BGE 99 Ib 39 E. 4, S. 44f. sowie die diese Rechtsprechung stützenden nachfolgenden Entscheide BGE 112 II 1 E. 8, S. 13 und BGE 118 Ib 277 E 3b, S. 281.

140 Tschannen, S. 169f.

141 Thürer, S. 179.

142 Thürer/Hillemanns, S. 23.

Davon ausgenommen ist das Abkommen über das öffentliche Beschaffungswesen[143].

Die schweizerischen Gerichte können das LVA – unter Vorbehalt von Art. 20 des Abkommens – selbständig auslegen. Das LVA verpflichtet die Eidgenossenschaft hingegen, bei der Auslegung von Bestimmungen, welche aus dem Gemeinschaftsrecht übernommen worden sind, die Rechtsprechung des EuGH bis zum Vertragsabschluss zu berücksichtigen[144].

Die Rechtsprechung des EuGH nach Vertragsabschluss wird der Schweiz zur Kenntnis gebracht[145], der Gemischte Ausschuss hat in Zweifelsfällen zu beurteilen, welche Auswirkungen die Entscheide des EuGH auf die Handhabung des LVA zeitigen[146].

143 Ganzer Abschnitt; vgl. COTTIER/EVTIMOV, Probleme des Rechtsschutzes, S. 180ff. Um eine einheitliche Auslegung der Rechtsnormen und Entwicklung der Rechtssprechung sowohl innerhalb der EG, als auch zwischen der EG und der Schweiz sicherzustellen, sollte allenfalls über die Einrichtung gemeinsamer Rechtsmittelinstanzen, basierend auf einem vereinheitlichten Rechtsmittelweg nachgedacht werden, COTTIER/EVTIMOV, Sektorielle Abkommen, S. 119f.

144 „Dieses Abkommen legt für die Vertragsparteien Regeln im Bereich der Zivilluftfahrt fest.“, Art. 1 Abs. 1 LVA. „Soweit diese Bestimmungen im Wesentlichen mit den entsprechende Regeln des EG-Vertrags und den in Anwendung des EG-Vertrags erlassenen Rechtsvorschriften übereinstimmen, sind sie hinsichtlich ihrer Umsetzung und Anwendung in Übereinstimmung mit den vor der Unterzeichnung dieses Abkommens [LVA] erlassenen Urteilen, Beschlüssen und Entscheidungen des Gerichtshofs und der Kommission der Europäischen Gemeinschaften auszulegen.“, Art. 1 Abs. 2 LVA; vgl. hierzu auch COTTIER/DZAMKO/EVTIMOV, S. 387; JAAG, Europarecht, S. 380.

145 „Die nach der Unterzeichnung dieses Abkommens [LVA] erlassenen Urteile, Beschlüsse und Entscheidungen [des EuGH und der Kommission der Europäischen Gemeinschaften] werden der Schweiz übermittelt.“, Art. 1 Abs. 2 LVA.

146 „Auf Verlangen einer Vertragspartei werden die Folgen der letztgenannten Urteile, Beschlüsse und Entscheidungen im Hinblick auf ein ordnungsgemässes Funktionieren dieses Abkommens [LVA] vom Gemeinsamen Ausschuss festgestellt.“, Art. 1 Abs. 2 LVA.

4. *Zuständigkeit des EuGH*[147] *in luftrechtlichen Fragen aufgrund von Art. 20 LVA*

Eine ausschliessliche Zuständigkeit des EuGH ist in Art. 20 LVA geregelt: Demnach ist der Gerichtshof Rechtsmittelinstanz für alle Fragen betreffend die Gültigkeit von Entscheiden und Beschlüssen der Gemeinschaft gestützt auf das Abkommen. Ein Streitbeilegungsverfahren vor dem Gemischten Ausschuss gibt es nicht, daher kann auch die Schweiz den EuGH anrufen[148].

Die Eidgenossenschaft hat von diesem Recht im Zusammenhang mit den Flugbeschränkungen über deutschem Gebiet bereits Gebrauch gemacht[149]. Am 5. Dezember 2003 lehnte die Europäische Kommission die Beschwerde der Schweiz betreffend die von Deutschland erlassenen An- und Abflugbeschränkungen zum und vom Flughafen Zürich ab[150], mit welcher die Schweiz die Prüfung der deutschen Massnahmen auf ihre Vereinbarkeit mit dem Luftverkehrsabkommen und dem relevanten Gemeinschaftsrecht gestützt auf Art. 18 Abs. 2 LVA in Verbindung mit der Verordnung (EG) Nr. 2408/92[151] beantragt hatte[152]. Die Kommission begründete ihren Entscheid damit, dass das LVA lediglich den Austausch von Verkehrsrechten beinhalte, die Rechtsprechung hingegen aus formellen Gründen nicht anwendbar sei[153].

147 Vgl. auch S. 182 ff. hinten.

148 COTTIER/EVTIMOV, Sektorielle Abkommen, S. 89 f.; JAAG, Europarecht, S. 381.

149 Vgl. GEMPERLE, S. 21.

150 Vgl. zu diesem Thema DETTLING-OTT, Flughafen Zürich, S. 57 ff.

151 Verordnung (EG) Nr. 2408/92 des Rates vom 23. Juli 1992 über den Zugang von Luftfahrtunternehmen der Gemeinschaft zu Strecken des innergemeinschaftlichen Flugverkehrs, Amtsblatt der Europäischen Gemeinschaften (ABl.) vom 24. August 1992, L 240, S. 8.

152 Vgl. Amtsblatt der Europäischen Union (ABl.) vom 8. Januar 2004, L 4, S. 13.

153 Dies erstaunt, da die Präambel des LVA ausdrücklich vorsieht, dass eine möglichst einheitliche Auslegung des LVA mit den Vorschriften des Gemeinschaftsrechts anzustreben sei.

Am 16. Februar 2004 hat die Schweiz beim EuGH gestützt auf das LVA eine Nichtigkeitsbeschwerde gegen den Entscheid der Europäischen Kommission gemäss Art. 230 EGV eingereicht[154]. Die Schweiz machte darin geltend, dass das Abkommen die Ausdehnung des Luftverkehrsbinnenmarktes auf die Schweiz anstrebe und schweizerischen Luftfahrtunternehmen einen gleichberechtigten Zugang zum Markt[155] gewährleiste. Die deutschen Beschränkungen stellen nach Ansicht der Schweiz einen Verstoss gegen die Dienstleistungsfreiheit dar, sind diskriminierend und unverhältnismässig[156]. Am 14. Juli 2005 hat der Gerichtshof diese Rechtssache an das Gericht erster Instanz verwiesen[157], das Verfahren ist noch hängig[158].

154 EuGH-Urteil *Schweizerische Eidgenossenschaft/Kommission der EG*, Rs. C-70/04, vgl. Amtsblatt der Europäischen Union (ABl.) vom 17. April 2004, C 94, S. 22.

155 Vgl. Art. 15 LVA.

156 Ganzer Abschnitt vgl. FELDER/GRESCH/HOLZER/LAUPER/DI PIETRO/SCHLEISS/SIEGWART/TRUFFER/WEBER, S. 437f.

157 Die Rechtssache C-70/04 wurde nach der Verweisung durch den Gerichtshof an das Gericht zur Rechtssache T-319/05, Vgl. Beschluss des Gerichtshofes vom 14. Juli 2005 in der Rechtssache C-70/04, ABl. vom 26.11.2005, C 296, S. 8. Der Gerichtshof begründete seine Entscheidung damit, dass für den Fall, dass die Schweizerische Eidgenossenschaft den Mitgliedstaaten gleichzustellen wäre, Klagen, „die von den Mitgliedstaaten gegen eine Entscheidung der Kommission gerichtet werden, nunmehr in erster Instanz das Gericht zuständig ist, da es sich um Klagen nach Artikel 230 EG handelt, die nicht im Sinne von Artikel 225 EG einer gerichtlichen Kammer übertragen werden und auch nicht nach Artikel 51 der Satzung des Gerichtshofes in der Fassung des Beschlusses 2004/407/EG, Euratom des Rates vom 26. April 2004 zur Änderung der Artikel 51 und 54 des Protokolls über die Satzung des Gerichtshofes (ABl.) L 132, S. 5, berichtigt im ABl. L 194, S. 3) dem Gerichtshof vorbehalten sind.“ Ausserdem fügte der Gerichtshof hinzu, dass „falls die Schweizerische Eidgenossenschaft – insbesondere im Hinblick auf den besonderen Kontext des Luftverkehrsabkommens – nicht einem Mitgliedstaat mit der Folge der Anwendung von Artikel 230 Absatz 2 EG, sondern einer juristischen Person im Sinne von Absatz 4 dieses Artikels gleichzustellen sein sollte, wäre für die Klage unter den in dieser Vertragsbestimmung vorgesehenen Voraussetzungen ebenfalls in erster Instanz das Gericht zuständig, so dass der Rechtsstreit nach Artikel 54 Absatz 2 der Satzung des Gerichtshofes an das Gericht verwiesen werden müsste“.

158 Stand: Januar 2007.

5. Weiterentwicklung des europäischen Slotrechts

Hinsichtlich des zukünftigen Gemeinschaftsrechts, an dessen Entwicklung die Schweiz als Nichtmitglied der EG nicht beteiligt ist, trifft das LVA folgende Regelung: Urteile, Beschlüsse und Entscheidungen des EuGH und der Kommission, die nach der Unterzeichnung des LVA ergehen, werden der Schweiz übermittelt[159]. Das LVA belässt jeder Vertragspartei zudem das Recht, neue Rechtsvorschriften für den Luftverkehrsbereich zu erlassen, sofern diese nicht gegen das LVA verstossen[160]. Bei der Ausarbeitung solcher neuer Rechtsvorschriften muss jedoch die andere Vertragspartei informell konsultiert werden[161]. Zudem kann der so genannte Gemischte Luftverkehrsausschuss Schweiz – EG[162] den Anhang in eigener Kompetenz ändern oder, falls erforderlich, eine Änderung des Abkommens vornehmen[163].

Der Gemischte Luftverkehrsausschuss ist ein gemeinsames Organ der Vertragsparteien[164]; er entscheidet, ob und in welchem Rahmen die Vertragsparteien an die Rechtsentwicklung nach der Unterzeichnung gebunden sind. Dabei hat er auf das „ordnungsgemässe Funktionieren" des LVA Rücksicht zu nehmen[165]. Er kann auch verbindlich festhalten, dass bestimmte Gesetzesänderungen im Einklang mit dem Abkommen stehen und deshalb keine Anpas-

159 Art. 1 Abs. 2 Satz 3 LVA; DETTLING-OTT, Abkommen, S. 462ff.

160 Art. 23 Abs. 1 LVA sowie Art. 1 Abs. 2 Satz 4 LVA.

161 Art. 23 Abs. 2 LVA; VON BÜREN, S. 74.

162 Zur Institution des Gemischten Ausschusses, vgl. JAAG, Europarecht, S. 376ff.

163 Art. 23 Abs. 4 LVA. Das Verfahren vor dem Gemischten Ausschuss vereinfacht die Anpassung der Abkommen, die eigentlich nur von den Vertragsparteien in gegenseitigem Einvernehmen geändert werden können; Art. 39 Wiener Übereinkommen über das Recht der Verträge vom 23. Mai 1969, SR 0.111, für die Schweiz in Kraft getreten am 6. Juni 1990: *„Ein Vertrag kann durch Übereinkunft zwischen den Vertragsparteien geändert werden."*; vgl. auch FELDER/GRESCH/HOLZER/LAUPER/DI PIETRO/SCHLEISS/SIEGWART/TRUFFER/WEBER, S. 426.

164 Für weiterführende Informationen, vgl. JAAG, Institutionen und Verfahren, S. 48f.; FELDER/GRESCH/HOLZER/LAUPER/DI PIETRO/SCHLEISS/SIEGWART/TRUFFER/WEBER, S. 423ff.

165 Art. 1 Abs. 2 Satz 4 LVA.

sung erforderlich ist oder aber sich Massnahmen im Lichte neuer Gesetze aufdrängen, wie beispielsweise die vorübergehende Sistierung einzelner Bestimmungen. Betreffend Änderungen des Anhangs hat das Parlament mit der Genehmigung des LVA die Kompetenz zur Annahme solcher Änderungen dem Bundesrat übertragen[166].

6. *EU-Osterweiterung und das Luftverkehrsabkommen*

Im Hinblick auf die am 1. Mai 2004 erfolgte EU-Osterweiterung[167] gilt, dass aufgrund des

> völkerrechtlichen Grundsatzes der beweglichen Vertragsgrenzen sich der Geltungsradius internationaler Abkommen der Gemeinschaft als Folge des Beitritts neuer Mitgliedstaaten grundsätzlich ohne weiteres auf deren Territorium erweitert, wenn es sich dabei um reine Gemeinschaftsabkommen handelt[168].

Die Sektoriellen Abkommen mit der EG gelten im gesamten Gebiete der EU, sofern nichts Gegenteiliges festgehalten wird[169]. Die zehn neuen Mitgliedstaaten haben damit die gleichen Rechte und Pflichten wie die derzeitigen Mitgliedstaaten der EG erlangt.

Gemäss Art. 6 der Beitrittsakte[170] sind die Sektoriellen Abkommen I der Schweiz mit der EG (und somit das LVA) bindend und

166 Ganzer Abschnitt vgl. HALDIMANN, S. 452.

167 Am 1. Mai 2004 traten Estland, Lettland, Litauen, Malta, Polen, Slowakei, Slowenien, die Tschechische Republik, Ungarn und Zypern der EU bei, vgl. Vertrag von Athen, unterzeichnet am 14.4.2003, in Kraft getreten am 1.5.2004. Bulgarien und Rumänien sind am 1.1.2007 der EU beitreten, vgl. COM(2006) 549, 26.9.2006.

168 THÜRER/HILLEMANNS, S. 27f. mit Verweis auf SCHRÖDER, Kommentierung zu Art. 227 EGV.

169 JAAG, Europarecht, S. 373: „Der Geltungsbereich der Verträge wird mit jeder Erweiterung der EU automatisch ausgedehnt."

170 Akte über die Bedingungen des Beitritts der Tschechischen Republik, der Republik Estland, der Republik Zypern, der Republik Lettland, der Republik Litauen, der Republik Ungarn, der Republik Malta, der Republik Polen, der Republik Slowenien und der Slowakischen Republik und die Anpassungen der die Europäische Union begründenden Verträge, Amtsblatt der Europäischen Union (ABl.) vom 23.9.2003, L 236, S. 33ff.

die neuen Staaten haben sich verpflichtet, diesen Abkommen beizutreten, die (mit Ausnahme des Freizügigkeitabkommens als gemischtes Abkommen[171]) automatisch, also ohne vorgängige Verhandlungen erweitert und soweit nötig, in technischen Belangen angepasst wurden[172].

C. Internationales Recht

1. *Ausgangslage*

Im allgemeinen Völkerrecht existieren keine Regeln, die sich speziell mit der Verteilung von Slots befassen. Völkerrechtliche Normen, die im Zusammenhang mit der Vergabe, vor allem aber bei einer allfälligen Schaffung eines wettbewerbsorientierten Ordnungsrahmens für die Verteilung und Übertragung von Slots zu beachten sind, liegen allerdings vor[173].

2. *Chicago-Übereinkommen*

Das Übereinkommen über die internationale Zivilluftfahrt[174], welches am 7. Dezember 1944 in Chicago gezeichnet wurde, stellt Grundsätze auf,

171 Gemischte Abkommen sind völkerrechtliche Verträge der EG *und* der Mitgliedstaaten mit Drittstaaten, die von den Mitgliedstaaten ratifiziert werden müssen, MICKEL/BERGMANN, S. 388.

172 FELDER/GRESCH/HOLZER/LAUPER/DI PIETRO/SCHLEISS/SIEGWART/TRUFFER/WEBER, S. 429.

173 Vgl. BÖCKSTIEGEL/KRÄMER, S. 270.

174 Übereinkommen über die internationale Zivilluftfahrt vom 7. Dezember 1944 (Chicago-Übereinkommen), SR 0.748.0. Die Schweiz hat das Chicago-Übereinkommen am 6. Februar 1947 ratifiziert, am 4. April 1947 ist es in Kraft getreten, für Details zum Übereinkommen, vgl. KOST, S. 12ff.

> damit die internationale Zivilluftfahrt sich sicher und geordnet entwickeln kann, und damit internationale Luftverkehrsdienste auf der Grundlage gleicher Möglichkeiten eingerichtet und gesund und wirtschaftlich betrieben werden können[175].

Im Kontext des Endes des Zweiten Weltkrieges erfolgte die Statuierung dieses Grundsatzes aus der Überlegung heraus,

> dass die zukünftige Entwicklung der internationalen Zivilluftfahrt in hohem Masse dazu beitragen kann, Freundschaft und Verständnis zwischen den Staaten zu wecken und erhalten, ihr Missbrauch jedoch zu einer Bedrohung der allgemeinen Sicherheit führen kann

und es

> wünschenswert ist, zwischen den Staaten und Völkern Unstimmigkeiten zu vermeiden und jene Zusammenarbeit zu fördern, von der der Friede der Welt abhängt[176].

Vorab hält das Übereinkommen fest, dass jeder Staat über seinem Hoheitsgebiete die volle und ausschliessliche Lufthoheit besitzt[177].

Diese Bestimmung des Chicago-Übereinkommens existierte allerdings in Form eines „allgemeinen Rechtsgrundsatzes[178]" bereits seit dem Pariser Abkommen von 1919[179]. Dem Übereinkommen sind zudem Normen zu entnehmen, unter welchen Bedingungen welche Verkehrsteilnehmer Zugang zu Flughäfen eines Staates erhalten.

175 Präambel zum Chicago-Übereinkommen, erster Satz.

176 Präambel zum Chicago-Übereinkommen, zweiter Satz.

177 *„Die Vertragsstaaten anerkennen, dass jeder Staat im Luftraum über seinem Hoheitsgebiet volle und ausschliessliche Lufthoheit besitzt."*, Art. 1 Chicago-Übereinkommen; vgl. HÜSCHELRATH, S. 247f.

178 Zum Begriff der allgemeinen Rechtsgrundsätze gemäss heutigem, europäischem Recht, vgl. S. 178f. hinten.

179 Am 13. Oktober 1919 wurde anlässlich der Friedenskonferenz in Paris die „International Air Convention" ins Leben gerufen und später von 38 Staaten ratifiziert. Inhalt dieser Convention mit 43 Artikeln war die Regelung technischer, operationeller und organisatorischer Aspekte der Zivilluftfahrt, vgl. URL: http:// www.icao.int/icao/en/hist/history01.htm (Stand: August 2005).

Ausserdem kann abgeleitet werden, dass die Vertragsstaaten des Chicago-Übereinkommens vom Grundsatz her völkerrechtlich befugt sind – unter Einhaltung namentlich des Diskriminierungsverbotes des Chicago-Übereinkommens und des EG-Rechts – eigene Slotvergabemechanismen einzuführen[180]. Auf die einzelnen Artikel wird später – anlässlich der Thematisierung der Einführung eines Sekundärmarktes von Slots[181] – einlässlicher eingegangen.

3. *Koordinierungsrichtlinien der IATA*

a) Einführung der Worldwide Scheduling Guidelines

Unterstützt von Flughafenverantwortlichen und Industrieexperten hat die IATA 1947 mit den Worldwide Scheduling Guidelines (WSG) ein Standardwerk geschaffen, welches die Grundsätze einer koordinierten Vergabe der Ressourcen ausgelasteter Flughäfen auf einer fairen, transparenten und nicht diskriminierenden Basis statuiert. Damit ist seit 1947 auf internationaler Ebene ein Prozess im Gange, der trotz der enormen Zunahme des Luftverkehrs erfolgreich die Stabilität im internationalen Luftverkehrssystem erhalten konnte.

b) Worldwide Scheduling Guidelines als soft law

Bei den Worldwide Scheduling Guidelines handelt es sich nicht um bindendes Recht[182]. Den Richtlinien kommt „nur" die Rechtsqualität von unverbindlichen Empfehlungen zu, da die IATA ein privatrechtlicher Industrieverband von Luftfahrtunternehmen ist, der kein allgemeinverbindliches Recht setzten kann.

180 BÖCKSTIEGEL/KRÄMER, S. 271.
181 Vgl. S. 124 ff. hinten.
182 Vgl. auch KILLIAN, S. 159 ff.

Es handelt sich bei den Worldwide Scheduling Guidelines um so genanntes soft law[183], wie es unter anderem auch in der EG[184] existiert. Soft law kann eine Vorstufe zu bindendem Recht bilden oder massgeblichen Einfluss auf die Gesetzgebung haben. Dies trifft auf die Worldwide Scheduling Guidelines zu. Diese haben massgeblichen Einfluss namentlich auf die europäische Slotverordnung ausgeübt[185].

4. *Scheduling Conferences der IATA*

Zweimal jährlich[186] organisiert die IATA seit 1947 die „Scheduling Conferences". Anlässlich dieser internationalen Flugplankonferenzen treffen sich die Verantwortlichen der Fluggesellschaften mit den Flughafenkoordinatoren und verhandeln über die Flugpläne der nächsten Flugplanperiode. Dabei werden die Slots für die folgende Flugplanperiode verbindlich vergeben, indem sie entweder historisch perpetuiert oder aus dem Slotpool neu vergeben werden[187].

183 Vgl. auch CASSESE, S. 196: „These instruments or documents have three major features in common. First, they are indicative of the modern trends emerging in the world community, where *international organizations* or other collective bodies have the task of promoting action on matters of general concern. Second, they deal with matters that reflect *new concerns* of the international community, to which previously this community was not sensitive or not sufficiently alert. Third, for political, economic, or other reasons, it is, however, hard for States to reach full convergence of views and standards on these matters so as to agree upon legally binding commitments."

184 Namentlich bei Erklärungen des Europäischen Rates handelt es sich – im Gegensatz zu Verordnungen, Entscheiden und Weisungen – um soft law, CRAIG/DE BURCA, S. 111, 113.

185 Vgl. Verweis auf die WSG in EWG 95/93.

186 Die Scheduling Conferences der IATA werden jedes Jahr jeweils im Juni in Toronto sowie im November in Singapur abgehalten.

187 Vgl. S. 45ff. hinten.

2. Teil

Die Vergabe und Übertragung von Slots

I. Vergabe der Slots

A. Die Allokation von Slots gemäss EWG Nr. 95/93[188]

1. Ausgangslage

Die Vergabe der Slots wird in der EG seit 1993 und in der Schweiz seit der Inkraftsetzung des LVA im Jahre 2002 durch die europäische Verordnung (EWG) Nr. 95/93 bestimmt. Hinsichtlich der Vergabe der Slots wurden anlässlich der Verordnungsreform[189] keine grundlegenden Änderungen vorgenommen.

Im Kern hat die europäische Slotverordnung das bestehende IATA-Vergabeverfahren übernommen und es durch administrative Eingriffe ergänzt. Die Vergabe-Grundsätze der IATA-WSG, die von den Koordinatoren und den Fluggesellschaften auf freiwilliger Basis angewendet wurden, sind beibehalten und auf europäischer Ebene rechtlich verbindlich festgehalten worden.

Ausserdem hält die Slotverordnung[190] fest, dass der Koordinator bei der Slotallokation Regelungen und Leitlinien, die das Luftverkehrsgewerbe weltweit oder europaweit festgelegt hat, berücksichtigt. Auf diese Weise können Inhalte der IATA-WSG, soweit sie der Slotverordnung nicht widersprechen, bei der Allokation berücksichtigt werden.

188 Zuletzt geändert durch Verordnung (EG) Nr. 793/2004.

189 Vgl. S. 141 ff. hinten.

190 Art. 8 Abs. 5 EWG Nr. 95/93, zuletzt geändert durch Verordnung (EG) Nr. 793/2004.

2. *Koordinationsverfahren*

Die Allokation der Slots aller koordinierten Flughäfen weltweit findet anlässlich der zweimal jährlich stattfindenden Scheduling Conferences statt. Parallel dazu organisiert die European Union Airport Coordinators Association[191] (nachfolgend „EUACA") seit 1998 auf europäischer Ebene das so genannte Schedule Optimisation Meeting (SOM). Diese Meetings ersetzen die Scheduling Conferences nicht, geben den Fluggesellschaften hingegen die Gelegenheit, „[…] ihren Flugplan zu bereinigen und aufgrund von Slotswaps[192] zu optimieren".[193]

In der Schweiz werden ausserdem jeweils kurz vor den IATA Scheduling Conferences nationale Flugplankonferenzen durchgeführt[194]. Vertreter der Flughäfen, Flughafenkantone und Umweltschutzorganisationen, die SBB und weitere Luftfahrtpartner besprechen dabei Streckennetze und Flugpläne; Slots werden hingegen nicht alloziert[195].

Spätestens dreissig Tage vor dem Beginn einer IATA Scheduling Conference haben die Fluggesellschaften ihre Anträge für die gewünschten Slots beim zuständigen Flughafenkoordinator einzu-

191 Die European Union Airport Coordinators Association (nachfolgend EUACA) ist eine Nonprofit-Organisation, die sich im Jahre 1998 aus der 1994 gegründeten „European Union – Airport Coordinators Group" (EU-ACG) formierte. Die EUACA mit Sitz in Brüssel und einem kleinen Sekretariat in Grossbritannien ist eine freiwillige Vereinigung europäischer Koordinatoren. Claus Ulrich, der deutsche Koordinator, hält aktuell den Vorsitz, vgl. URL: http://www.euaca.org (Stand: September 2006). Die EUACA Schedule Optimisation Meetings werden weder von den IATA WSG als internationales Standartwerk, noch von der Slotverordnung bisher explizit erwähnt.

192 Slot-Swap ist die Bezeichnung für den Abtausch von zwei Slots zwischen zwei Fluggesellschaften.

193 EUACA Schedule Optimisation Meeting Guidelines 2004, S. 7.

194 Art. 113 Verordnung über die Luftfahrt vom 14. November 1973 (Luftfahrtverordnung, nachfolgend auch LFV), SR 748.01: „Das Bundesamt lädt die interessierten Kreise regelmässig zu Flugplankonferenzen ein, an denen namentlich die Gestaltung des Liniennetzes und der Flugpläne besprochen wird."

195 Kost, S. 60.

reichen[196]. Dieser überprüft daraufhin die Eingaben auf Überschneidungen[197]. Ergeben sich derartige Kollisionen, gelangt die so genannte Prioritätenliste für die Vergabe der Slots zur Anwendung, die den materiellen Kern der Slotvergabe in Europa darstellt[198].

3. *Vergabekriterien*

a) Das historische Vorrecht: Die Grossvater-Regel

aa) Charakterisierung der historischen Priorität

Gemäss der so genannten Grossvater-Regel („grand-fathering") geniessen jene Luftfahrtunternehmen unter gewissen Bedingungen ein historisches Vorrecht auf erneute Slotzuteilung, welche die Zeitnische bereits in der vorausgegangenen Flugplanperiode benützten[199]. Die europäische Slotverordnung hat damit das IATA-System übernommen, welches ebenfalls eine „Grandfather-Rule[200]" statuiert[201].

196 „Airlines must submit their Slot Clearance Requests (SCRs) to the appropriate coordinators in advance of each Schedules Conference (SC). This includes historic slots, changes to historic slots and reason for the change and requests for new slots", Sec 6.5 WSG 2006. „The deadline for the submission of data to coordinators for slot clearance purposes is 23:59 UTC on the 30th day prior to the start of the Schedules Conference. In order to assist the coordinator, airlines are encouraged to submit their data as early as possible and not to leave their submissions until the actual deadline date.", Sec. 6.5.1 WSG 2006; vgl. auch MEYER, S. 25.

197 HOLZ, S. 232; HÜSCHELRATH, S. 68.

198 Vgl. S. 48 ff. hinten.

199 Art. 8 Abs. 2 EWG Nr. 95/93, zuletzt geändert durch Verordnung (EG) Nr. 793/2004; TEGNER, S. 109.

200 Vgl. Sec. 6.4 WSG 2006.

201 Gemäss NERA-Studie, S. 61, werden auf den Flughäfen Heathrow, Frankfurt und Paris Orly 93 Prozent aller Slots aufgrund von Grossvater-Rechten (re-)alloziert. Es kann allgemein festgehalten werden, dass auf Flughäfen mit geringerer Auslastung weniger Slots aufgrund von Grossvater-Rechten alloziert werden; gemäss NERA-Studie liegt der tiefste Wert der historischen Allokationen bei 75 Prozent.

Voraussetzung zur erneuten Zuteilung des Slotrechts ist einerseits, dass die Zeitnischen von einem Luftfahrtunternehmen für die Erbringung von Linienflugdiensten oder programmiertem Gelegenheitsflugverkehr genutzt wurden[202] und andererseits, dass eine mindestens 80-prozentige Nutzung der Slots nachgewiesen werden kann[203]. In diesem Falle hat das Luftfahrtunternehmen ein Anrecht auf die gleiche Abfolge von Zeitnischen in der nächsten entsprechenden Flugplanperiode, sofern die Perpetuierung innerhalb der vom Flugplankoordinator festgesetzten Frist beantragt wurde[204].

Luftverkehrsgesellschaften, die ihre Slots im Verlaufe einer Flugplanperiode nicht zu 80 Prozent nutzen, geniessen somit keine Grossvater-(Vor-)Rechte und müssen ihre Slots – sofern sie die ungenügende Nutzung nicht rechtfertigen können[205], gemäss der so genannten use-it-or-lose-it-Regel in den Slotpool abgeben[206].

Damit eine Fluggesellschaft einen Slot in der neuen Flugplanperiode weiter benutzen darf, müssen die folgenden Merkmale des alten und des neuen Fluges übereinstimmen: Fluggesellschaft, Start- und Landezeit, Start- und Landeflughafen, Flugzeugklasse, Flugfrequenz, Verkehrstag[207] und allenfalls, ob es sich um einen Start- oder Landeslot handelt[208]. Die Bestimmung, welche Merkmale für die Perpetuierung unterlässlich sind, liegt ebenso wie die Gewichtung dieser Merkmale im Ermessen des Flugplankoordinators[209]. Stimmen nicht alle genannten Merkmale mit dem Flug der Vor-

202 Art. 8 Abs. 2 Lemma 1 EWG Nr. 95/93, zuletzt geändert durch Verordnung (EG) Nr. 793/2004.

203 Art. 8 Abs. 2 Lemma 2 EWG Nr. 95/93, zuletzt geändert durch Verordnung (EG) Nr. 793/2004; Art. 10 Abs. 2 EWG Nr. 95/93, zuletzt geändert durch Verordnung (EG) Nr. 793/2004; GRUNDMANN, S. 180.

204 Art. 8 Abs. 2, 2. Abschnitt EWG Nr. 95/93, zuletzt geändert durch Verordnung (EG) Nr. 793/2004.

205 Vgl. S. 57f. hinten.

206 Zur use-it-or-lose-it-Regel, vgl. S. 52ff. hinten.

207 HOLZ, S. 233.

208 Dieses Kriterium bestimmt sich durch die Anordnung der Pisten. Fachgespräch mit HUNZIKER ROLAND, Slot Coordination Switzerland.

209 HÜSCHELRATH, S. 68.

periode überein, stehen den Fluggesellschaften historische Prioritäten allenfalls in abgeschwächter Form zu[210].

Dementsprechend unterschiedlich wird die Grossvater-Regel in der Praxis gehandhabt. Grossbritannien und Spanien gewährten unter Anwendung der ursprünglichen Slotverordnung beispielsweise Grossvater-Rechte nur für Slotserien bei denen mindestens vier Slots jeweils am selben Wochentag zur selben Tageszeit lagen, währenddem andere Staaten das Grossvater-Recht bei Erfüllen der obgenannten Merkmale für jeden Slot zuliessen[211].

Gemäss der revidierten Slotverordnung können hingegen nur noch Abfolgen von Slots Gegenstand von Grossvater-Rechten sein[212]. Eine „Abfolge von Slots" bedeutet gemäss revidierter Slotverordnung mindestens fünf Slots, die bezüglich einer Flugplanperiode normalerweise[213] für die gleiche Zeit am gleichen Wochentag beantragt und gewährt worden sind[214].

bb) Retiming

Im Unterschied zur ursprünglichen Version der Slotverordnung ist es gemäss revidierter Verordnung den Luftfahrtunternehmen unter gewissen Bedingungen erlaubt, ihre Zeitnischen umzudisponie-

210 Coopers & Lybrand, Annex G, S. 6f.; vgl. auch HOLZ, S. 233. Gemäss NERA-Studie, S. 61, werden normalerweise etwa bei einem Drittel aller Slotrechte im Verlaufe einer Flugplanperiode von den Fluggesellschaften Änderungen vorgenommen, die nicht zu einem Verlust der Grossvater-Rechte führen.

211 GRUNDMANN, S. 180.

212 Vgl. Art. 8 Abs. 2 EWG Nr. 95/93, zuletzt geändert durch Verordnung (EG) Nr. 793/2004.

213 Bemerkenswerterweise können Slots, die eine Abfolge darstellen, leichte zeitliche Abweichungen voneinander aufweisen, da der Flugplantag an jedem Flughafen in gleiche Koodinierungsperioden von höchstens einer Stunde aufgeteilt ist. Dies kann dazu führen, dass Abfolgen von Zeitnischen nicht an jedem Wochentag während der gesamten Saison im selben Zeitpunkt liegen, KOM 2001 335, S. 15.

214 Art. 2 lit. k EWG Nr. 95/93, zuletzt geändert durch Verordnung (EG) Nr. 793/2004. Da der Begriff der „Abfolge von Zeitnischen" gemäss der ursprünglichen Slotverordnung zu unterschiedlichen Auslegungen geführt hatte, wurde diese Begriffsbestimmung neu eingeführt, KOM 2001 335, S. 15.

ren, ohne dabei die Grossvater-Rechte zu verlieren[215]. Somit können die Luftfahrtunternehmen Slots in den Slotpool zurückgeben und im Austausch dafür andere Zeitnischen erhalten, noch bevor die verbleibenden Poolslots an Neubewerber alloziert werden. Selbst in Bezug auf diese neuen Slots steht dem Luftfahrtunternehmen die Grossvater-Priorität zu.

Die Zulässigkeit dieses so genannten „Retimings“ ist allerdings davon abhängig, dass sich die Notwendigkeit eines Umdisponierens aus betrieblichen Gründen, wie beispielsweise einem Wechsel des vom Luftfahrtunternehmen eingesetzten Luftfahrzeugtyps, aufdrängt. Andererseits ist ein Retiming zulässig, wenn die Slotdispositionen antragstellender Luftfahrtunternehmen gegenüber den ursprünglich beantragten Dispositionen verbessert werden[216].

b) Prioritätenordnung nach Art des Luftverkehrs

Sofern nicht allen Anträgen auf Zeitnischen mehr oder weniger zur Zufriedenheit der betreffenden Luftfahrtunternehmen stattgegeben werden kann, wird dem gewerblichen Luftverkehr und insbesondere dem Linien- sowie dem programmierten Gelegenheitsluftverkehr Vorrang eingeräumt[217]. Zweite Priorität kommt dem

215 „Das Umdisponieren einer Abfolge von Zeitnischen vor Zuweisung der verbleibenden Zeitnischen aus dem in Artikel 10 genannten Pool an andere antragstellende Luftfahrtunternehmen wird nur aus betrieblichen Gründen oder in dem Fall akzeptiert, dass die Zeitnischendispositionen antragstellender Luftfahrtunternehmen gegenüber ursprünglich beantragten Dispositionen verbessert werden.“, Art. 8 Abs. 4 EWG Nr. 95/93, zuletzt geändert durch Verordnung (EG) Nr. 793/2004.

216 Die eingeschränkte Zulässigkeit des Retimings erklärt sich aus dem Bestreben, den Neubewerbern ebenso attraktive Slots wie den etablierten Fluggesellschaften zuweisen zu können und die etablierten Luftfahrtunternehmen nicht einseitig zu bevorzugen, vgl. KOM 2001 335, S. 18.

217 „Unbeschadet des Artikels 10 Absatz 2 wird, falls nicht allen Anträgen auf Zeitnischen zur Zufriedenheit der betreffenden Luftfahrtunternehmen stattgegeben werden kann, dem gewerblichen Luftverkehr, insbesondere dem Linien- sowie dem programmierten Gelegenheitsflugverkehr, Vorrang eingeräumt.“, Art. 8 Abs. 3 EWG Nr. 95/93, zuletzt geändert durch Verordnung (EG) Nr. 793/2004. „Regular operations at an airport are given priority and scheduled and charter flights must be treated equally.“, Morrisroe/Cole, S. 12.

unregelmässigen, kommerziellen Flugverkehr zu. Keine Priorität hingegen geniessen gemäss europäischer Slotverordnung die allgemeine Luftfahrt[218] und der Militärflugverkehr. Im Falle konkurrierender Anträge derselben Kategorie wird dem ganzjährigen Flugbetrieb vor dem saisonalen Betrieb Vorrang eingeräumt[219].

Reichen diese Prioritätenregeln nicht aus, um eine eindeutige Entscheidung zwischen zwei oder drei Nachfragern zu treffen, kommen weitere Kriterien, die zum Teil der Slotverordnung nicht zu entnehmen sind, hinzu. So wird ein Anflug höher bewertet als ein Abflug, die Verwendung eines Langstreckenflugzeuges höher als diejenige einer Kurzstreckenmaschine, ein Transitflug höher als ein Umkehrflug und der Flug einer Gesellschaft, die eine „Home Base" auf dem betreffenden Flughafen hat, höher als Flüge anderer Fluggesellschaften[220]. Die Gewichtung dieser Kriterien obliegt wiederum dem Flughafenkoordinator.

c) Nationale Regeln sowie Leitlinien des Luftverkehrsgewerbes

Weitere Prioritätenlisten sind normalerweise den nationalen Regelungen zur Slotvergabe zu entnehmen. Die Statuierung nationaler Regeln ist gestützt auf die europäische Slotverordnung zulässig:

> Der Koordinator berücksichtigt des Weiteren zusätzliche Rege-lungen und Leitlinien, die das Luftverkehrsgewerbe weltweit oder gemeinschaftsweit festgelegt hat sowie örtliche, auf Vorschlag des Koordinierungsausschusses von dem für den betreffenden Flughafen zuständigen Mitgliedstaat oder einer anderen zuständigen Stelle gebilligte Leitlinien [...].[221]

218 Unter den Begriff der allgemeinen Luftfahrt fällt beispielsweise die Privatfliegerei.

219 „Im Fall konkurrierender Anträge in derselben Dienstekategorie wird dem ganzjährigen Flugbetrieb Vorrang gewährt.", Art. 8 Abs. 3 EWG Nr. 95/93, zuletzt geändert durch Verordnung (EG) Nr. 793/2004.

220 Mensen, Luftfahrt, S. 59; Wendlik, S. 148.

221 Art. 8 Abs. 5 EWG Nr. 95/93, zuletzt geändert durch Verordnung (EG) Nr. 793/2004.

Diese Regelungen und Leitlinien dürfen jedoch die in der revidierten Verordnung stärker ausgeprägte unabhängige Stellung[222] des Koordinators nicht beeinträchtigen. Sie müssen mit dem Gemeinschaftsrecht in Einklang stehen und eine effiziente Nutzung der Flughafenkapazität bezwecken und bewirken.

Von dieser Kompetenz zur Aufstellung weiterer Richtlinien hat die Schweiz in den Betriebsreglementen der Flughäfen Zürich und Genf Gebrauch gemacht[223].

4. *Use-it-or-lose-it-Regel*

Der Grundsatz „Benutzen oder Abgeben" – use-it-or-lose-it – auferlegt den Luftfahrtunternehmen strikte Nutzungsbedingungen[224], die im Falle einer Nichtbeachtung mit einer Nichtgewährung eines Grossvater-Rechts sanktioniert werden können.

a) Gründe für eine Nichtgewährung eines Grossvater-Rechts

aa) Zu geringe Nutzung der Slots

Eine Fluggesellschaft kann nur dann ein Anrecht auf die Wiedererteilung eines Slots aufgrund der Grossvater-Regel geltend machen, wenn sie den Slot in der vorausgegangenen Flugplanperiode zu mindestens 80 Prozent genutzt hat, es sei denn, sie könne die mangelnde Nutzung rechtfertigen[225]. Andernfalls werden alle zu dieser Abfolge zählenden Zeitnischen in den Zeitnischenpool eingestellt.

Die Nichtgewährung eines Grossvater-Rechts, respektive der Entzug der Slots durch den Koordinator bei Nichteinhaltung der definierten Nutzungsquote sind zwingend. Aufgrund des Wortlauts der Norm steht dem Koordinator kein Ermessen zu[226].

222 Vgl. S. 68 f. hinten.
223 Vgl. S. 74 ff. hinten.
224 KOM 2001 335, S. 11.
225 Art. 10 Abs. 4 EWG Nr. 95/93, zuletzt geändert durch Verordnung (EG) Nr. 793/2004, vgl. auch S. 57 hinten.
226 Vgl. bereits zu EWG Nr. 95/93 gemäss ursprünglicher Fassung; SEIDL, S. 52.

bb) Ausbleibende Nutzung

Der Koordinator hat auch jene Slots einzuziehen, die nach Ablauf eines Fünftels der Flugplanperiode überhaupt nie benutzt worden sind[227]. Auch in diesem Falle steht dem Koordinator kein Ermessen zu[228].

Werden die Slots hingegen nicht von der Fluggesellschaft selbst benutzt, sondern vermietet oder verleast[229] und daher von einem anderen Luftfahrtunternehmen genügend verwendet, kommt die Regel nicht zur Anwendung; in diesem Falle gilt der Slot als ausreichend genutzt[230].

cc) Wahrnehmen des Rechts zur „falschen" Zeit oder in einer „falschen" Weise

Führt ein Luftfahrtunternehmen einen Flugdienst regelmässig[231] und vorsätzlich zu einer erheblich anderen, als der ihr zugeteilten Zeit durch oder nutzt sie den Slot in einer erheblich anderen Weise, als zum Zeitpunkt der Zuweisung angegeben und beeinträch-

227 Art. 14 Abs. 6 lit. b EWG Nr. 95/93, zuletzt geändert durch Verordnung (EG) Nr. 793/2004.

228 Morrisroe/Cole, S. 42.

229 Vgl. S. 103f. hinten.

230 Einen bislang nicht beschrittenen Weg begeht seit 2003 der Flughafen Düsseldorf. Für jeden koordinierten, jedoch nicht genutzten Slot (auf dem Flughafen Düsseldorf handelt es sich dabei um zehn bis zwölf Prozent aller Slots) zahlt die dafür verantwortliche Fluggesellschaft 160 Euro in Form eines Bereitstellungsentgelts für die Fluginfrastruktur. Diese neue Gebühr wurde vom nordheinwestfälischen Ministerium für Verkehr, Energie und Landschaftsplanung gutgeheissen. Das Board of Airline Representatives in Germany (BARIG) betrachtet diese Entwicklung hingegen skeptisch. Gerade im Falle einer Stornierung von Flügen wegen Vorkommnissen wie den Terroranschlägen vom 11. September 2001 oder der SARS-Epidemie, sei diese Gebühr nicht gerechtfertigt; ROEBEN, Vorreiter, S. 43.

231 Gemäss den Richtlinien der EUACA „Recommended Practice, Slot Monitoring and the Determination of Historics", S. 3, ist bereits eine zweifache zeitliche Abweichung eines Starts oder einer Landung vom zugeteilten Slot als regelmässige Andersnutzung zu verstehen.

tigt sie damit den Flughafenbetrieb und den Flugverkehr, verliert sie ihr Grossvater-Recht[232].

Dieser Fall kann eintreten, wenn eine Fluggesellschaft auf einem beantragten, jedoch nicht gewährten Slotrecht beharrt und die Landung regelmässig zu der von ihr gewünschten Zeit vornimmt oder einen zugeteilten Slot zur Frachtbeförderung und nicht wie angegeben, zur Ausübung eines Linienfluges nutzt.

Der Koordinator kann in einem solchen Falle nach Anhörung der Fluggesellschaft sowie einmaliger Mahnung nicht nur das Grossvater-Recht für die nächste Flugplanperiode, sondern überdies die betreffende Slotabfolge für die restliche angebrochene Flugplanperiode einziehen[233]. Die „kann-Vorschrift" lässt dem Koordinator einen gewissen Ermessenspielraum bei der Wahl der Rechtsfolge. Ein sofortiger Slotentzug bedingt allerdings gemäss überwiegender Ansicht einen „schweren Fall"[234], also ein missbräuchliches und störendes Ausüben des Slotrechts zu einer vom Koordinator nicht freigegebenen Zeit[235].

Das Ermessen des Koordinators bei der Wahl der Rechtsfolge sowie der unbestimmte Gesetzesbegriff „erheblich andere Zeit" resp. „erheblich andere Weise", führt zu unterschiedlicher Auslegung. Spanien beispielsweise ahndet bereits eine mehrmalige zeitliche Abweichung von fünfzehn Minuten mit einem Slotentzug[236]. In der Schweiz hingegen wird für jede Flugplanperiode die durchschnittliche zeitliche Abweichung eines Fluges vom zugeteilten Slot ausgerechnet. Erst diese Auswertung entscheidet über einen allfälligen Entzug des Grossvater-Rechts[237].

232 Art. 14 Abs. 4 EWG Nr. 95/93, zuletzt geändert durch Verordnung (EG) Nr. 793/2004.
233 Art. 14 Abs. 4 EWG Nr. 95/93, zuletzt geändert durch Verordnung (EG) Nr. 793/2004.
234 Morrisroe/Cole, S. 42.
235 KOM 2001 335, S. 13.
236 Fachgespräch mit Monasterio Ignacio, Koordinator Spanien.
237 Fachgespräch mit Hunziker Roland, Slot Coordination Switzerland.

dd) Rechtsverlust nach Übertragung

Der Koordinator entzieht einem Luftfahrtunternehmen einen oder mehrere Slots, falls diese nach einer Übertragung von einem Luftfahrtunternehmen auf ein anderes nicht bestimmungsgemäss genutzt worden sind[238].

Diese Norm soll Slot-Übertragungen, die als Tauschvorgänge getarnt sind, verhindern. Zur Unterbindung eines fingierten Tauschs von Slots, bei dem praktisch nicht nutzbare Zeitnischen gegen in Spitzenzeiten gelegene Slots – allenfalls gegen finanzielle Abgeltung – getauscht und danach in den Pool zurückgegeben werden, zieht der Koordinator „ausgetauschte“ Slots ein, sofern die Luftverkehrsunternehmen die bestimmungsgemässe Nutzung nicht nachweisen können[239].

ee) Entzug aufgrund fehlender Betriebsgenehmigung

Im Gegensatz zur ursprünglichen Fassung der Slotverordnung, kann der Koordinator gemäss revidierter Slotverordnung einem sich in Gründung befindlichen Luftfahrtunternehmen einen Slot vorläufig entziehen, falls das Unternehmen noch nicht über eine Betriebs- oder über eine gleichwertige Genehmigung verfügt oder wenn die zuständige Behörde keine Erklärung abgibt, dass sie voraussichtlich noch vor Beginn der betreffenden Flugplanperiode eine Bewilligung erteilen werde[240].

ff) Entzug wegen Zuwiderhandlung gegen die Regeln der Slot-Zuweisung

Gemäss Art. 8 der Slotkoordinationsverordnung kann das BAZL einem Luftverkehrsunternehmen Slots entziehen, wenn die Luftfahrtsgesellschaft vorsätzlich oder wiederholt fahrlässig gegen die

238 Art. 14 Abs. 3 EWG Nr. 95/93, zuletzt geändert durch Verordnung (EG) Nr. 793/2004.

239 KOM 2001 335, S. 13.

240 Art. 14 Abs. 2 EWG Nr. 95/93, zuletzt geändert durch Verordnung (EG) Nr. 793/2004.

Regeln der Zuweisung von Slots verstösst oder wenn sie das ihm auferlegte Entgelt[241] nicht bezahlt[242].

b) Umgehungsmöglichkeiten des Verlustes

Ein Slotentzug aufgrund Nichterfüllung der 80 Prozent-Regel ist bis zum Jahre 1998 soweit ersichtlich nicht vorgekommen[243]. Auch danach lassen sich Entzüge aus diesem Grunde an einer Hand abzählen[244]. Dies lässt sich damit begründen, dass den Fluggesellschaften genügend Spielraum eingeräumt wird, den Slot von anderen Unternehmen nutzen zu lassen, indem sie ihre Slots beispielsweise ausmieten oder verleasen. Andererseits ist ein „Retiming“, also die Anpassung gewisser Faktoren, die für die Grossvater-Perpetuierung eine Rolle spielen, wie Flugtag oder Flugzeuggrösse, durchaus erlaubt[245]. Es bleibt ausserdem festzuhalten, dass ein Slotmonitoring respektive die genaue Überprüfung der Slotnutzung nicht auf allen Flughäfen effektiv möglich sind[246].

c) Auswirkungen der Entzugsdrohung

Die Use-it-or-Lose-it-Regel soll eine effiziente Nutzung der Slots bewirken und das Horten von Slots zur Aussperrung von Konkurrenten verhindern[247]. Nachteil dieser Regel ist allerdings, dass Slots teilweise nur benutzt werden, um den Verlust der Grossvater-Rechte zu verhindern. In diesem Falle führt eine Fluggesellschaft einen

241 Gemäss Art. 6 Abs. 1 Slotkoordinationsverordnung kann der Koordinator für seine Dienste von den Flughäfen in der Schweiz und den schweizerischen Luftverkehrsunternehmen ein kostendeckendes Entgelt erheben. Auf Gesuch hin kann das BAZL auch eine Kostenauferlegung gegenüber ausländischen Unternehmen gestatten, Art. 6 Abs. 2 Slotkoordinationsverordnung.

242 Art. 8 lit. b Slotkoordinationsverordnung.

243 Coopers & Lybrand, S. 54ff.; GRUNDMANN, S. 180.

244 Information aus Fachgesprächen mit europäischen Koordinatoren.

245 Art. 8 Abs. 4 EWG Nr. 95/93, zuletzt geändert durch Verordnung (EG) Nr. 793/2004.

246 GRUNDMANN, S. 181.

247 LANGNER, Allocation of Slots, S. 78.

nicht kostendeckenden Flug trotzdem durch[248], da sie andernfalls das Grossvater-Recht verlieren könnte. Die Folge davon ist, dass die Slots in einer weder ökonomisch noch ökologisch sinnvollen Weise benutzt werden[249].

5. *Begründete Nicht-Benützung der Slots*

Als begründete Nicht-Benützung, die keinen Entzug der Slotrechte nach sich zieht, gelten „unvorhersehbare und unvermeidbare Umstände, auf die das Luftfahrtunternehmen keinen Einfluss hatte"[250]. Es handelt sich hierbei um Fälle der „force majeur", der höheren Gewalt. Darunter fällt beispielsweise ein Startverbot[251], welches die Fluggesellschaft schuldlos trifft, die Sperrung eines Flughafens oder Luftraums[252] sowie eine schwerwiegende Störung des Flugbetriebs auf den betreffenden Flughäfen, einschliesslich der Abfolge von Zeitnischen auf anderen Gemeinschaftsflughäfen im Zusammenhang mit Strecken, die von dieser Störung betroffen sind, wenn diese während eines erheblichen Teils der jeweiligen Flugplanperiode aufgetreten sind[253].

Unter das Privileg der toleriereten Nicht-Benutzung fallen auch

> Unterbrechungen von Flugdiensten infolge von Aktionen, die die Störung dieser Flugdienste zum Ziel hatten und es dem Luftfahrtunternehmen dadurch praktisch und/oder technisch unmöglich machten, Flüge wie geplant durchzuführen[254].

248 HÜSCHELRATH, S. 141.
249 KNIEPS, Slothandel, S. 14.
250 Art. 10 Abs. 4 lit. a EWG Nr. 95/93, zuletzt geändert durch Verordnung (EG) Nr. 793/2004.
251 Art. 10 Abs. 4 lit. a erstes Lemma EWG Nr. 95/93, zuletzt geändert durch Verordnung (EG) Nr. 793/2004.
252 Art. 10 Abs. 4 lit. a zweites Lemma EWG Nr. 95/93, zuletzt geändert durch Verordnung (EG) Nr. 793/2004.
253 Art. 10 Abs. 4 lit. a drittes Lemma EWG Nr. 95/93, zuletzt geändert durch Verordnung (EG) Nr. 793/2004.
254 Art. 10 Abs. 4 lit. b EWG Nr. 95/93, zuletzt geändert durch Verordnung (EG) Nr. 793/2004.

Gemäss der „recommended practice“ der EUACA ist ein Streik innerhalb des Unternehmens – sofern es sich bei den Streikenden nicht um Personal handelt, welches Dienst nach Vorschrift erfüllt – von dieser Regel abgedeckt. Auch die Arbeitsniederlegung der Mitarbeiter von Diensten, die für die Flugdurchführung unerlässlich sind, wie namentlich Flugsicherung (ATC), Feuerwehr, Kraftstoffunternehmen, Zoll oder Catering-Firmen führen nicht zum Slotentzug, wenn mit dem Streik beabsichtigt wurde, die Durchführung von Flügen zu unterbinden. Zudem wird ein Rückzug oder eine zeitweilige Suspendierung von Verkehrsrechten als Resultat bilateraler Auseinandersetzungen sowie ein zeitweiliger Entzug der Betriebsbewilligung durch einen Staat aufgrund von Sicherheitsbelangen von der Ausnahmeregelung erfasst[255].

Gravierende finanzielle Einbussen eines Luftfahrtunternehmens, in deren Folge die Behörden für die Dauer der Umstrukturierung des Luftfahrtunternehmens eine vorläufige Genehmigung erteilt haben[256] sowie Gerichtsverfahren, welche die Anwendung von Art. 9 der Slotverordnung auf Strecken, für die gemeinwirtschaftliche Verpflichtungen vorgeschrieben sind und die eine vorübergehende Aussetzung des Flugdienstes auf dieser Strecke zur Folge haben[257], stellen ebenfalls Rechtfertigungsgründe dar.

Die Nicht-Benutzung eines Slots an Staatsfeiertagen oder aufgrund eintägiger technischer oder mechanischer Probleme sollte gemäss EUACA hingegen nicht von der Ausnahmeregelung gemäss Art. 10 Abs. 4 der Slotverordnung erfasst werden[258].

255 EUACA, Recommended Practice, Interpretation of Force Majeur, S. 2.

256 Art. 10 Abs. 4 lit. c EWG Nr. 95/93, zuletzt geändert durch Verordnung (EG) Nr. 793/2004.

257 Art. 10 Abs. 4 lit. d EWG Nr. 95/93, zuletzt geändert durch Verordnung (EG) Nr. 793/2004.

258 EUACA, Recommended Practice, Interpretation of Force Majeur, S. 2.

6. *Bevorzugte Slot-Vergabe an Neubewerber*

a) Definition des Begriffes „Neubewerber“

Eines der Ziele der europäischen Slotverordnung ist es, die Chancen von Neubewerbern im Luftfahrtmarkt auf eine Zuteilung von Slots zu verbessern[259]. Bereits die Definition des Neubewerberstatus ist jedoch in der Praxis stark umstritten.

Grundsätzlich gilt ein Luftfahrtunternehmen als Neubewerber im Sinne der Verordnung, wenn es am betreffenden Tag auf dem betreffenden Flughafen über insgesamt weniger als fünf Slots verfügt[260]. Nicht klar aus dem Gesetzestext hervor geht jedoch, dass es sich um fünf Slots in Bezug auf eine einzige, bestimmte Streckenführung handelt.

Der Neubewerberstatus kann zudem geltend gemacht werden, wenn eine Luftverkehrsgesellschaft

> einen Passagierlinienflugdienst ohne Zwischenlandung zwischen zwei Gemeinschaftsflughäfen beantragt, auf denen höchstens zwei weitere Luftfahrtunternehmen den gleichen Linienflugdienst zwischen diesen Flughäfen oder Flughafensystemen ohne Zwischenlandung betreiben, [...]

259 Gemäss NERA-Studie, S. 61, variiert die Zahl jener Slots, die an Fluggesellschaften alloziert werden, welche den Neubewerberstatus geniessen, zwischen sieben Prozent auf äusserst hochbelasteten Flughäfen wie Heathrow, Frankfurt und Paris Orly und 22 Prozent auf weniger hochbelasteten Flughäfen wie Athen, London Luton oder Rom Ciampino.

260 Mit der Revision der Slotverordnung wurde der Begriff des Neubewerbers teilweise abgeändert. Die Anzahl der Slots, die ein Luftverkehrsunternehmen besitzen darf, um als Neubewerber zu gelten, bleibt gleich, die Formulierung wurde jedoch geändert. Gemäss ursprünglicher Fassung der Slotverordnung Art. 2 lit. b, galt ein Luftfahrtunternehmen als Neubewerber, wenn es an einem beliebigen Tag auf einem bestimmten Flughafen über weniger als vier Slots verfügte. Gemäss der revidierten Slotverordnung gilt ein Luftfahrtunternehmen dann als Neubewerber, wenn es an einem beliebigen Tag an einem bestimmten Flughafen – wenn ihm ein zusätzlicher Slotantrag stattgegeben würde – über weniger als fünf Slots verfügt, vgl. Art. 2 lit. b EWG Nr. 95/93, zuletzt geändert durch Verordnung (EG) Nr. 793/2004.

und dem Luftfahrtunternehmen, wenn dessen Slotantrag stattgegeben würde, „[…] an dem betreffenden Tag auf dem betreffenden Flughafen für den betreffenden Flugdienst ohne Zwischenlandung weniger als fünf Zeitnischen zu Verfügung" stehen[261]. Diese Norm soll einen Beitrag zur Glättung der Flugstrukturen der Flughäfen der Gemeinschaft leisten. Bietet eine Fluggesellschaft eine Flugstrecke an, die bis zu diesem Zeitpunkt nur in geringem Ausmass vorhanden war und führt sie diesen Flug ohne Zwischenlandung, mit andern Worten ohne erneute Benutzung eines Flughafens aus, soll sie mit dem Neubewerberstatus auf dieser Strecke belohnt werden.

Ein Luftfahrtunternehmen gilt überdies dann als Neubewerber, wenn es auf einem Flughafen eine Abfolge von Zeitnischen für einen Passagierlinienflug ohne Zwischenlandung zwischen dem betreffenden Flughafen und einem Regionalflughafen[262] beantragt, auf dem am betreffenden Tag kein anderes Luftfahrtunternehmen einen direkten Passagierlinienflugdienst betreibt. Zudem müssen dem Luftfahrtunternehmen am betreffenden Tag auf dem betreffenden Flughafen ohne Zwischenlandung weniger als fünf Zeitnischen zur Verfügung stehen[263]. Stark ausgelastete Flughäfen liegen häufig an den wichtigsten Wirtschaftsstandorten der Gemeinschaft und bilden Verkehrsknotenpunkte für Verbindungen mit Drittländern. Um die Aufrechterhaltung ausreichender Luftverkehrsdienste zwischen diesen Zentrumsflughäfen und regionalen Flughäfen zu sichern und zu fördern, wurde das Betreiben einer regionalen Strecke mit dem Anreiz des Neubewerberstatus versehen[264].

261 Art. 2 lit. b ii EWG Nr. 95/93, zuletzt geändert durch Verordnung (EG) Nr. 793/2004.

262 Der Begriff „Regionalflughafen" wird in der Slotverordnung nicht definiert, vgl. Morrisroe/Cole, S. 13.

263 Art. 2 lit. b iii EWG Nr. 95/93, zuletzt geändert durch Verordnung (EG) Nr. 793/2004.

264 KOM 2001 335, S. 12.

Luftfahrtunternehmen verlieren ihren Neubewerberstatus[265] allerdings, wenn sie insgesamt über Nutzungsrechte von mehr als fünf[266] Prozent aller an dem betreffenden Tag und Flughafen verfügbaren Slots oder über mehr als vier Prozent aller bestehenden Slots auf einem Flughafensystem verfügen[267].

Der Neubewerberstatus geht überdies verloren[268], wenn eine Luftverkehrsgesellschaft einen angebotenen Slot in einer Zeitspanne von einer Stunde vor oder nach der von ihr beantragten Zeit ablehnt[269]. Eine Flugfrequenzerhöhung konstituiert zudem keinen Slotanspruch.

Mit der – in diesem Bereiche – relativ eng gefassten Definition des Neubewerbers soll erreicht werden, dass nur Gesellschaften mit kleinem Flugangebot am betreffenden Flughafen das Privileg des Neubewerberstatus' erhalten[270]. Es ist jedoch festzuhalten, dass auch grosse Luftverkehrsgesellschaften wie die Lufthansa oder British Airways das Neubewerberprivileg beanspruchen können. Es steht ihnen wie allen anderen Fluggesellschaften auf jenen Flug-

265 Art. 2 lit. b, 2. Abschnitt EWG Nr. 95/93, zuletzt geändert durch Verordnung (EG) Nr. 793/2004.

266 In der ursprünglichen Version der Slotverordnung lag der Schwellenwert noch bei drei Prozent aller am betreffenden Tag auf einem bestimmten Flughafen vorhandenen Zeitnischen respektive zwei Prozent aller Zeitnischen am betreffenden Tag in einem Flughafensystem, vgl. Art. 2 b ii EWG Nr. 95/93 gemäss ursprünglicher Fassung. Dieser Schwellenwert wurde mit der Revision auf fünf respektive vier Prozent angehoben (vgl. Art. 2 b der revidierten Slotverordnung), da seit dem Inkrafttreten der ursprünglichen Slotverordnung vielfältige Formen der Kooperation unter den Luftfahrtunternehmen, z. B. Code-Sharing und Franchisingvereinbarungen, zugenommen haben und die bis anhin geltenden Schwellenwerte nicht mehr der Realität entsprechen, vgl. KOM 2001 335, S. 12.

267 Unter einem Flughafensystem werden gemäss der Verordnung (EWG) Nr. 2408/92 mehrere Flughäfen verstanden, die sich zur Bedienung einer Stadt oder eines Ballungsraumes zusammengeschlossen haben, vgl. Amtsblatt der Europäischen Gemeinschaften (ABl.) vom 24.8.1992, L 240, S. 14.

268 Art. 10 Abs. 7 EWG Nr. 95/93, zuletzt geändert durch Verordnung (EG) Nr. 793/2004.

269 WEIMANN, S. 144.

270 GRUNDMANN, S. 181.

häfen zu, die sie bisher überhaupt nicht oder unter nur dem festgelegten Limit angeflogen haben.

b) Slotpool

Die Slotverordnung schreibt die Errichtung eines so genannten Zeitnischen- oder Slotpools auf koordinierten Flughäfen vor[271]. Slots, welche den Fluggesellschaften entzogen oder von diesen freiwillig abgegeben werden, gelangen in diesen Pool. Insbesondere jene Slots, die von den Luftfahrtunternehmen nicht genügend genutzt wurden, werden – wie bereits erwähnt – gemäss der use-it-or-lose-it-Regel in den Pool eingezogen. Auch neu geschaffene Slots[272] werden dem Pool zugeführt[273], der somit eine Art Sammelbecken darstellt, aus dem die Koordinatoren die Slots anlässlich der Scheduling Conferences auf die antragsstellenden Luftfahrtunternehmen verteilen können.

50 Prozent aller Slots aus dem Pool hat der Koordinator vorab jeweils an Neubewerber zu vergeben, jedenfalls dann, wenn sich deren Anträge nicht auf weniger als 50 Prozent belaufen[274]. Die Neubewerber geniessen somit bei der Zuweisung von Slots aus dem Slotpool einen Vorrang[275].

271 Art. 10 Abs. 1 EWG Nr. 95/93, zuletzt geändert durch Verordnung (EG) Nr. 793/2004 (wie bereits gemäss Art. 5 Abs. 1 EWG Nr. 95/93 gemäss ursprünglicher Fassung).

272 Slots können durch Erweiterungen der Flughafeninfrastruktur oder aber durch technische Verbesserungen neu geschaffen werden, vgl. WEIMANN, S. 142; HOLZ, S. 238; Amtsblatt der Europäischen Gemeinschaften (ABl.) vom 22. 1. 1993, L 14, S. 3.

273 Vgl. Art. 10 Abs. 1 EWG Nr. 95/93, zuletzt geändert durch Verordnung (EG) Nr. 793/2004.

274 Art. 10 Abs. 6 EWG Nr. 95/93, zuletzt geändert durch Verordnung (EG) Nr. 793/2004.

275 Vgl. auch KOM 2001 335, S. 21. Im Vergleich zur ursprünglichen Fassung der Slotverordnung wurde mit der Revision nun ausdrücklich den Neubewerbern der vorrangige Anspruch auf Zuteilung der Poolslots zugestanden. „Von diesen Zeitnischen [aus dem Pool] stehen 50 Prozent zuerst Neubewerbern zur Verfügung […].“, Art. 10 Abs. 6 EWG Nr. 95/93, zuletzt geändert durch Verordnung (EG) Nr. 793/2004. Neubewerber werden auf diese Weise effektiver gefördert; vgl. auch SEIDL, S. 46.

Die Verteilung der Slots innerhalb dieser 50 Prozent obliegt dem freien Ermessen des Koordinators. Er kann oberste Priorität einem Neubewerber einräumen, der Slots für eine Destination beantragt, die bisher vom Flughafen nicht angeboten wird. Er kann aber auch jenem Neubewerber Priorität erteilen, der bisher noch überhaupt keine Slots am betreffenden Flughafen innehält.

In der Praxis wird zumeist derjenige Neubewerber bevorzugt, der eine für den Flughafen interessante Verbindung anbietet, beispielsweise eine Strecke, die bisher von keiner anderen Fluggesellschaft, die den Flughafen bedient, ausgeführt wird. Dies lässt sich damit begründen, dass ein Ausbau des Streckensystems eines Flughafens dessen Attraktivität für die Passagiere erhöht[276].

Die zweiten fünfzig Prozent der Slots aus dem Slotpool können etablierten Fluggesellschaften alloziert werden[277]. Dabei wird eine längere Nutzungsdauer eines Slots innerhalb einer Flugplanperiode zumeist einer kürzeren vorgezogen und Slotanträge von Fluggesellschaften, die auf ein grösseres Fluggerät wechseln, geniessen zumeist Vorrang vor Slotanträgen anderer Luftfahrtunternehmen[278].

7. *Endgültige Zuteilung der Slots*

Nachdem der Koordinator die zu vergebenden Slots provisorisch auf die Fluggesellschaften verteilt hat, erfolgt die effektive Zuteilung der Slots anlässlich der Scheduling Conferences. Der Flugplan für den nordischen Winter, wird anlässlich der Konferenz, die während des nordischen Sommers stattfindet, festgelegt, während anlässlich der Konferenz, die während des nordischen Winters stattfindet, der Flugplan für den nordischen Sommer festgelegt wird[279].

276 Fachgespräch mit Coddé Edwin, Koordinator Belgien.

277 Argumentum e contrario aus Art. 10 Abs. 6 EWG Nr. 95/93, zuletzt geändert durch Verordnung (EG) Nr. 793/2004.

278 Weimann, S. 139; Wendlik, S. 268.

279 Appendix 1, Part 2.2 WSG 2006.

Die Slot-Abstimmung erfolgt vorwiegend bilateral zwischen den Fluggesellschaften und den Flughäfen sowie zwischen den tauschwilligen Fluggesellschaften[280]. Gerade weil ein derartiger Slotabtausch zumeist Auswirkungen auf mehr als nur einen Flughafen zeitigt, ist eine internationale Verhandlungsplattform notwendig, da Vertreter von fast allen koordinierten Flughäfen weltweit an der Konferenz teilnehmen[281].

Grundsätzlich werden die Slots entweder für einen Einzelflug oder für die Dauer einer Flugplanperiode zugeteilt, je nachdem, ob es sich um einen Charter- oder Linienflug handelt. Die Zuteilung eines Slots kann nur dann versagt werden, wenn die vorhandene Flughafenkapazität nicht ausreicht oder andere Flüge Vorrang geniessen[282].

8. *Fazit*

Das gegenwärtige Slotvergabesystem, das auf einem Allokationsverfahren beruht, welches sich im Wesentlichen auf Grossvater-Rechte stützt, belässt einen Grossteil der wirtschaftlich interessanten Slots perpetuiert im Besitze der etablierten Luftfahrtunternehmen und führt damit zu Markteintrittsbarrieren für Neubewerber[283].

Allerdings findet aufgrund der use-it-or-lose-it-Regel, die eine 80-prozentige Nutzung der Slots verlangt, eine Effizienzprüfung auch bei den etablierten Luftfahrtgesellschaften statt: Wenn eine Fluggesellschaft, die eine bestimmte Strecke mit einem grossen Luftfahrzeug betreibt, aufgrund schlechter Auslastung die vorgeschriebene Nutzung des Slots zu 80 Prozent aus Rentabilitätsgründen nicht mehr erfüllen kann, stehen ihr in der nächsten Flugplanperiode keine Grossvater-Rechte bezüglich dieses Slots zu[284].

280 Appendix 1, Part 1 ff. WSG 2006.
281 NERA-Studie 2004, S. 19.
282 Weimann, S. 139.
283 Vgl. auch Seidl, S. 55.
284 Vgl. Art. 8 Abs. 2 EWG Nr. 95/93, zuletzt geändert durch Verordnung (EG) Nr. 793/2004.

Um diesem Verlust zuvor zu kommen, wird die Fluggesellschaft (unter Beibehaltung aller anderen Parameter) auf ein kleineres Fluggerät umstellen[285] und die Strecke wieder in einer die use-it-or-lose-it-Regel erfüllenden Abfolge rentabel betreiben. Ein solches Vorgehen ist nur möglich, da eine Anpassung gewisser Kriterien unter Beibehaltung der Grossvater-Rechte zulässig ist. Allerdings bewirkt dieses Verhalten, dass der Slot in den Händen der etablierten Luftfahrtgesellschaft verbleibt und neueintretenden Fluggesellschaften nicht zur Verfügung steht[286].

Ein Horten von Slots kann daher nur verhindert werden, wenn das Blockieren eines Slots für Neubewerber und Konkurrenten aufgrund einer Benutzung des Slots trotz schlechter Auslastung und unrentabler Investitions-/Ertragsbalance teurer zu stehen kommt, als den Slot dem Pool und somit potentiellen Konkurrenten zukommen zu lassen.

Damit sich keine a priori-Begünstigung etablierter Luftfahrtgesellschaften aufgrund des geltenden Slotvergabesystems einstellen kann, muss einem Neubewerber der initiale Eintritt in den Markt ermöglicht werden. Mit der Statuierung einer weitreichenden Neubewerberdefinition, will die revidierte Slotverordnung diese Chancenverbesserung der Neubewerber bezüglich des Markteinstiegs erreichen.

Erhält ein Neubewerber einen Slot aus dem Pool und kann er sich anschliessend im Markt durchsetzen, stehen ihm am Ende der Flugplanperiode – ebenso wie etablierten Unternehmen – automatisch Grossvater-Rechte zu. Sollte ein Etablieren im Markt hingegen nicht möglich sein, sind ein Verlust der Slots und eine Neuvergabe wirtschaftlich betrachtet allerdings sinnvoller.

Das eben beschriebene System der Slotvergabe trägt schliesslich zur Bildung von Allianzen bei. Horizontale Kooperationen führen dazu, dass sich Slot-Beschränkungen zumindest teilweise auflösen. Sie stellen, wie auch Fusionen von Luftfahrtunternehmen, ein Substitut für die fehlende Zuteilung von Landerechten dar[287]. Auch ein

285 Seidl, S. 56; Schneuwly, S. 3.
286 Weimann, S. 140 ff.
287 Kunz Martin, S. 41.

Code-Sharing kann sich eignen, die mangels Slotbesitz nicht mögliche Präsenz an überlasteten Flughäfen wenigstens über den Kooperationspartner zu erreichen[288]. Allerdings ist zu beachten, dass im Zusammenhang mit den Kooperationsbildungen die wettbewerbsrechtliche Genehmigung einer Allianz davon abhängen kann, ob die beteiligten Fluggesellschaften Slots freigeben[289].

Da es sich bei Slots zumeist um knappe Ressourcen handelt, ist eine Überwachung, ob die Fluggesellschaften ihre Slots effizient nutzen und nicht missbräuchlich und zum Nachteil von Konkurrenten blockieren, sinnvoll. Die strikten Nutzungsvorgaben der europäischen Slotverordnung, die bei einer Nichteinhaltung zum Entzug von Slots führen können, halten die Fluggesellschaften zu einem transparenten und fairen Verhalten an.

Festzuhalten ist an dieser Stelle, dass die Koordinatoren jeden Entzug von Slots einzelfallgerecht überprüfen sollen und dürfen[290]. Dies stellt einen der Gründe dar, weshalb ihnen im Zusammenhang mit der Gewichtung und Anrechnung der Entlastungsgründe ein relativ grosses Ermessen zusteht. Die EUACA hat im März 2006 mit der Herausgabe der in diesem Kapitel bereits zitierten „Recommended pracice" – einer Auslegungsanleitung zu Artikel 10 Abs. 4 der Slotverordnung – den Koordinatoren ein wichtiges Instrument zur Handhabung der Ausnahmeregelung bereitgestellt[291].

288 Vgl. Northwest Airlines, die auf dem Flughafen London-Heathrow nur dank ihrem Kooperationspartner KLM, welche die Strecke Amsterdam – London Heathrow mit hohen Frequenzen befliegt, sinnvolle Start- und Landezeiten anbieten kann.

289 Die EU-Kommission hat die Allianz zwischen Air France und Alitalia wettbewerbsrechtlich erst genehmigt, nachdem die beiden Fluggesellschaften sich zur Freigabe von Slots bereit erklärt hatten. Insgesamt 84 Start- und Landeslots mussten auf Strecken zwischen Frankreich und Italien für Konkurrenten bereitgestellt werden, vgl. HÖLTSCHI, EU genehmigt Allianz, S. 23. Auch die Lufthansa und ihre Tochtergesellschaft Swiss müssen Slots abgeben, da die EU-Wettbewerbsbehörde aufgrund der Präsenz der beiden Luftfahrtunternehmen von einer starken Marktposition des deutsch-schweizerischen Gespanns ausgeht, vgl. HÖLTSCHI, EU billigt Übernahme, S. 30; ENZ, S. 30 und Case No Comp/M.3370 – Lufthansa/Swiss; 04.07.2005.

290 Vgl. auch die Stellungnahme des Wirtschafts- und Sozialausschusses, Pkt. 5.8.

291 EUACA, Recommended Practice, Interpretation of Force Majeur, S. 2.

B. Slotkoordination in der Schweiz

1. *Ausgangslage*

a) Koordinierung vor der Ratifizierung des LVA

Auf den Flughäfen Genf und Zürich setzte die Swissair bis Ende der achtziger Jahre den Koordinator selber ein. Ab Anfang der neunziger Jahre war die „Aircraft Movement Control" der damaligen Flughafendirektion Zürich für die Slot-Koordination zuständig[292]. In Genf bestand von Beginn weg ein vertragsähnliches Verhältnis zwischen der Koordinationsstelle und der Swissair. Die Vergabe der Slots erfolgte damals auf der Basis der IATA WSG[293].

Im Zusammenhang mit der Inkraftsetzung des LVA und der Gewährung der Nachlass-Stundung für die Swissair-Gruppe[294] wur-

292 § 21 Abs. 1 des Betriebsreglements für den Flughafen Zürich vom 19. August 1992: „Linienflüge unterliegen der Flugplankoordination durch die Flughafendirektion", sowie § 22: „Charterflüge, deren Ankunft- Boden- oder Abflugszeit in die Zeit von 06.00 bis 15.00 fällt, unterliegen der Flugplankoordination und bedürfen der Bewilligung der Flughafendirektion". Am 1. Dezember 1993 wurde das Betriebsreglement folgendermassen abgeändert: § 21 Abs. 1 des Betriebsreglements des Flughafens Zürich: „Linien- und Charterflüge unterliegen der Flugplankoordination. Diese erfolgt durch die Flughafendirektion unter Mitwirkung der Swissair, Schweizerische Luftverkehrs AG", vgl. zum Ganzen: KOST, S. 48 f.

293 Auskunft von HUNZIKER ROLAND, Slot Coordination Switzerland.

294 Die SAirGroup umfasste die SAirLines, die Flightlease AG, die Swissair Schweizerische Luftverkehr AG, die Swisscargo AG sowie die Cargologic AG. „Am 5. Oktober 2001, nachmittags, haben die zuständigen Nachlassrichter in Zürich und Bülach/ZH die Nachlassstundungsgesuche der SAirGroup, SAirLines, Flightlease AG und Swissair Schweizerische Luftverkehr AG provisorisch gutgeheissen. Am Montag, den 8. Oktober, nachmittags, sind zusätzlich die Nachlassstundungsgesuche der Swisscargo AG und der Cargolic AG vom Nachlassrichter in Bülach provisorisch bewilligt worden. Als provisorischer Sachwalter ist bei allen sechs Gesellschaften Rechtsanwalt Karl Wüthrich, Wenger Plattner, Küsnacht-Zürich eingesetzt worden", Medienmitteilung des provisorischen Sachwalters Swissair Group vom 9. Oktober 2001. Am 7. Dezember 2001 wurde Karl Wüthrich als Sachwalter der

den bezüglich der Flughafenkoordination in der Schweiz etliche Neuerungen vorgenommen. Die Slotvergabe wurde vorerst von der Swissair auf die Koordinationsstelle der Swiss International Air Lines Ltd. (Swiss) übertragen. Hauptverantwortlich für die Erfüllung der Aufgaben waren Mitarbeiter der neuen nationalen Fluggesellschaft Swiss. Die Swiss übte jedoch weder materielle Aufsicht über die Koordinatoren aus, noch verfügte sie über Weisungsgewalt gegenüber dem von ihr angestellten Koordinationsteam[295].

b) Koordinierung gemäss europäischer Slotverordnung

Seit der Inkraftsetzung des LVA im Jahr 2002 muss die Slotkoordination auf Schweizer Flughäfen gemäss der europäischen Slotverordnung von einer neutralen und unabhängigen Instanz wahrgenommen werden[296]. Am 1. Dezember 2006 ist zudem auch in der Schweiz die revidierte europäische Slotverordnung in Kraft getreten[297]. Diese hält fest, dass der für einen flugplanvermittelten oder koordinierten Flughafen zuständige Mitgliedstaat sicherstellt, dass sowohl der Flugplanvermittler[298], wie auch der Koordinator[299] in unabhängiger, unparteiischer, diskriminierungsfreier und transpa-

---

SAirGroup, der SAirLines (als Co-Sachwalter), der Flightlease AG und der Swissair Schweizerische Luftverkehr AG bestimmt.

295 KOST, S. 50.

296 Art. 4 Abs. 2 lit. a EWG Nr. 95/93, zuletzt geändert durch Verordnung (EG) Nr. 793/2004. Vgl. Art. 1 Abs. 2 LVA. Allerdings statuierte bereits die Verordnung (EWG) Nr. 95/93 in Art. 4 Abs. 2, der Mitgliedstaat habe sicherzustellen, dass der Koordinator seine Pflichten unabhängig erfülle und gemäss Art. 4 Abs. 3 in einer unparteilichen, nicht diskriminierenden und transparenten Weise handle.

297 Vgl. http://www.aviation.admin.ch/themen/internationales.ch (Stand: Dezember 2006).

298 Art. 4 Abs. 2 lit. a EWG Nr. 95/93, zuletzt geändert durch Verordnung (EG) Nr. 793/2004. Im Vergleich zur ursprünglichen Fassung der Verordnung (EWG) Nr. 95/93 wird nicht mehr nur die institutionelle, sondern explizit auch die finanzielle Unabhängigkeit des Koordinators von den „Parteien“ Staat, Flughafen und Fluggesellschaft verlangt.

299 Art. 4 Abs. 2 lit. c EWG Nr. 95/93, zuletzt geändert durch Verordnung (EG) Nr. 793/2004.

renter Weise handeln[300]. Die Unabhängigkeit des Koordinators muss mittels funktionaler Trennung von jeder interessierten Einzelpartei gewährleistet sein. Auch die Finanzierung der Tätigkeit des Koordinators muss derart erfolgen, dass er unabhängig ist[301].

Obwohl die Slotkoordination der Schweiz seit jeher gemäss den Vorgaben der IATA WSG[302] agierte und die Slotallokation bereits auf neutrale Art und Weise erfolgte, waren noch nicht alle Voraussetzungen gemäss europäischem Recht erfüllt. Gemäss europäischer Slotverordnung[303], hatte die Schweiz eine von der Swiss und den Schweizer Flughäfen unabhängige Behörde für die Zuteilung der Slots auf den Flughäfen Zürich und Genf einzusetzen[304].

2. *Slot Coordination Switzerland (SCS)*

Um den Vorgaben der Slotverordnung Rechnung zu tragen, schuf das Bundesamt für Zivilluftfahrt (nachfolgend „BAZL“) die Projektgruppe „Neue Slot-Koordination Schweiz“[305] (NSKS).

300 Der revidierten Slotverordnung kann entnommen werden, dass neu zwischen dem Flugplanvermittler, der auf flugplanvermittelten Flughäfen agiert und dem eigentlichen Koordinator, der auf koordinierten Flughäfen die Slotvergabe leitet, unterschieden wird, vgl. Art. 2 lit. g/i EWG Nr. 95/93, zuletzt geändert durch Verordnung (EG) Nr. 793/2004. Diese Unterscheidung ist jedoch eine rein begriffliche; für beide Funktionen gelten – wenn nicht anders vermerkt – dieselben Normen.

301 Art. 4 Abs. 2 lit. b EWG Nr. 95/93, zuletzt geändert durch Verordnung (EG) Nr. 793/2004.

302 Vgl. Sec. 5.6 WSG 2006, wonach der Koordinator die Slots „in a neutral, non-discriminatory and transparent way“ zu allozieren habe.

303 Art. 4 Abs. 2 b EWG Nr. 95/93, zuletzt geändert durch Verordnung (EG) Nr. 793/2004.

304 Vgl. Art. 2 Abs. 2 Koordinationsverordnung; KUNZ DANIEL, S. 110.

305 Eine Vereinheitlichung aller nationalen Slotkoordinationen auf europäischer Ebene, beispielsweise in Form einer zentralen Slotverwaltungs- und Vergabestelle in Brüssel, ist nicht geplant. Aus diesem Grunde müssen die Inhalte der Slotverordnung von allen europäischen Staaten wie auch von der Schweiz selbständig angepasst werden. Fachgespräch mit HUNGERBÜHLER FLORIN, BAZL. Der Name „Slot Koordination“ wurde später geändert in „Slot Coordination Switzerland“ (SCS); vgl. Statuen Slot Coordination Switzerland Paragraph 1, Art. 1.

a) Rechtsform

Bezüglich der Rechtsform der Slot-Koordination Schweiz standen mehrere Alternativen zur Diskussion, da innerhalb der EU keine einheitliche Rechtsform der Slot-Koordinationen existiert. In Grossbritannien[306], Dänemark[307] und Schweden[308] ist die Slot-Koordination in Form einer AG geregelt, in Frankreich[309] als Verein, in Österreich[310] als Gesellschaft mit beschränkter Haftung, währenddem in Spanien[311] die Aena, die staatliche Flughafen- und Flugsicherungsbehörde die Slotallokation vornimmt.

Der deutsche Flughafenkoordinator untersteht dem Bundesminister für Verkehr, die finanziellen Mittel für die Slot-Koordination werden vom Verein „Interessengemeinschaft zur Finanzierung der Flughafenkoordination", der ausschliesslich aus Luftfahrtunternehmen besteht, bereitgestellt[312].

Das BAZL hat sich dafür entschieden, die Slot-Koordination der Schweiz in Form eines Vereines zu organisieren[313]; eine Wahl, die dem Gremium grosse Unabhängigkeit gewährt. Am 4. Dezember 2003 fand die Gründerversammlung der so genannten „Slot Coordination Switzerland" (SCS) statt; seit 1. April 2004 ist sie operativ tätig.

b) Mitgliedschaft

Die Mitgliedschaft im Verein Slot Coordination Switzerland steht allen koordinierten Flughäfen der Schweiz respektive deren Vertretern sowie jenen Fluggesellschaften oder deren Vertretern offen,

306 Fachgespräch mit MORRISROE PETER, Koordinator Grossbritannien.
307 Fachgespräch mit HUNGERBÜHLER FLORIN, BAZL.
308 Fachgespräch mit HUNGERBÜHLER FLORIN, BAZL.
309 Fachgespräch mit HERBANE ERIC, Koordinator Frankreich.
310 Fachgespräch mit SAGER ANDREAS, Koordinator Österreich.
311 Fachgespräch mit MONASTERIO IGNACIO, Koordinator Spanien.
312 Vgl. URL: http://www.fhkd.org/cms/7.html (Stand: Oktober 2005).
313 Präambel zu den Statuten der Slot Coordination Switzerland: „Der Verein ist eine Organisation im Sinne von Art. 60 ff. des Schweizerischen Zivilgesetzbuches."

die mindestens einen schweizerischen Flughafen bedienen[314]. Es hat sich jedoch gezeigt, dass aufgrund der Beitragspflicht[315] das Interesse an einer Mitgliedschaft bei ausländischen Fluggesellschaften gering ist.

Bisher zählt die Slot-Koordination einzig Schweizer Fluggesellschaften und Schweizer Flughäfen zu ihren Mitgliedern[316]. Es besteht jedoch für interessierte ausländische Fluggesellschaften auch später jederzeit die Möglichkeit, dem Verein beizutreten[317].

Jedes Mitglied hat im Minimum eine Stimme[318]. Die Fluggesellschaften sowie die Flughäfen verfügen je für sich als Gruppe über die jeweils gleiche Anzahl Stimmen, um dem Grundsatz der Neutralität gerecht zu werden[319].

c) Finanzierung

Für seine Dienstleistungen kann der Koordinator von den Schweizer Flughäfen und den schweizerischen Luftfahrtunternehmen, die seine Leistungen beanspruchen, ein kostendeckendes Entgelt erheben[320]. Auch von ausländischen Luftfahrtunternehmen kann das BAZL, sofern ein Gesuch des Koordinators vorliegt, ein nach dem

314 Art. 6 Abs. 1 der Statuten der Slot Coordination Switzerland.

315 Die Mitgliedschaft kostet einmalig CHF 50'000.00, vgl. Art. 8 Statuten der Slot Coordination Schweiz.

316 Bisher sind folgende Gesellschaften Mitglied der Slot Coordination Switzerland: Aéroport International de Genève, Belair Airlines, Easy Jet Switzerland, Edelweiss Air, Swiss International Air Lines Ltd. sowie Unique Zurich Flughafen AG, vgl. URL: http://www.slotcoordination.ch (Stand: Juni 2005).

317 Fachgespräch mit Hungerbühler Florin, BAZL.

318 Art. 13.1 der Statuten der Slot Coordination Switzerland.

319 Um ein Stimmengleichgewicht zwischen den beiden Gruppen zu erhalten, werden die Stimmen der Gruppe mit der kleineren Anzahl Mitglieder mit einem Faktor aufgewertet. Die Höhe des Faktors entspricht dem Verhältnis zwischen den beiden Mitgliederzahlen. Die Anzahl Mitglieder der grösseren Gruppe wird geteilt durch die Anzahl Mitglieder der kleineren Gruppe, Art. 13.3 der Statuten der Slot Coordination Switzerland.

320 Art. 6 Abs. 1 Slotkoordinationsverordnung; vgl. auch die Entgeltregelung im Anhang zu den Statuten der Slot Coordination Switzerland.

Kostendeckungsprinzip veranschlagter Betrag erheben[321]. Gemäss der Entgeltregelung übernehmen die koordinierten Flughäfen Genf und Zürich 49 Prozent aller Kosten, die im Verein beteiligten Fluggesellschaften leisten ebenfalls 49 Prozent, die restlichen zwei Prozent übernimmt das BAZL. Diese Aufteilung entspricht dem Finanzierungsgrundsatz der EU, wonach keine Organisation und keine Firma mehr als 50 Prozent zur Finanzierung beitragen soll[322]. Nebst dem Entgelt ist zusätzlich von allen Mitgliedern des Vereines einmalig ein Mitgliederbeitrag von CHF 50'000 zu entrichten[323].

d) Aufsicht

Als Aufsichtsorgan über die Slot Coordination Switzerland[324] fungiert das BAZL, welches bei Beschwerden gegen einen Entscheid des Koordinators ein Schlichtungsverfahren durchführt[325] und bei Uneinigkeit den Entscheid fällt[326]. Gemäss Statuten steht dem BAZL überdies bei Entscheiden der Generalversammlung des Vereins und des Vorstands ein Vetorecht zu[327]. Festzuhalten ist hingegen, dass das Bundesamt im Sinne der europäischen Slotverordnung keinerlei Einfluss auf die initiale, materielle Slotvergabe ausüben kann und darf. Der Bund haftet hingegen für die Tätigkeit des Koordinators nach Massgabe des Verantwortlichkeitsgesetzes[328].

321 Art. 6 Abs. 2 Slotkoordinationsverordnung.

322 BAZL: Finanzierungsmodelle, S. 1.

323 Vgl. Art. 8 der Statuten Slot Coordination Switzerland.

324 Art. 23 Abs. 1 Statuten der Slot Coordination Switzerland.

325 Vgl. S. 190ff. hinten.

326 Art. 7 Abs. 2 Slotkoordinationsverordnung; vgl. S. 191 hinten.

327 Dem BAZL steht das Vetorecht bei Entscheiden der Generalversammlung und des Vorstands betreffend der Auflösung des Vereins, der Änderung des Vereinszwecks, der Änderung der Statuten, der Wahl und Abwahl des Geschäftsführers und der Gebührenordnung zu, vgl. Art. 23 Abs. 2 Statuten der Slot Coordination Switzerland.

328 Bundesgesetz über die Verantwortlichkeit des Bundes sowie seiner Behördenmitglieder und Beamten vom 14. März 1958 (Verantwortlichkeitsgesetz), SR 170.32; vgl. auch Art. 9 Slotkoordinationsverordnung.

e) *Aus- und Weiterbildung der Mitarbeiter*

Auf europäischer und internationaler Ebene existiert grundsätzlich keine Ausbildungs- oder Weiterbildungsmöglichkeit für Slot-Koordinatoren. Die European Union Airport Coordination Association (EUACA), welche die jährlich stattfindenden Schedule Optimisation Meetings (SOM) organisiert, bildet jedoch eine Plattform für den Austausch der europäischen Koordinatoren und hat beispielsweise im Hinblick auf die Einführung der revidierten Slotverordnung ein Seminar angeboten[329].

3. *Koordinierungsausschuss*

Gemäss Art. 5 Abs. 1 EWG Nr. 95/93, zuletzt geändert durch die Verordnung (EG) Nr. 793/2004, stellt der für einen koordinierten Flughafen zuständige Mitgliedstaat sicher, dass für jeden Flughafen ein Koordinierungsausschuss eingesetzt wird. Dieser soll unter anderem die Koordination in beratender Funktion unterstützen. Die Slotkoordinationsverordnung erwähnt explizit, dass die Aufgabe des Koordinierungsausschusses darin besteht, den Koordinator und das BAZL zu beraten und bei Beschwerden über die Zuweisung von Slots zu vermitteln[330].

Im September 2005 wurde für die Flughäfen Genf und Zürich je ein Koordinierungsausschuss eingesetzt. Das Gremium trifft sich einmal jährlich[331]. Gemäss Slotkoordinationsverordnung haben die Koordinierungsausschüsse eine Geschäftsordnung aufzustellen, die dem BAZL vorzulegen ist[332]. Der Koordinator und Vertreter des BAZL können als Beobachter an den Sitzungen des Koordinierungsausschusses teilnehmen[333].

329 Die Schweiz war bereits vor Abschluss des LVA Mitglied der EUACA. Fachgespräch mit HUNGERBÜHLER FLORIN, BAZL; vgl. auch Fn 191 vorne.

330 Art. 4 Abs. 3 Slotkoordinationsverordnung; vgl. auch Art. 5 EWG Nr. 95/93, zuletzt geändert durch Verordnung (EG) Nr. 793/2004.

331 Information von RINDLISBACHER ERICH, Managing Director Slot Coordination Switzerland und RÜFENACHT ROGER, BAZL.

332 Art. 4 Abs. 2 Slotkoordinationsverordnung.

333 Art. 4 Abs. 4 Slotkoordinationsverordnung.

4. *Zuteilung der Slots in der Schweiz*

Die Slotkoordinationsverordnung statuiert, dass auf vollständig koordinierten Flughäfen keine Starts und Landungen von Flügen im Linien- und Nichtlinienverkehr ohne zugewiesenen Slot durchgeführt werden dürfen[334]. Diese Norm lehnt sich an Art. 14 Abs. 1 der revidierten Slotverordnung an, wonach der Flugdurchführungsplan eines Luftfahrtunternehmens von der zuständigen Flugsicherung abgelehnt werden kann, wenn das Unternehmen beabsichtigt, ohne entsprechenden Slot auf einem zu dieser Zeit koordinierten Flughafen zu starten oder zu landen. Die Luftfahrtunternehmen haben daher beim Koordinator einen Slot beantragen[335].

a) *Slotvergabe in Zürich*

Sämtliche Starts und Landungen auf dem Flughafen Zürich unterliegen der Flugplankoordination[336] und bedürfen einer Bewilligung durch die Unique Flughafen Zürich AG[337]. Das Betriebsreglement des Flughafens Zürich unterscheidet bei der Vergabe der Slots zwischen Flügen des Linien- und des Charterverkehrs sowie dem übrigen gewerbsmässigen Nichtlinienverkehr und dem nichtgewerbsmässigen Verkehr[338].

Aufgrund der Inkraftsetzung der europäischen Slotverordnung in der Schweiz und der daraus resultierenden Gründung des Vereins Slot Coordination Switzerland, wurde Art. 24 des Betriebsreglements dahingehend geändert[339], dass die Flugplankoordination neu durch die Slot Coordination Switzerland, gemäss der für die Schweiz gültigen EG-Gesetzgebung, insbesondere der Verordnung (EWG) Nr. 95/93 erfolgt[340].

334 Art. 5 Abs. 1 lit. b Slotkoordinationsverordnung.

335 Art. 5 Abs. 1 lit. a Slotkoordinationsverordnung.

336 Vgl. Art. 2 lit. g EWG Nr. 95/93, zuletzt geändert durch Verordnung (EG) Nr. 793/2004.

337 Art. 23 des Betriebsreglements des Flughafens Zürich.

338 Art. 25 des Betriebsreglements des Flughafens Zürich.

339 Änderung des Betriebsreglements des Flughafens Zürich vom 27. September 2004, in Kraft seit 1. Oktober 2004.

340 Art. 24 des Betriebsreglements des Flughafens Zürich.

Keiner Flugplankoordination und Bewilligungspflicht unterliegen hingegen Luftfahrzeuge, die den Flughafen Zürich aus Sicherheitsgründen anfliegen müssen, Luftfahrzeuge im Katastropheneinsatz, Flüge zur Rettung von Menschenleben, Such-, Rettungs- und Polizeiflüge, dringliche Flüge des Lufttransportdienstes des BAZL, Flüge von Luftfahrzeugen mit diplomatischer Freigabe sowie Helikopterflüge[341].

Bei der Gewichtung der Prioritäten lehnt sich das Betriebsreglement in Art. 5[342] stark an die Prioritätenregeln von WSG und EWG Nr. 95/93 an, nimmt jedoch zulässige[343] Präzisierungen vor: Erste Priorität geniessen Flüge des Linienverkehrs, gefolgt von Charterkettenflügen des Nichtlinienverkehrs, übrigen gewerbsmässigen IFW-Flügen[344], gewerbsmässigen VFR-Flügen[345] sowie abschliessend nichtgewerbsmässigen IFR-Flügen und nichtgewerbsmässigen VFR-Flügen.

Nebst der zusätzlichen Unterscheidung zwischen IFR- und VFR-Flügen, wird im Vergleich zur europäischen Slotverordnung im Zürcher Betriebsreglement überdies dem Linienverkehr vor dem Charterkettenverkehr Priorität eingeräumt[346]. Dieser Unterscheidung ist aber nur geringer Wert beizumessen, da Differenzen zwischen Linien- und Charterkettenverkehr heute nur noch schwerlich auszumachen sind[347].

341 Art. 26 des Betriebsreglements des Flughafens Zürich.

342 Art. 5 des Betriebsreglements des Flughafens Zürich (Fassung gemäss Urteil der Rekurskommission für Infrastruktur und Umwelt vom 16. Dezember 2004). Vgl. auch Genehmigung des vorläufigen Betriebsreglements Flughafen Zürich-Kloten durch das BAZL vom 29. März 2005, Pkt. 1.4.

343 Vgl. Art. 8 Abs. 5 EWG Nr. 95/93, zuletzt geändert durch Verordnung (EG) Nr. 793/2004.

344 IFR: Abkürzung für Instrumentenflugregel; das Flugzeug wird hierbei mit Instrumenten gesteuert.

345 VFR: Abkürzung für Sichtflugregel; das Flugzeug wird hierbei nach äusseren Bezugspunkten und ohne Instrumente gesteuert.

346 KOST, S. 66.

347 Genehmigung des vorläufigen Betriebsreglements Flughafen Zürich-Kloten durch das BAZL vom 29. März 2005, Pkt. 6.2. Vgl. auch Fn 406 hinten.

b) Slotvergabe in Genf

Der Flughafen Genf regelt die Benutzungsordnung im Betriebsreglement vom 31. Mai 2001 und hält folgende Rangordnung fest[348]: Erste Priorität geniessen Luftfahrzeuge des Linienverkehrs gefolgt von Charterflügen, kommerziellen IFR-Flügen, nicht kommerziellen IFR-Flügen, kommerziellen VFR-Flügen sowie an letzter Stelle Schulungs- und Ausbildungsflüge.

Dieser Reihenfolge nicht unterworfen sind Notlandungen, Such-, Rettungs- und polizeiliche Flüge, Flüge im Zusammenhang mit Sanitätsnotfällen, Flüge von Staatsluftfahrzeugen sowie vom BAZL genehmigte Flüge[349].

5. Fazit

Die aufgrund des LVA in der Schweiz seit 2002 Anwendung findenden Normen der europäischen Slotverordnung sind mit der Gründung der Slot Coordination Switzerland und der Einsetzung der Koordinationsausschüsse auf den Flughäfen Genf und Zürich vollumfänglich in die Praxis umgesetzt worden.

Mit der Erarbeitung der im Jahr 2005 in Kraft getretenen schweizerischen Slotkoordinationsverordnung sowie der Inkraftsetzung der revidierten europäischen Slotverordnung Ende 2006 ist die Schweiz bezüglich der Slotvergabe somit rechtlich als auch tatsächlich auf dem neuesten Stand.

348 Art. 3 Ziff. 1 Règlement d'exploitation de l'Aéroport International de Genève vom 31. Mai 2001, http://www.gva.ch/Portaldata/1/Resources/fichiers/institutionnels/reglement-exploitation-AIG_fr.pdf (Stand: Januar 2007).

349 Art. 3 Ziff. 2 Règlement d'exploitation de l'Aéroport International de Genève vom 31. Mai 2001.

C. Der rechtliche Status eines Slots

1. *Ausgangslage*

Die use-it-or-lose-it-Regel[350] sowie das Bestehen der Grossvater-Regel gemäss ursprünglicher Fassung der Slotverordnung führte dazu, dass einerseits Luftfahrtgesellschaften ihr Eigentum an zugeteilten Zeitnischen geltend machten und die Flughäfen andererseits das selbe Recht beanspruchten, weil die Slots unabdingbar mit der Flughafeninfrastruktur verbunden sind.

Aus diesem Grunde war eines der vordringlichen Ziele der Slotverordnungs-Revision, den rechtlichen Status von Zeitnischen zu klären und damit eine Grundlage für ein Zuweisungssystem zu schaffen, das sowohl den Luftfahrtunternehmen als auch den Flughäfen gestattet, ihre Betriebsabläufe möglichst effizient zu planen und sicherzustellen, dass knappe Flughafenkapazität optimal ausgenutzt wird[351].

Es stellt sich somit die Frage, ob die von einem Koordinator allozierten Slots ins Eigentum der Fluggesellschaft übergehen und ein unbeschränktes Verfügungsrecht daran entsteht, ob ein wohlerworbenes Recht vergeben wird und sich der Berechtigte auf Vertrauensschutz berufen kann oder aber, ob es sich bei Slots „nur“ um ein – unter gewissen Bedingungen – entziehbares Nutzungsrecht handelt.

Der Rechtsvergleich mit Kanada und den USA zeigt schliesslich auf, dass nicht nur in Europa sondern auch in Übersee die Frage des rechtlichen Status von Slots zentrale Bedeutung geniesst, die Beurteilung und Entwicklung auf den Kontinenten allerdings nicht einheitlich verläuft.

350 Vgl. S. 52 ff. vorne.

351 KOM 2001 335, S. 8 f. Vgl. in diesem Zusammenhang die Lizenzvergabe in Ausserwirtschaftsrecht im Zusammenhang mit knappen Ressourcen, COTTIER/OESCH, International Trade Regulation, S. 670 ff.

2. *Rechtsnatur der Slots gemäss ursprünglicher Slotverordnung*

Auf die rechtliche Qualifizierung der Slots hinsichtlich ihres Eigentumsgehalts in der ursprünglichen Fassung der Slotverordnung ist an dieser Stelle nur ein knapper Überblick zu gewähren, vermochte doch die revidierte Fassung die offenen Punkte hinsichtlich der Eigentumsfrage mehrheitlich zu klären.

Aus der ursprünglichen Fassung der Slotverordnung EWG Nr. 95/93 ging die Rechtsnatur der Slots nicht klar hervor. Der Begriff Slot, in der deutschen Fassung der Verordnung „Zeitnische" genannt, wurde rein sachlich definiert[352]; eine Zeitnische war demnach schlicht

> die flugplanmässige Lande- oder Startzeit, die für eine Luftfahrzeugbewegung an einem bestimmten Tag auf einem im Sinne dieser Verordnung koordinierten Flughafen zur Verfügung steht oder zugewiesen wird[353].

Die Voraussetzungen für den Erhalt[354] eines Slots waren ebenso wie die Voraussetzungen zum Entzug[355] der Verordnung zu entnehmen; eine klare Qualifizierung des Rechtes an einem Slot hingegen fehlte.

Die Mehrheit der Autoren befürwortete daher eine Ablehnung der Eigentümerstellung und sprach sich für eine Art fixes Benutzungsrecht aus: Grundmann erklärte unmissverständlich, dass Slots gemäss Gemeinschaftsrecht kein Eigentumscharakter zukomme. Giemulla/Schmied und Maffeo ordnen Slots rechtlich als Teilhaberrechte ein[356], für Wittmann und Langner stand die Rechtsnatur von Slots gemäss EWG Nr. 95/93 nicht eindeutig fest. Sie definier-

352 Vgl. Ziff. 11 KOM 2001 335.

353 Art. 2 lit. a EWG Nr. 95/93 gemäss ursprünglicher Fassung.

354 Art. 8 EWG Nr. 95/93, zuletzt geändert durch Verordnung (EG) Nr. 793/2004.

355 Art. 10 EWG Nr. 95/93, zuletzt geändert durch Verordnung (EG) Nr. 793/2004.

356 GIEMULLA/SCHMID, S. 265. „Nimmt eine Fluggesellschaft aufgrund der vorgängigen Zuteilung eines Slots auf einem Flughafen einen Start oder eine Landung vor, wird sie Teilhaberin am begrenzten Gut Zeit", MAFFEO, Contratti di Compravendita, S. 669.

ten Fluggesellschaften als „quasi-owners“[357] der Slots, da durch die Kettenvergabe der Slots mittels so genannter Grossvater-Rechte[358] ein „Quasi-Eigentum“ im Sinne eines Gewohnheitsrechtes bestehe[359]. Gaebel seinerseits erachtete die Durchführung eines Fluges als die geforderte Gegenleistung der Fluggesellschaft, da sie eine Investition tätige, um einen Slot perpetuiert zu erhalten. Aus diesem Grunde stehe ihr ein Eigentumsrecht zu[360].

3. *Rechtsnatur der Slots gemäss revidierter Slotverordnung*

Die revidierte Slotverordnung definiert einen Slot als

> die von einem Koordinator [...] gegebene Erlaubnis, die für den Betrieb eines Luftverkehrsdienstes erforderliche Flughafeninfrastruktur eines koordinierten Flughafens an einem bestimmten Tag und zu einer bestimmten Uhrzeit, die von einem Koordinator nach dieser Verordnung zugewiesen wurde, in vollem Umfang zum Starten und Landen zu nutzen[361].

Aus der Formulierung „Erlaubnis, die [...] Flughafeninfrastruktur zu einer bestimmten Uhrzeit zu nutzen [...]“ geht erstmals klar hervor, dass keine eigentumsähnlichen Rechte an Slots bestehen: „[...] die Luftfahrtunternehmen [sind] dazu berechtig[t], die Flughafeneinrichtungen durch Landungen und Starts zu bestimmten Daten und Uhrzeiten zu nutzen.“[362]

Es handelt sich um ein reines Nutzungsrecht[363] und damit um die Erlaubnis, von einem Gut Gebrauch während einer Flugplanperiode (Winter oder Sommer) zu machen. Dabei wird der Slot, respektive die Flughafeninfrastruktur bloss unmittelbarem und limitiertem Gebrauch durch den Berechtigten unterworfen.

357 LANGNER, Allocation of Slots, S. 162.
358 Vgl. S. 47ff. vorne.
359 WITTMANN, S. 115.
360 GAEBEL, S. 409ff.
361 Art. 2 lit. a EWG Nr. 95/93, zuletzt geändert durch Verordnung (EG) Nr. 793/2004.
362 KOM 2001 335, S. 8; vgl. auch STOCKMANN, Bericht, S. 34f.
363 Ziff. 8 GS 22/2004; vgl. auch Amtsblatt der Europäischen Union (ABl.) vom 20.4.2004, C 95, S. 16.

Da die Grossvater-Regel in der revidierten Slotverordnung beibehalten wird, können die Luftfahrtunternehmen, sofern sie die effektive Nutzung ihrer Slots nachweisen[364], ihr Anrecht für die nächste vergleichbare Flugpanperiode erneuern. Es besteht also gewissermassen ein Anspruch[365] für jene Luftfahrtunternehmen, die ihren Slot in der vorangehenden Flugplanperiode genügend genutzt haben.

Allerdings kann kaum davon ausgegangen werden, dass es sich um ein wohlerworbenes Recht[366] handelt. Die Voraussetzungen, die zur Qualifikation als wohlerworbenes Recht gegeben sein müssen, wie auch der daraus resultierende Vertrauens- und Eigentumsschutz sind – trotz den Grossvater-Rechten – nicht gegeben.

4. Rechtsnatur der Slots in Kanada

Bis zum Jahr 2002 standen die Slots in Kanada grundsätzlich im Eigentum des jeweiligen Flughafens[367]. Die Allokation dieser Slots wurde einzig durch die IATA WSG bestimmt, einschlägige nationale Rechtsnormen waren in Kanada nicht bekannt. Seit dem Jahre 2002 wird nun der Canada Airports Act vorbereitet[368].

Inhalt dieses sich in Vernehmlassung befindlichen Rechtsaktes ist unter anderem die Festsetzung der Rechtsnatur der Slots. Gemäss Canada Airports Act soll nach dessen Inkrafttreten gelten:

364 Vgl. Art. 10 Abs. 2 EWG Nr. 95/93, zuletzt geändert durch Verordnung (EG) Nr. 793/2004 und KOM 2001 335, S. 8.

365 Eine Durchsetzungsmöglichkeit des Slotrechts bei einem Entzug oder eine Pünktlichkeitsgarantie stand den Fluggesellschaften gemäss EWG Nr. 95/93 (ursprüngliche Fassung) nicht zu, KNIEPS, Slothandel, S. 8. Auch die revidierte Slotverordnung verschafft dem Luftfahrtunternehmen keinen Rechtsanspruch, KOM 2001 335, S. 8.

366 Zumindest bezogen auf das schweizerische Recht, vgl. MÜLLER, Fn 46: „Die Voraussetzungen für die Qualifikation als wohlerworbene Rechte sind streng: ihre Unabänderlichkeit muss ausdrücklich auf dem Wege der Gesetzgebung oder individuell zugesichert worden sein".

367 Fachgespräch mit WYNNE-JONES MARIKA, Koordination Vancouver Kanada.

368 Canada Airports Act, Bill C-27, Status: noch nicht in Kraft getreten; zweite Lesung des House of Commons am 7. Mai 2003 abgeschlossen.

„Slots are the property of Her Majesty in right of Canada"[369]. Alle Slots gelangen demnach in staatliche Eigentümerschaft.

Der vom Transportminister ernannte Slotkoordinator[370] erhält die Möglichkeit, Slots den Fluggesellschaften gemäss kanadischen Richtlinien oder aber – explizit erwähnt – gemäss WSG der IATA zu entziehen[371]. Darüber hinaus wird verdeutlicht, dass die Slots den Fluggesellschaften nicht im Sinne eines Eigentums zustehen und weder verkauft noch übertragen werden dürfen[372]. Einzig ein Ausleihen, welches ohne begleitende Zahlungen abgewickelt wird sowie der Austausch eines Slots gegen einen anderen, sind erlaubt[373].

5. *Rechtsnatur der Slots in den USA*

Auch in den USA, welche auf einigen Flughäfen einen (teilweise) beschränkten Slothandel für zulässig erklärt hat[374], ist die Rechtsnatur der Slots nicht eindeutig geklärt. Die Federal Aviation Agency (nachfolgend „FAA"[375]) hat auf dem Verordnungswege geregelt, dass Slots ein Nutzungsrecht darstellen, welches uneingeschränkter behördlicher Kontrolle unterliegt. Sie bezeichnen die Zeitnischen als „Privileg zur Durchführung von Diensten". „Slots do

369 C. 27 Canada Airports Act.

370 „If the Minister designates an airport as an airport requiring slot allocation or if the air carriers operating at an airport, after consultation with the airport operator, decide that slot allocation is desirable, the air carriers and the airport operator may, by agreement, select a slot coordinator", C. 29 Abs. 1 Canada Airports Act.

371 „The slot coordinator must [...] withdraw slots in accordance with the regulations or, if there are no regulations, in a manner consistent with the slot allocation procedures applied by the international air transport industry", C. 30 Abs. 1 Canada Airports Act.

372 „No person who has been allocated a slot may sell or transfer it. Any sale or transfer of a slot is without any effect", C. 33 Abs. 1 Canada Airports Act.

373 „A person who has been allocated a slot may, in accordance with the regulations, lend the slot free of charge to another person or exchange it for another slot", C. 33 Abs. 2 Canada Airport Act.

374 14 CFR § 93.223a.

375 Die FAA ist die in den USA für den Luftverkehr zuständige Behörde. Sie ist Teil des Departement of Transportation.

not represent a property right, but represent an operation privilege, subject to absolute FAA-Control."[376] Die FAA beruft sich dabei auf ein Gesetz, wonach „no certificate shall confer any proprietary, property or exclusive right in the use of any airspace, federal airway, landing area or air-navigation facility."[377]

Die FAA teilt Start- und Landeslots den Fluggesellschaften zu und kann, wenn das Gemeinwohl dies erfordert, diese Zuteilungen widerrufen[378]. Fehlen Slots für die Durchführung von Flügen des so genannten „Essential-Air-Service"[379] (nachfolgend „EAS"), entzieht die FAA Slots[380] und teilt sie jenem Luftfahrtunternehmen zu, welches den EAS anbieten möchte. Slots, die für EAS-Strecken vergeben wurden, können danach allerdings nicht ohne Zustimmung des Verkehrsministeriums transferiert werden[381].

Die amerikanische Rechtsprechung ist bezüglich der Möglichkeit, Eigentum an Slots zu erwerben, nicht einheitlich. In einigen Entscheiden verneinten die Gerichte ein Eigentum an Slots. Erwähnenswert in diesem Zusammenhang ist ein Leitentscheid des 5. Court of Appeal, der so genannte „Braniff-case". Im Braniff-Fall wurde die geplante Umstrukturierung einer Fluggesellschaft in zweiter Instanz untersagt, da die Transaktion eine Verschiebung des Betriebsvermögens an eine Nachfolgegesellschaft ohne Absicherung der Gläubiger bedeutet hätte[382]. Die Vorinstanz hatte die

376 14 C.F.R. § 93.223.a.

377 49. U.S. Code Sec. 1371 I.

378 14 C.F.R. § 93.223.

379 Bei Essential Air Service-Flügen handelt es sich um Flüge, mit denen abgelegene amerikanische Gemeinden bedient werden; vgl. S. 120f. hinten.

380 Vgl. 14 C.F.R. § 93.219; CORNELIUS, S. 202.

381 14 C.F.R. § 93.219.a; STARKIE, Slot Trading, S. 13.

382 Die Fluggesellschaft unterlag dem U.S. Code Title 11 (Bancruptcy Code), Chapter 11, Subchapters I–III. Fluggesellschaften, die sich im Verfahren des „Chapter 11" befinden, geniessen nicht nur den Vorzug der Schuldenrestrukturierung, sondern vor allem die Aussetzung der geltenden Tarifverträge, vgl. 11 U.S. Code § 1113. Zudem können die Pensionskassenverpflichtungen an den Staat abgeschoben werden, vgl. 11 U.S. Code § 1114. Am 14. September 2005 hat Delta Air Lines um Gläubigerschutz gemäss „Chapter 11" nachgesucht, CLEIS, Delta Airlines, S. 21. Ebenfalls am 14. September 2005, kurze Zeit nach dem Gesuch der Delta Air Lines, hat auch Northwest Airlines einen Antrag eingereicht. Nebst den beiden erwähnten Fluggesellschaften befinden

Slots für ein geschütztes Eigentum des Konkursschuldners gehalten, währenddem die Berufungsinstanz daran festhielt, dass den Fluggesellschaften zugeteilte Slots nicht den Charakter von Eigentumsrechten besitzen: „the slots are actually restrictions on the use of property-airplanes, not property in themselves“[383].

Die Ansicht der FAA und der meisten US-amerikanischen Gerichte wird jedoch nicht einhellig von allen rechtsprechenden Instanzen sowie der Literatur getragen. In mindestens zwei Entscheiden[384] haben US-amerikanische Richter-Gremien den Fluggesellschaften ein Eigentumsrecht zugesprochen, jedenfalls bis zu jenem Moment, als die Slots von der FAA eingezogen wurden.

In beiden Entscheiden ging es darum, dass die Richter-Gremien Slots als zur Konkursmasse eines Luftfahrtunternehmens gehörend und somit als Eigentum des Gemeinschuldners betrachteten. Obwohl es sich hierbei nur um zwei Entscheide handelt, ist der (Eigentums-)Schutz der Slots für die Luftfahrtunternehmen in den USA deutlich stärker als in Europa. Festzuhalten ist, dass sich diese Aussagen nur auf Slots der vier High Density Rule Flughäfen beziehen, auf die später vertieft eingegangen wird.

Überdies ist hinsichtlich der Stellung, die geschützt wird, zu differenzieren. In Bezug auf das Verhältnis zwischen einer Fluggesellschaft und der FAA ist auch in den USA kein Eigentumsrecht des Luftfahrtunternehmens zu befürworten. Hauptgrund dafür ist

---

sich unter anderem auch United Airlines sowie US Airways im Sanierungsverfahren, CLEIS, Delta und Northwest, S. 21. „Während die US Airways demnächst aus ihrem zweiten ‚Chapter 11‘-Verfahren heraustreten wird und sich mit America West Airlines zusammenschliessen wird, hat United Airlines […] einen Sanierungsplan vorgelegt, der aber noch äusserst umstritten ist. Am 17. Oktober 2005 tritt das neue Konkursgesetz in Kraft, welches die Fristen für eine Sanierung deutlich verkürzt“, CLEIS, Delta Airlines, S. 21.

383 Re Braniff Airways Inc., U.S. Court of Appeals, 5th Circuit, March 2, 1983, 17 Avi., 700 F 2d 935; vgl. hierzu auch TSCHENTSCHER/KOENIG, S. 220; BERNAUW, S. 26; GRUNDMANN, S. 62; vgl. auch Northwest Airlines Inc. V. Neil E. Goldschmidt, Secretary of the Department of Transportation, 8th Circuit 1981, 645 F 2d 1309.

384 McClain Airlines Inc. vs. FAA 80 B.R. 175, 179, Bankruptcy No. B-87-1053-PHX-GBN U.S. Bankruptcy C.D. Arizona, 20. Nov. 1987.

die Tatsache, dass die FAA einen Slot jederzeit einziehen kann[385]. Im Verhältnis zu Privaten oder anderen Luftverkehrsgesellschaften steht dem berechtigten Luftfahrtunternehmen hingegen ein eigentumsähnliches Recht zu, da sie den Slot nicht nur benutzen, sondern damit überdies auch damit handeln kann[386].

Die in der Literatur zur Frage der Eigentumsqualität von Slots auf den HDR-Flughäfen geäusserten Ansichten sind unterschiedlich: Während die Autoren Bennet[387], Langner[388], Wendlik[389] und Hüschelrath[390] zumindest de facto von einer Eigentümerstellung ausgehen, sprechen Brachmann[391], Tschentscher/Koenig[392] und Woerz[393] den Luftverkehrsgesellschaften auch gemäss amerikanischem Recht keine Eigentümerstellung zu. Auch Starkie hält fest: „there are no proprietary rights to slots“[394].

Einleuchtend ist die Argumentation von Grundmann[395], die aufzuzeigen vermag, dass aufgrund der jederzeitigen Einziehbarkeit sowie der fehlenden Gegenleistungspflicht der Luftfahrtunternehmen bei Erhalt eines Slots, kein eigentliches Eigentum vorliegen kann. Dass hingegen in den USA im Verhältnis zu anderen Privaten ein weitläufigerer Schutz als in Europa gewährt wird, wird von ihr – meines Erachtens zu Recht – anerkannt. Im Unterschied zur rechtlichen Situation in der EG besteht hinsichtlich der Slots in den USA im Verhältnis von Privaten untereinander eine eigentumsähnliche Stellung.

385 Die Möglichkeit der Einziehung der Slots steht der FAA gestützt auf 14 C.F.R. § 93.223 zu.
386 Grundmann, S. 64.
387 Bennet, S. 1 ff.
388 Langner, Allocation of Slots, S. 176.
389 Wendlik, S. 149.
390 Hüschelrath, S. 59.
391 Brachmann, S. 189.
392 Tschentscher/Koenig, S. 219 ff.
393 Woerz, S. 46.
394 Starkie, Allocating Airport Slots, S. 114.
395 Grundmann, S. 65.

6. *Fazit*

In der revidierten Slotverordnung wird erstmals klargestellt, dass in der EG an Slots keine Eigentumsrechte bestehen können. Die Verordnung hält in Art. 2 lit. a fest, dass ein Slot die *Erlaubnis* beinhaltet, die Flughafeninfrastruktur in limitiertem Rahmen zum Starten und Landen zu be*nutzen*. Um diese Nutzung perpetuieren zu können, müssen die Luftfahrtgesellschaften eine 80-prozentige Nutzung nachweisen. Andernfalls fällt das Slot-Recht zurück in den Pool und steht andern Fluggesellschaften zur Verfügung.

Die von der amerikanischen Rechtsprechung entwickelte pragmatische Lösung des Problems „rechtlicher Status eines Slots" wird sowohl der gesetzgeberischen Intention, kein Eigentum schaffen zu wollen, als auch dem praktischen Bedürfnis, Rechtsschutz gegenüber Dritten zu gewährleisten, gerecht[396]. In den USA wie auch in der EG handelt es sich bei Slots – wie nachfolgend erörtert wird[397] – um ein unter gewissen Bedingungen übertragbares Nutzungsrecht, welches klar weniger weit geht als das Nutzungsrechten eines Eigentümers.

396 SCHENK, S. 78.
397 Vgl. S. 87ff. hinten (EG) sowie S. 106ff. hinten (USA).

II. Übertragung von Slots

A. Zeitnischenmobilität gemäss revidierter Slotverordnung

1. Ausgangslage

In jahrelanger Arbeit wurde die Verordnung (EWG) Nr. 95/93 über gemeinsame Regeln für die Zuweisung von Zeitnischen auf Flughäfen in der Gemeinschaft revidiert, um den heutigen wirtschaftlichen Gegebenheiten gerecht zu werden. Im Zentrum der Bemühungen stand der Wille, dem in der Praxis existierenden wirtschaftlichen Wert von Slots Rechnung zu tragen und Neuanbietern den Marktzugang zu erleichtern[398]. Damit einher ging eine grundsätzliche Diskussion der Übertragungsformen sowie einer möglichen Einführung eines freien Slotmarktes. Beeinflusst wurde diese Liberalisierungs-Diskussion durch die einschlägigen Erfahrungen der USA.

Gemäss europäischer Slotverordnung können Zeitnischen einerseits übertragen und andererseits getauscht werden[399]. Die Bestimmungen in Art. 8a EWG Nr. 95/93, zuletzt geändert durch Verordnung (EG) Nr. 793/2004, sind zwar präziser als der Wortlaut von Art. 8 Abs. 4 f. EWG Nr. 95/93[400] gemäss ursprünglicher Fassung, lassen jedoch noch immer Interpretationsspielraum offen. Überdies herrscht grosse Diskrepanz zwischen der Auslegung durch die Europäische Kommission und jener der Koordinatoren, die für den Vollzug der Verordnung zuständig sind.

398 GRUNDMANN, S. 197.

399 Art. 8a Abs. 1 EWG Nr. 95/93, zuletzt geändert durch Verordnung (EG) Nr. 793/2004.

400 Vgl. u. a. Art. 8a Abs. 1 EWG Nr. 95/93, zuletzt geändert durch Verordnung (EG) Nr. 793/2004.

Auch die revidierte Fassung der Slotverordnung klärt nicht explizit, ob ein Slottausch von Zahlungen begleitet sein darf. Während der zweite Vorschlag der Europäischen Kommission zur Änderung der Slotverordnung Ausgleichszahlungen verboten hat[401], ist dieser Ausschluss in der endgültigen Fassung EG Nr. 793/2004 nicht mehr zu finden. Dieser Verzicht stellt eine Konzession an Grossbritannien dar[402], welches Zahlungen bereits seit längerem akzeptiert. Eine in dieser Hinsicht restriktive Fassung der Slotverordnung wäre wohl daher bei Grossbritannien auf Ablehnung gestossen.

2. *„Übertragung" von Slots*

a) Grundlagen

Während beim später thematisierten Tausch[403] die Slots von einer Luftfahrtgesellschaft auf eine andere übertragen werden, spielt sich die Übertragung von Slots innerhalb einer einzigen Luftfahrtgesellschaft ab. Eine Übertragung von Slots kommt dann in Frage, wenn die andersartige Nutzung eines Slots innerhalb ein und desselben eigenen oder übernommenen Luftverkehrsunternehmens, innerhalb von Konzernstrukturen (Mutter-/Tochter- sowie Schwesterngesellschaften) oder aber bezüglich eines Luftverkehrsunternehmens, auf welches direkten Einfluss via Kapital ausgeübt werden kann, zur Diskussion steht.

„In contrast to the exchange is the so called transfer, that is permitted only when a carrier wants to use one of his slots for a different type of service."[404] Die Übertragung kann somit nicht bezüglich voneinander unabhängiger Fluggesellschaften stattfinden. Im Gegensatz zum Tausch ist bei der Übertragung hingegen keine Gegenleistung gefordert.

401 Art. 8a Abs. 2 KOM 2001 335.
402 Fachgespräch mit STOCKMANN ULRICH, Berichterstatter der Slotverordnung für das Europäische Parlament.
403 Vgl. S. 91 ff. hinten.
404 MAFFEO, Slot Trading, S. 1591.

b) Übertragung von Slots innerhalb eines Luftfahrtunternehmens

Gemäss europäischer Slotverordnung können Zeitnischen von einem Luftverkehrsunternehmen von einer Strecke oder einer Verkehrsart auf eine andere Strecke oder Verkehrsart übertragen werden, die von demselben Luftverkehrsunternehmen betrieben werden[405].

aa) Strecken-Wechsel

Die Übertragung eines Slots von einer Strecke auf eine andere bedeutet, dass innerhalb desselben Luftverkehrsunternehmens, also beispielsweise innerhalb der Swiss eine Zeitnische, die bis anhin für die Strecke Zürich – London Heathrow verwendet wurde, neu für die Streckenführung Zürich – Rom Fiumicino benutzt wird.

Zu beachten ist jedoch, dass die Swiss in diesem Falle in Rom einen Landeslot beantragen muss und allenfalls überdies einen neuen Landeslot in Zürich für den Rückflug aus Rom benötigt.

bb) Verkehrsart-Wechsel

Ebenfalls erlaubt ist die Umnutzung eines Slots innerhalb eines Luftfahrtunternehmens von einer Verkehrsart auf eine andere. In der Praxis wird unterschieden zwischen den drei Verkehrsarten Linienflug, Charterflug[406] und Frachtflug.

405 Art. 8a Abs. 1 lit. a EWG Nr. 95/93, zuletzt geändert durch Verordnung (EG) Nr. 793/2004.

406 Aus wirtschaftlicher Sicht stellt die Nachfrageorientierung das Hauptcharakteristikum des Charterfluges dar. Flüge werden nur während jenen Wochen oder Monaten durchgeführt, in denen eine erhöhte Nachfrage – hauptsächlich durch Urlauber – besteht. Einer der Hauptvorteile des Charterverkehrs bestand früher darin, dass er nicht den zweiseitigen Luftverkehrsabkommen unterlag und somit keinen Kapazitätsregelungen ausgesetzt und zudem nicht an feste Tarife gebunden war. Damit genoss der Charterverkehr weitreichende Freiheiten, die der europäische Binnenmarkt erst 1993 auch dem Linienverkehr zukommen liess. Aufgrund dieser Liberalisierung haben sich die Grenzen zwischen Charter- und Linienverkehr hingegen weitgehend verwischt, vgl. SPAETH, S. 17f.

Unterschiede zwischen dem Linien- und dem Charterluftverkehr sind jedoch – wie bereits erwähnt – nur noch schwerlich auszumachen, da es sich heute bei Charterflügen mehr um eine „Vertriebsform" denn um eine Vertriebsart der Linienflüge handelt[407].

c) Weitere zulässige Übertragungsformen

Die revidierte Slotverordnung statuiert, dass Slots zwischen Mutter- und Tochter- sowie zwischen Tochtergesellschaften derselben Muttergesellschaft frei transferiert werden können[408]. Ausserdem erwähnt die Verordnung ausdrücklich, dass Slots aufgrund des Erwerbs der Kontrolle des Kapitals übertragen werden können[409].

Des Weiteren besteht gemäss europäischer Slotverordnung[410] die Möglichkeit, dass Slots als Folge einer völligen oder teilweisen Übernahme übertragen werden. Dieser Passus stellt klar, dass im Falle eines Aufkaufs einer Fluggesellschaft, deren Slots der neuen Besitzerin zustehen und nicht in den Slotpool fliessen[411].

Diese Klarstellung hat seine Berechtigung darin, dass bei einer völligen oder teilweisen Übernahme einer Luftverkehrsgesellschaft deren Slotportfolio den Übernahmepreis stets nachhaltig beeinflusst, wenn nicht gar den entscheidenden Grund für die Übernahme darstellt[412].

407 Fachgespräch mit ULRICH CLAUS, Koordinator Deutschland.

408 Art. 8a Abs. 1 lit. b i EWG Nr. 95/93, zuletzt geändert durch Verordnung (EG) Nr. 793/2004. Der Zusatz, wonach Slots nicht nur zwischen Mutter- und Tochtergesellschaften, sondern auch zwischen Tochtergesellschaften derselben Muttergesellschaft übertragen werden können, wurde aufgrund eines von der Kommission akzeptierten Änderungsvorschlag des Europäischen Parlaments in die Verordnung aufgenommen, vgl. Art. 8a Abs. 1 lit. b i und S. 5 KOM 2002 623.

409 Art. 8a Abs. 1 lit. b ii EWG Nr. 95/93, zuletzt geändert durch Verordnung (EG) Nr. 793/2004.

410 Art. 8a Abs. 1 lit. b iii EWG Nr. 95/93, zuletzt geändert durch Verordnung (EG) Nr. 793/2004.

411 BALFOUR, Slots for Sale, S. 111.

412 GIEMULLA/SCHMID, S. 264.

3. *„Tausch" von Slots zwischen zwei Luftfahrtunternehmen*

Gemäss Slotverordnung existiert die Möglichkeit, dass Luftverkehrsunternehmen Slots frei austauschen können[413]. Hält beispielsweise die Swiss einen Slot in Paris um 14.00 Uhr, kann sie diesen gegen einen Slot der Air France in Paris um 20.00 Uhr tauschen. Im Endeffekt hält die Swiss den Slot in Paris um 20.00 Uhr und die Air France den Slot in Paris um 14.00 Uhr. In diesem Falle werden bei einem Slottausch alle angestammten Grossvater-Rechte ebenfalls übertragen[414]; das heisst, die Swiss hat nun – bei genügender durchschnittlicher Jahresnutzung von 80 Prozent[415] – das Recht, den Slot in Paris um 20.00 Uhr in der nächsten Flugplanperiode prioritär zugeteilt zu erhalten.

Festzuhalten bleibt jedoch, dass der Wortlaut dieser Bestimmung – obwohl im Gegensatz zur ursprünglichen Fassung der Verordnung (EWG) Nr. 95/93 überarbeitet – Fragen offen lässt: Es fehlt die Klarstellung, ob ein Slothandel zulässig ist. „Problematisch erscheint [...] die Streichung des Verbots eines Handels mit Zeitnischen durch den Rat."[416] Die Möglichkeit, diese Norm mehrdeutig auszulegen, hat der Gesetzgeber auch in der Novelle der Slotverordnung nicht eliminiert. Auch aufgrund der neuen Slotverordnung bleibt somit offen, ob den Slottausch begleitende Zahlungen toleriert werden.

a) Tauschobjekt und beteiligte Parteien

Aus Art. 8a Abs. 1 lit. c EG Nr. 793/2004 (ehemals Art. 8 Abs. 4 EWG Nr. 95/93) „Zeitnischen können [...] getauscht werden, und zwar einzeln zwischen Luftfahrtunternehmen", lässt sich ableiten, dass ein Tausch nur in Frage kommen kann, wenn beide tauschwilligen Fluggesellschaften bereits Slots besitzen[417]. Aus dem Wort „Tausch" geht zudem hervor, dass eine Slotübertragung nur in

413 Art. 8a lit. c EWG Nr. 95/93, zuletzt geändert durch Verordnung (EG) Nr. 793/2004.
414 Vgl. auch HÜSCHELRATH, S. 166.
415 Vgl. S. 47ff. vorne.
416 STOCKMANN, Empfehlung, S. 8.
417 HÜSCHELRATH, S. 166.

Schranken vorgenommen werden kann und die Bestimmung eng auszulegen ist. Ein Tausch beinhaltet den Austausch zweier oder mehrerer Güter. Die Möglichkeit, eine Sache (hier einen Slot) gegen Geld zu wechseln, widerspricht dem Inhalt der Begriffes Tausch[418]. Ein Austausch Geld versus Slot kann somit nicht Gegenstand des in der Slotverordnung Gemeinten sein.

Auch ein Austausch eines Slots gegen ein anderes Gut ist durch die Slotverordnung unterbunden worden[419], ist doch explizit ein *einzelner* Austausch von *Zeitnischen* vorgeschrieben.

Die Verordnung erlaubt somit keine einseitige Übertragung eines Slots von einem Luftverkehrsunternehmen auf ein anderes[420]. Eine derartige Übertragung könnte letztlich bereits die Vorstufe eines bisher von der Slotverordnung nicht vorgesehenen Handels mit Zeitnischen bedeuten. Zudem würde sie den praktischen Nutzen der Vorschriften über den Slotpool, insbesondere die in Art. 10 Abs. 6 der Slotverordnung vorgesehene Förderung von Neubewerbern, erheblich reduzieren[421].

b) Tauschverhältnis

Während in der früher geltenden Slotverordnung nicht explizit auf ein bestimmtes Tausch-Verhältnis hingewiesen wurde, setzt die Verordnungsnovelle einen „einzelnen“ Austausch der Slots voraus[422]. Bereits im Verordnungsentwurf war ein Eins-zu-Eins-Verhältnis explizit statuiert worden: „Slots können im Verhältnis eins zu eins zwischen Fluggesellschaften getauscht werden.“[423]

418 Vgl. Huguenin, S. 1: Beim Tauschvertrag erfolgt die Gegenleistung nicht in Geld als Gattungsschuld, sondern in Form anderer Sachen, Rechte oder wirtschaftlicher Vorteile. Nur wenn die Geldstücke individuell bestimmt sind (z. B. Sammlermünzen), handelt es sich ebenfalls um einen Tausch. Vgl. auch Honsell, S. 183.

419 Vgl. Art. 8a Abs. 1 lit. c EWG Nr. 95/93, zuletzt geändert durch Verordnung (EG) Nr. 793/2004.

420 Vgl. hierzu nächster Abschnitt.

421 Niejahr, S. 61.

422 Art. 8a Abs. 1 lit. c EWG Nr. 95/93, zuletzt geändert durch Verordnung (EG) Nr. 793/2004.

423 Art. 8a Abs. 1 lit. d KOM 2002 623.

Ob diese Formulierung allerdings ausreicht, um die bestehenden Unsicherheiten betreffend das Tauschverhältnis zu lösen und ob sie keinen Interpretationsspielraum offen lässt, ist fraglich.

Das Interesse an ungleichen Tauschvorgängen ist in der Praxis klar vorhanden. Der Grund dafür wird wohl in den allermeisten Fällen in einer ungleichen Wertzumessung zweier oder mehrerer Slots liegen. Jene Fluggesellschaft, die den „wertvolleren" Slot innehält, wird nicht bereit sein, ihn gegen einen weniger lukrativen auszutauschen. Sie wird darauf bestehen, dass durch die Beigabe eines oder mehrerer weiteren Slots die Balance wiederhergestellt oder aber eine finanzielle oder andersartige Entschädigung ausgerichtet wird.

Die EG-Kommission hielt ihrerseits jedoch bereits unter der alten Slotverordnung für zutreffend, dass einzig ein Tausch auf der Basis Eins-zu-Eins, also ein so genannter Slot-Swap, zulässig sei[424]. Auch in der Praxis handhabten alle EG-Staaten diesen Passus entsprechend. Belgien begründete die Durchsetzung eines strikten Eins-zu-Eins-Verhältnisses bereits früher damit, dass es keine „guten und schlechten" Slots gebe; ein ungleiches Tauschverhältnis könne nicht existieren. Jeder Slot beinhalte für gewisse Konstellationen seine Vorteile. Ein Slot in den frühen Morgenstunden erlaube beispielsweise eine drei bis viermalige Abwicklung eines Europafluges; ein später Abendslot andererseits komme den Geschäftsleuten entgegen[425].

Klarheit herrscht hingegen hinsichtlich des so genannten Ringabtauschs[426]. Sofern die beteiligten Fluggesellschaften sich einig sind, ist dagegen nichts einzuwenden: Diese Variante, bei der nicht nur Slots eines Flughafens oder eines Flughafensystems getauscht werden, sondern zwei Fluggesellschaften Slots unterschiedlicher Flughäfen miteinander tauschen, wird aufgrund der revidierten Slotverordnung nicht unterbunden[427].

424 LANGNER, Allocation of Slots, S. 155.

425 Fachgespräch mit CODDÉ EDWIN, Koordinator Belgien.

426 Bei einem Ringabtausch handelt es sich um eine Konstellation, wonach beispielsweise die Fluggesellschaft A einen Slot in Frankfurt und einen Slot in Berlin gegen Slots des Luftfahrtunternehmens B in Frankfurt und Berlin tauscht.

427 Fachgespräch mit ULRICH CLAUS, Koordinator Deutschland.

Meines Erachtens ist wohl – gerade beim Fehlen eines expliziten Verbotes begleitender Zahlungen in der Slotverordnung[428] – davon auszugehen, dass zumindest das Tauschverhältnis von Eins-zu-Eins eingehalten werden muss, solange die Verordnung ein Handel mit Slots unterbinden will. Wären nämlich sowohl begleitende Zahlungen als auch ungleiche Tauschverhältnisse zulässig, könnte von einem generellen Slothandelsverbot nicht mehr die Rede sein.

c) Keine Nutzungsverpflichtung im Anschluss an einen Tausch

Eine Verpflichtung, wie sie der zweite Änderungsvorschlag der Kommission enthielt, wonach ein Slot nach erfolgtem Tausch effektiv zu nutzen sei, ansonsten der Tausch hinfällig werde[429], entfiel in der endgültigen Fassung der revidierten Slotverordnung. Dies stellte ebenfalls eine Konzession an Grossbritannien dar, welches auf diese Weise seine Praxis, Tauschvorgänge, die mit einer Rückgabe ungenutzter Slots in den Pool einhergehen, zu tolerieren, beibehalten konnte.

d) Begleitende Zahlungen

Auch die neue Slotverordnung lässt offen, ob es zulässig ist, für einen getauschten Slot zu bezahlen[430]. Das Schweigen des Gesetz-

428 Vgl. S. 94 ff. hinten.

429 Art. 8a Abs. 1 lit. d KOM 2002 623.

430 Art. 8a EWG Nr. 95/93, zuletzt geändert durch Verordnung (EG) Nr. 793/2004. Gemäss KOM 2001 335, S. 11, ist jedoch „jede andere Form der Übertragung von Zeitnischen einschliesslich der Verpachtung von Zeitnischen zwischen Luftfahrtunternehmen mit oder ohne finanziellen Austausch" verboten. Gemäss Art. 8a Abs. 2 können nämlich Zeitnischen, ausser unter Mutter- und Tochtergesellschaften, sowie Tochtergesellschaften derselben Muttergesellschaft, bei Erwerb der Kontrolle des Kapitals eines Luftfahrtunternehmens sowie bei vollständigen oder teilweisen Übernahmen, wenn die übertragenen Zeitnischen direkt mit dem übernommenen Luftfahrtunternehmen verbunden sind, mit oder ohne finanziellen Ausgleich zwischen Luftfahrtunternehmen oder solchen und anderen Körperschaften nicht übertragen werden, da in KOM 2002 623 noch ein ausdrückliches Verbot einer Übertragung (ausser in den Fällen von Art. 8a Abs. 1 lit. b) mit oder ohne

gebers lässt die Frage aufkommen, ob allenfalls ein Tausch mit kompensierenden Zahlungen rechtlich zulässig sei[431].

Bezüglich der ursprünglichen Slotverordnung ging Balfour davon aus, dass ein Austausch von Slots, der mit einer wirtschaftlichen Kompensation einherging, nicht erlaubt war[432]. Auch Viehhoff/Jones/Mark[433] waren der Ansicht, dass begleitende Zahlungen nicht erlaubt seien und führen ins Feld, dass es gerade Sinn und Zweck der Verordnung sei, nur in etwa gleichwertige Slots zum Tausch zuzulassen. Brachmann[434] und Borrmann[435] gingen davon aus, dass Art. 8 Abs. 4 EWG Nr. 95/93, lediglich den unentgeltlichen Tausch von Slots erfasse und begleitende Zahlungen aus diesem Grunde nicht erlaubt seien. Auch die früheren EG-Kommissare Neil Kinnock[436] und Karel van Miert[437] hatten sich in der Richtung geäussert, dass eine Übertragung von Slots nicht von Zahlungen begleitet sein durfte. Maffeo[438] hingegen setzte sich klar dafür ein, dass ein Slottausch mit wirtschaftlicher Kompensation zulässig sei. Starkie legte das Fehlen eines expliziten Kompensationsverbotes in der Slotverordnung so aus, dass ein Slottausch aufgrund begleitender Geldzahlungen nicht unterbunden werden könne: „trading, whereby an exchange of slots of unequal value is accompanied by a side-payment, does not appear to contravene the letter of the E.C. regulation“[439].

---

finanziellen Ausgleich statuiert worden ist. Art. 8a Abs. 2 KOM 2002 623 statuierte ebenfalls noch ein Verbot finanziellen Ausgleichs (der Wortlaut der Norm entsprach exakt jenem von Art. 8a Abs. 2 KOM 2001 335. Dieses Verbot des finanziellen Ausgleichs wurde jedoch in der Endfassung der Slotverordnung EWG Nr. 95/93, zuletzt geändert durch Verordnung (EG) Nr. 793/2004 eliminiert.

431 Morrisroe/Cole, S. 12: „The amended Regulation clarifies the issue of transfers and exchanges and remains silent on the question of artificial ‚exchanges' ‚that allow slots to be bought or sold'“.

432 Balfour, Who Owns Slots, Note 67.

433 Viehoff/Jones/Mark, S. 42.

434 Brachman, S. 239.

435 Borrmann, S. 678, 683.

436 Financial Times, 26. März 1999, S. 20.

437 Aviation Daily, 30. März 1999, S. 1.

438 Maffeo, Contratti di Compravendita, S. 668.

439 Starkie, Recent Developments, S. 109.

Das ausdrückliche Schweigen des Gesetzgebers bezüglich begleitender Zahlungen in der revidierten Slotverordnung[440] lässt die Vermutung zu, dass so genannte „Artificial Exchanges[441]" geduldet werden: obwohl sich der Gesetzgeber vor dem Erlass der Verordnung bewusst war, dass begleitende Zahlungen eine äusserst umstrittene Problematik darstellen, hat er auf ein explizites Verbot verzichtet.

Zu beachten ist überdies, dass es nicht zur Aufgabe der Koordinatoren gehört, jeden Slottausch – über die Vorgaben gemäss Slotverordnung hinausgehend – zu überprüfen[442]. Eine derartige Klausel ist ungeachtet anfänglicher Bestrebungen nicht in der revidierten Slotverordnung verankert worden. Die Koordinatoren überprüfen hingegen nach jedem Abtausch, ob die Slots vom neuen Inhaber effektiv benutzt oder aber umgehend dem Slotpool zugeführt werden[443].

aa) Tausch-Kompensation in Grossbritannien – „Artificial Exchanges"

Auf etlichen Flughäfen der Gemeinschaft kommen – dessen sind sich die Koordinatoren bewusst – begleitende Zahlungen vor, auch wenn ihre Zulässigkeit teilweise angezweifelt wird. Sofern diese Zahlungen allerdings vom Koordinator nachgewiesen werden, hat dies zur Konsequenz, dass ein Slottausch nicht bestätigt wird und somit keine Wirksamkeit hat[444]. Bis anhin ist Grossbritannien der einzige EG-Mitgliedstaat, welcher kompensierende Zahlungen auf gewissen Flughäfen offiziell zulässt[445].

440 Vgl. Memorandum for the IATA Schedules Conference for Northern Winter 2004, Attachment E, Art. 8a, Slot Mobility, WSG 2003, S. 15.

441 Vgl. S. 96 hinten.

442 Fachgespräch mit Ulrich Claus, Koordinator Deutschland.

443 Fachgespräch mit Hunziker Roland, Slot Coordination Switzerland und Ulrich Claus, Koordinator Deutschland.

444 Art. 8a Abs. 2 EWG Nr. 95/93, zuletzt geändert durch Verordnung (EG) Nr. 793/2004 sowie Fachgespräch mit Coddé Edwin, Koordinator Belgien.

445 O'Connell, S. 1 ff.: „Slot trading at Heathrow has gone on for years, much to the displeasure of some officials in Brussels, who believe, such secondary trading is illegal."; vgl. auch Fachgespräch mit Morrisroe Peter, Koordinator Grossbritannien.

Der englische Koordinator unterscheidet grundsätzlich zwei verschiedene Arten des Tauschhandels. Einerseits existiert der reguläre „Slot-Swap“, wie ihn alle europäischen Staaten kennen, der sich im Verhältnis Eins-zu-Eins abspielt und ohne Ausgleichszahlungen einhergeht[446].

Andererseits existiert in Grossbritannien der so genannte „Artificial Exchange“: Dabei tauschen die Fluggesellschaften einen Slot gegen einen anderen, vereinbaren jedoch zusätzlich einen Preis für einen der Slots. Diese Ausgleichszahlungen werden vom Koordinator akzeptiert. Die Bestätigung bleibt im Falle eines Artificial Exchanges nur dann aus, wenn aufgrund der Infrastruktur des Flughafens der Tausch nicht bewältigt werden kann; dies ist beispielsweise dann der Fall, wenn nach einem Slot-Wechsel die Fluggesellschaft den Flughafen mit einer Boeing 747 anstelle eines kleinen Embraers anfliegen möchte, die Kapazität des Flughafens zur Aufnahme einer derart grossen Anzahl von Passagieren respektive eines derart grossen Flugzeugs nicht ausreicht.

Artificial Exchanges finden in London Heathrow und in einem kleineren Ausmasse auch in London Gatwick statt. Stansted und Manchester, die beiden anderen koordinierten Flughäfen Grossbritanniens, kennen derartige Exchanges hingegen noch nicht[447].

bb) „Artificial Exchanges“ am Beispiel von Swiss und British Airways

Die Übertragung von acht täglichen Heathrow-Slots von der Swiss an British Airways im Zuge des damals geplanten One World Allianz-Beitritts im Jahr 2003 stellte einen Artificial Exchange dar. British Airways tauschte acht „wertlose“ Slots gegen acht „wertvolle“ Slots in Heathrow ein, die bis zu diesem Zeitpunkte von der Swiss gehalten wurden. Die Swiss liess die ihrerseits erhaltenen Slots umgehend in den Slotpool einfliessen. Im Gegenzug für die

446 Art. 8a Abs. 1 c EWG Nr. 95/93, zuletzt geändert durch Verordnung (EG) Nr. 793/2004.

447 Fachgespräch mit Morrisroe Peter, Koordinator Grossbritannien.

wertvollen Slots erhielt sie von British Airways eine Kreditgarantie über 50 Millionen Schweizer Franken[448].

Die Möglichkeit des Artificial Exchanges kam beiden Fluggesellschaften entgegen: Die Swiss war auf eine sofortige Finanzspritze angewiesen, British Airways wollte in London Heathrow möglichst viele zusätzliche Slots erhalten, da sie im Gegensatz zu den meisten anderen nationalen Fluggesellschaften[449] auf ihrem „Heimatflughafen" London Heathrow zur Zeit nur 37 Prozent aller Slots hält[450].

cc) Rechtsprechung: Der Fall „Regina"

Für die Praxis definiert der Fall Regina vs. Airport Coordination Ltd.[451] vor dem englischen High Court die wichtigsten Grundsätze zum Tausch von Slots. Zur Diskussion stand, ob bei einem Slot-Tausch wirtschaftliche Kompensationen erlaubt seien: Die Behörden der britischen Kanalinsel Guernsey bemängelten, die KLM

448 Mrusek, S. 11. Auf der Strecke Zürich – London sind die Preise besonders stark unter Druck geraten, da ab Genf die Strecke nach London von einem Billigflieger bedient wird. [Bei der besagten Billigairline handelt es sich um Easy Jet Airlines UK, die ab Genf einmal täglich den Flughafen London Luton bedient sowie Easy Jet Switzerland, die ebenfalls einmal täglich einen Flug nach London Gatwick anbietet; vgl. URL: http://www.gva.ch/fr/default.html (Stand: Januar 2005)]; vgl. auch British Airways/Swiss, Media Release: BA an Swiss agree commercial pact: „British Airways will support a CHF 50 million credit facility for SWISS, to be secured against slots at London Heathrow."

449 Vgl. z.B. die Lufthansa, die in Frankfurt ca. 60 Prozent aller Slots innehält. Fachgespräch mit Morrisroe Peter, Koordinator Grossbritannien.

450 Als British Airways vor Jahren weniger Slots in London Heathrow als gewünscht erhielt, baute sie sich einen „Second Hub" in London Gatwick auf. Dieses Vorhaben stellte sich jedoch als nicht besonders lukrativ heraus. British Airways versucht nun, möglichst vielen Fluggesellschaften Slots in Heathrow „abzukaufen", um sich wieder auf ihren „Primary Hub" konzentrieren zu können. Bei den Fluggesellschaften Lithuanian Airways und Avianca ist der Abtausch von Heathrow-, gegen Gatwick-Slots mit British Airways bereits geglückt. Fachgespräch mit Morrisroe Peter, Koordinator Grossbritannien.

451 Regina v. Airport Coordination ex parte The states of Guernsey Transport Board, High Court of Justice, Queen's Bench Division, 25. März 1999.

habe im Jahre 1997 Slots, die sie auf dem Flughafen London Heathrow hielt, an British Airways verkauft im Wissen darum, dass British Airways die Slots umgehend in den Pool zurückgeben und die Strecke Guernsey-London Heathrow[452] folgedessen nicht mehr bedient würde[453].

Grund für den Austausch der Slots zwischen der KLM resp. der Air UK[454] und British Airways war, dass sich die Air UK im Jahre 1997 entschieden hatte, ihre Heimatbasis von London Heathrow aus finanziellen Gründen nach dem günstigeren Flughafen London Stansted zu verlagern[455]. Daher tauschte sie die ihr für attraktive Verkehrszeiten zugeteilten Heathrow-Slots gegen dieselbe Zahl kommerziell wertloser, von British Airways gehaltener Slots.

Diesem Tausch stimmte die Airport Coordination Ltd., die englische Flughafenkoordination, im Dezember 1997 zu. Die von British Airways erhaltenen wertlosen Slots gab Air UK umgehend in den Slot-Pool zurück.

Guernsey machte im Prozess geltend, dem Slottausch hätte nicht zugestimmt werden dürfen, weil es offensichtlich gewesen sei, dass der Tausch nur pro forma erfolgt sei und in Wirklichkeit einen Kauf dargestellt habe. Es sei überdies von Anfang an klar gewesen, dass die Air UK sämtliche Flüge von Heathrow nach Guernsey einstellen würde.

Obwohl das Gericht es als „highly probable" erachtete, dass begleitende Zahlungen stattgefunden hätten, kam es zum Ergebnis, dass „freely exchanged" jedes Austauschmodell zulasse, soweit nur auf beiden Seiten nach Abwicklung des Geschäftes für den Verlust auch gleichzeitig auch ein Zugang neuer Slots zu ver-

452 London Heathrow gilt als einer der wichtigsten Hubs in Europa, Fachgespräch mit Morrisroe Peter, Koordinator Grossbritannien.

453 Bis zum Moment der Übertragung hatte die Air UK, eine Tochtergesellschaft der KLM, acht ihrer täglichen Slots in Heathrow dazu benutzt, einen Linienflug Guernsey-Heathrow anzubieten.

454 Vgl. auch Humphereys, S. 95f.

455 Die Heimatbasis auf einen kleineren Flughafen zu verlegen, kann sich für die Fluggesellschaften in finanziellen Belangen vorteilhaft auswirken. Fachgespräch mit Morrisroe Peter, Koordinator Grossbritannien.

zeichnen sei. Erst wenn keine neuen Slots zugeteilt werden, handle es sich nicht mehr um einen Tausch.

Guernsey hat dieses Urteil, welches bis heute als Präjudiz für die Akzeptanz von Begleitzahlungen betrachtet wird, nicht an die nächsthöhere Instanz weiter gezogen. Die Entscheidung des Britischen High Court anerkannte das faktische Bestehen eines Slot-Sekundärmarktes zumindest insoweit, als kompensierende Zahlungen in Grossbritannien zulässig sind[456]. Das Urteil bestätigt, dass, wenn eine Transaktion von Slots als „Übertragung" angemeldet wird, sie gemäss Slotverordnung zulässig ist und vom Koordinator anerkannt werden muss, unabhängig davon, ob die Transaktion von Geldzahlungen begleitet wird[457].

e) *Tausch und Übertragung in einem Schritt gemäss Slotverordnung*

Nach der Erörterung der beiden Slottransaktionstypen stellt sich in diesem Zusammenhang die Frage, ob es gemäss Slotverordnung zulässig ist, einen Slottausch sowie eine Slotübertragung in einem Schritt vorzunehmen. In diesem Falle würde der betreffende Slot nicht nur von einer anderen Luftverkehrsgesellschaft auf eine andere übertragen, sondern gleichzeitig auch für eine andere Streckenführung benutzt.

> The transfer of a slot from one carrier to another is seemingly not permitted by the EU-regulation, in fact this would mean that a slot is not being used by the carrier who is prepared to give it up and so such a slot should be withdrawn and inserted into the pool.[458]

Meines Erachtens hat ein solches Verbot in der Praxis jedoch beschränkte Auswirkungen. Wenn alle gemäss Slotverordnung geforderten Auflagen[459] einer Slotübertragung erfüllt werden, ist es der

456 Ganzer Abschnitt vgl. KILLIAN, S. 159 ff.
457 BALFOUR, Slot Trading, S. 149.
458 BALFOUR, Slots for Sale, Note 67.
459 Vgl. Art. 8a EWG Nr. 95/93, zuletzt geändert durch Verordnung (EG) Nr. 793/2004.

Fluggesellschaft, die einen Slot im Austausch gegen einen anderen erhält, durchaus erlaubt, in einem zweiten, internen Schritt den Slot von einer Strecke auf eine andere zu übertragen[460]. Der Slotverordnung ist gemäss Art. 8 kein zwingend einzuhaltender zeitlicher Mindestabstand zwischen zwei Tausch und Übertragung zu entnehmen.

Zudem interessiert sich die Flughafenkoordination kaum für die Verwendung der Slots nach einem Tausch, sofern die übertragenen Slots überhaupt benutzt werden und aufgrund der Änderung gewisser Flugmerkmale, beispielsweise der Benutzung eines deutlich grösseren Fluggerätes, keine Beeinträchtigung des Flughafens eintritt[461]. Überdies ist festzuhalten, dass ein derartiges Vorgehen kein verbotenes Scheingeschäft darstellt, bei dem nach kurzer Zeit die Fluggesellschaft den erhaltenen Slot in den Pool einfliessen lässt[462]. Im Gegenteil: Gerade aufgrund eines solchen Vorgehens kann eine effiziente Nutzung des Slots gewährleistet werden.

4. *Voraussetzungen eines gültigen Slotwechsels*

Bevor eine Übertragung oder ein Tausch wirksam wird, muss der Vorgang dem zuständigen Koordinator gemeldet und von diesem ausdrücklich bestätigt werden[463]. Diese Genehmigung basiert auf der Überprüfung folgender Punkte:

460 Diese Meinung äusserten in Fachgesprächen auch der deutsche Koordinator CLAUS ULRICH und der belgische Koordinator CODDÉ EDWIN.

461 Fachgespräch mit HUNZIKER ROLAND, Slot Coordination Switzerland.

462 Fachgespräch mit CODDÉ EDWIN, Koordinator Belgien. Tauschgeschäfte, bei welchen Luftfahrtunternehmen wertvolle Slots gegen weniger interessante Slots, die nicht betrieben werden sollen, auswechseln, sind zu unterbinden, damit verhindert werden kann, dass die Regeln über die Zuweisung von Slots im Hinblick auf Übertragungen ausgehöhlt werden, darf der Koordinator Tauschvorgänge, die praktisch auf kaschierte, einseitige Übertragungen von Slots einer Fluggesellschaft auf eine andere hinauslaufen, nicht genehmigen, vgl. Art. 8a Abs. 2 EWG Nr. 95/93, zuletzt geändert durch Verordnung (EG) Nr. 793/2004; KOM 2001 335, S. 19.

463 Art. 8a Abs. 2 EWG Nr. 95/93, zuletzt geändert durch Verordnung (EG) Nr. 793/2004.

a) Kriterium der Nichtbeeinträchtigung[464]

Der Slot-Wechsel darf den Betrieb des Flughafens unter Berücksichtigung aller technischen, betrieblichen und umweltschutzbedingten Einschränkungen nicht beeinträchtigen. Nur so kann sichergestellt werden, dass das Slot-Tauschverfahren das Ziel einer optimalen Kapazitätsnutzung und eines vielfältigen Flugplanangebotes nicht konterkariert[465].

Der Flugplankoordinator muss beispielsweise prüfen, ob bei einem Wechsel von einer kleinen Verkehrsmaschine auf ein Grossraumflugzeug genügend Infrastrukturkapazitäten wie Fingerdocks etc. zur Verfügung stehen[466].

b) Auflagen zur Gewährleistung des regionalen Verkehrs[467]

Gemäss Art. 9 der Slotverordnung können Staaten Zeitnischen für Linienflugdienste in Rand- und Entwicklungsgebiete reservieren und damit die wirtschaftliche Entwicklung einer bestimmten Region durch einen „lebenswichtigen“ Flugdienst fördern. Ein solches Vorgehen ist jedoch nur erlaubt, wenn die staatliche Unterstützung bereits vor Inkrafttreten der Verordnung geleistet wurde, die Strecke nur von einem Luftfahrtunternehmen bedient wird und kein anderer Verkehrsträger angemessene Verkehrsdienstleistungen erbringen kann. Auf diese Weise wird innerhalb der EG die Aufrechterhaltung kleiner, wirtschaftlich weniger interessanter, regionaler Strecken gesichert.

Ein derartiger Slot kann gemäss Art. 9 nur unter Berücksichtigung bestimmter Einschränkungen übertragen werden; die Übertragung von einer Strecke auf eine andere ist diesfalls untersagt.

464 Art. 8a Abs. 2 lit. a EWG Nr. 95/93, zuletzt geändert durch Verordnung (EG) Nr. 793/2004.

465 SCHÖLCH, S. 75; HÜSCHELRATH, S. 168.

466 Fachgespräch mit ULRICH CLAUS, Koordinator Deutschland.

467 Art. 8a Abs. 2 lit. b EWG Nr. 95/93, zuletzt geändert durch Verordnung (EG) Nr. 793/2004; Art. 4 Abs. 1 EWG Nr. 2408/92.

c) *Auflagen für Neubewerber*

aa) *Eingeschränkte Übertragung in zeitlicher Hinsicht*

Zeitnischen, die Neubewerbern zugewiesen werden, dürfen – ausser im Falle einer aufgrund gesetzlicher Vorschriften genehmigten Übernahme der Geschäftstätigkeit eines konkursiten Unternehmens – während der Dauer von zwei sich entsprechenden Flugplanperioden nicht übertragen werden[468].

Damit soll verhindert werden, dass ein Luftfahrtunternehmen mit dem Status eines Neubewerbers nach der Zuweisung attraktiver Slots von einer anderen Fluggesellschaft ohne den Status des Neubewerbers übernommen wird, nur um auf diese Weise attraktive Slots zu erhalten.

bb) *Eingeschränkte Strecken-Übertragung*

Einem Neubewerber zugewiesene Zeitnischen dürfen während zweier entsprechender Flugplanperioden zudem nicht von einer Strecke auf eine andere übertragen werden, ausser der Neubewerber wäre bei der anderen Strecke ebenfalls mit derselben Priorität behandelt worden, wie bei der beflogenen Strecke[469].

Mit dieser Auflage soll verhindert werden, dass ein Luftverkehrsunternehmen sich missbräuchlich als Neubewerber um einen Slot bewirbt und diesen erhält, um den Slot anschliessend auf eine Strecke zu übertragen, bei der das Unternehmen keine Neubewerberstellung hätte geltend machen können. Die Massnahme zielt zudem darauf ab, dass Neubewerber die übernommenen Slots tatsächlich nutzen.

cc) *Verbot eines Slot-Tauschs*

Ebenfalls untersagt während zweier sich entsprechender Flugplanperioden ist ein Slottausch zwischen einem Neubewerber und einem

468 Art. 8a Abs. 3 lit. a EWG Nr. 95/93, zuletzt geändert durch Verordnung (EG) Nr. 793/2004.
469 Art. 8a Abs. 3 lit. b EWG Nr. 95/93, zuletzt geändert durch Verordnung (EG) Nr. 793/2004.

etablierten Luftverkehrsunternehmen. Ausnahmsweise gilt diese Regel nicht, wenn mit diesem Vorgehen Zeitnischendispositionen für diese Dienste im Verhältnis zu den ursprünglich beantragten Zeiten verbessert werden können[470].

Diese Regelung soll verhindern, dass grosse Luftfahrtunternehmen, die nicht mehr den Status eines Neubewerbers an einem Flughafen innehalten, einen Allianzpartner, der diesen Status noch geniesst, vorschieben, um von dessen Allokationsvorteilen zu profitieren. Ein anschliessend an die Slotallokation stattfindender Tausch der „guten" Slots des Allianzpartners gegen weniger attraktive Slots des etablierten Unternehmens soll damit unterbunden werden[471].

Im Bemühen darum, Neubewerbern die Verbesserung ihrer Dienstleistungen zu ermöglichen, lässt die Slotverordnung hingegen zu, dass Neuberber unter sich genutzte Zeitnischen austauschen, sofern sie damit die Zeitplanung im Sinne der von ihnen ursprünglich beantragten Zeitnischen verbessern.

5. *Umgehungsmöglichkeiten der Tausch- und Übertragungsrestriktionen*

Coopers und Lybrand stellten in ihrem Auswertungsbericht zur Slotverordnung EWG Nr. 95/93 im Jahre 1995 fest, dass grosse Fluggesellschaften kleinere aufkauften, um auf diese Weise deren Slotportfolio zu erhalten[472]. Ein solches Vorgehen ist weder verboten noch verpönt, sondern gemäss Art. 8 Abs. 4 EWG Nr. 95/93 resp. Art. 8a Abs. 1 lit. b iii gemäss revidierter Slotverordnung explizit vorgesehen[473]. Faktisch wird jedoch auf diese Art das Verbot des monetären Tauschs von Slots mittels Aufkauf ganzer Flugunternehmungen umgangen.

470 Art. 8a Abs. 3 lit. c EWG Nr. 95/93, zuletzt geändert durch Verordnung (EG) Nr. 793/2004.

471 Fachgespräch mit HUNZIKER ROLAND, Slot Coordination Switzerland.

472 MAFFEO, Slot Trading, S. 1569ff. Vgl. British Airways, welche die Fluggesellschaft British Caledonian hauptsächlich aus dem Grunde aufkaufte, um wertvolle Slots in London Gatwick zu erhalten.

473 Zur Thematik der teilweisen Übertragung von Slots, vgl. SILINGARDI/MAFFEO, S. 35, 89.

Eine weitere Möglichkeit, die Vorschriften der Slotverordnung zu umgehen, ist die Beantragung wenig attraktiver Slots, so genannter Mondscheinslots[474]. Auf diese Weise erfüllt die Fluggesellschaft die für einen Tausch verlangte Voraussetzung eines eigenen Slotbestandes. Aufgrund interner Vereinbarungen tauschen die Fluggesellschaften die allozierten wertlosen Slots anschliessend gegen gute Slots. Die „schlechten" Mondschein-Slots werden von der betreffenden Fluggesellschaft nicht genutzt, sondern fallen aufgrund der use-it-or-lose-it-Regel in den Slotpool zurück[475].

6. *Effektives Tauschvolumen auf einigen europäischen Flughäfen*

Der Prozentsatz der normalen Slot-Swaps in London Heathrow liegt zwischen fünf und zehn Prozent, jener der Artificial Exchanges unter einem Prozent[476]. Das Volumen der Tauschvorgänge zwischen der Lufthansa und ihrem Partner-Carrier Eurowings sowie den Star Alliance Partnern beträgt ungefähr zwanzig Prozent, die restlichen Tauschvorgänge in Deutschland betragen etwa drei Prozent[477].

In Österreich beträgt das Tauschvolumen der koordinierten Flughäfen etwa ein Prozent[478], in Griechenland ungefähr zwischen zehn und zwanzig Prozent[479], in den Niederlanden etwa fünfzehn Prozent[480] und in Portugal etwas weniger als zehn Prozent[481]. In der Schweiz werden jährlich weniger als ein Prozent aller Slots in Form eines Slot-Swaps unter den Fluggesellschaften ausgetauscht[482].

474 Mondscheinslots sind unattraktive Slots in den frühen Morgenstunden oder am späten Abend. Zu diesen Zeiten sind nur begrenzte Anschlussverbindungen vorhanden.
475 Coopers & Lybrand, S. 57.
476 Fachgespräch mit MORRISROE PETER, Koordinator Grossbritannien.
477 Fachgespräch mit ULRICH CLAUS, Koordinator Deutschland.
478 Fachgespräch mit SAGER ANDREAS, Koordinator Österreich.
479 Fachgespräch mit MENZOU NIKI, Koordination Griechenland.
480 Fachgespräch mit RICK STRANG, Koordinator Niederlande.
481 Fachgespräch mit CYSNEIROS MARIA ISABEL, Koordinatorin Portugal.
482 Auskunft von HUNZIKER ROLAND, Slot Coordination Switzerland.

7. *Fazit*

Mit dem Slot-Austausch optimieren die Luftfahrtgesellschaften ihr Streckennetz. Der Tausch gewährleistet den beteiligten Fluggesellschaften den grössten wirtschaftlichen Nutzen und ist deshalb sinnvoll. Es sind jedoch nicht alle Slots wirtschaftlich gleichwertig; deshalb ist bei einem Tausch eine „Variable“ einzubauen; entweder werden die Slots nicht im Verhältnis eins zu eins getauscht oder der Erwerber bezahlt für die Slots.

Aufgrund der klaren Fassung des Art. 8a lit. c der revidierten Slotverordnung, die ein Eins-zu-Eins-Verhältnis statuiert[483], ist diese Variable für den Tausch nicht zulässig. Damit bleiben einzig begleitende Zahlungen möglich. Würden sich die Transaktionen ausnahmslos auf einen strikten Eins-zu-eins-Naturaltausch beschränken, könnte ein Teil der Tauschvorgänge, die zu einer hochwertigen Slotnutzung führen würden, nicht realisiert werden[484].

Es ist allerdings vorgeschrieben, dass nach dem Tausch die Slots von den neuen Besitzern zu mindestens 80 Prozent benutzt werden müssen. Ein Horten von Slots mit dem Ziel, potentielle Mitstreiter auszuschliessen, kann damit verhindert werden.

B. US-amerikanisches „Slotrecht“

1. *Ausgangslage*

Grundsätzlich gilt in den USA die so genannte „Open Sky“-Politik: Der Zugang zu den meisten Flughäfen ist kaum beschränkt oder reglementiert, spezielle Regelungen der Slotallokation gibt es gewöhnlich nicht. Deutlich zu unterscheiden ist allerdings das Verfahren der Zuteilung von Slots für nationale Flüge einerseits und jenes für internationale Flüge andererseits.

483 Vgl. S. 92f. vorne.
484 Wolf, Zugang zu Flughäfen, S. 67.

Die Slotvergabe für nationale Flüge findet in den überwiegenden Fällen mittels „first-come-first-serve"-Verfahren statt. Das Flugzeug, welches zuerst auf der Rollbahn ist, erhält auch zuerst die Starterlaubnis.

Auf den vier so genannten High Density Rule-Flughäfen (HDR-Flughäfen) – New York La Guardia[485], New York JFK[486], Chicago O'Hare[487] und Washington National – wurden Slots für nationale Flüge gemäss der „Buy Sell Rule" vergeben. Ein beschränkter Handel mit den Start- und Landerechten war zulässig. Die HDR ist seit 1. Januar 2007 nur noch auf dem Flughafen Washington National in Kraft.

Die Slotvergabe für den internationalen Flugverkehr beruht auf bilateralen Verträgen der USA mit den jeweiligen Staaten. Diese Zeitnischen werden in einem administrativen Verfahren vergeben, das dem IATA-Vergabesystem entspricht. Auf den meisten US Flughäfen ist überdies ein Scheduling Committee eingesetzt, welches die Slots verteilt[488]; eine dem Koordinator ähnliche Institution kennen die US Flughäfen hingegen nicht[489].

2. *First-come-first-serve-Verfahren*

a) *Grundlagen*

Beim first-come-first-serve-Verfahren starten und landen die Flugzeuge in der Reihenfolge ihrer Start- respektive Landebereitschaft. Eine vorausplanende Steuerung der Kapazitätsnutzung eines Flughafens kann daher nicht stattfinden. Bei diesem so genannten „Windhundverfahren" bestimmen die Luftverkehrsgesellschaften den Zeitpunkt des Starts und der Landung selbst in Abhängigkeit

485 Die HDR für New York La Guardia und New York JFK wurde per 1.1.2007 aufgehoben, vgl. S. 163f. hinten.

486 Vgl. Fn 485.

487 Die HDR für den Flughafen Chicago O'Hare wurde per 1.7.2002 aufgehoben, vgl. S. 164 hinten.

488 BERNAUW, S. 40.

489 WILKEN, S. 213.

von der zeitlich schwankenden Nachfrage. Das Eintreffen in den Luftraum entscheidet letztlich bei mehreren konkurrierenden Luftfahrtunternehmen mit derselben geplanten Landezeit über die tatsächliche Landezeit[490].

b) Keine Diskriminierung der Neueinsteiger

Beim first-come-first-serve-Verfahren findet keine Diskriminierung zwischen Alt- und Neuanbietern statt. Alle Luftfahrtunternehmen, die den Flughafen für eine Start- oder Landebewegung nutzen wollen, sind den gleichen Bedingungen unterworfen[491]. Indem die Slots nicht vorgängig aufgrund von Prioritätenlisten oder Vorrangsystemen zugeteilt werden, steht jedem Luftfahrtunternehmen der Marktzugang gleichberechtigt offen.

Zudem entfallen gezielte Wettbewerbsbehinderungen wie beispielsweise ein Horten von Slots durch etablierte Fluggesellschaften, die ihren Besitzstand wahren wollen. Überdies spielt es im Gegensatz zur EG bei der Zuteilung der Slots keine Rolle, ob die Zeitnische von einer kleinen Privatmaschine oder einen Grossraum-Jet des Linienflugverkehrs genutzt wird[492].

c) Infrastrukturvoraussetzungen

Das first-come-first-serve-Verfahren bietet kaum Anhaltspunkte für die Bestimmung der notwendigen Flughafenkapazitiät. Richtet ein Flughafen seine Investitionsentscheidungen bezüglich Flughafeninfrastruktur nur am Stauaufkommen in verkehrsstarken Zeiten aus, so führt dies zwar zur Beseitigung der Engpässe. Dieses Vorgehen führt jedoch in schwächer ausgelasteten Zeiten zu einer für den Flughafen kostspieligen Minimalauslastung.

Das first-come-first-serve-Verfahren führt aufgrund der unkoordinierten, individuellen ex ante Flugplanung überdies nicht zu einer Glättung des Verkehrsaufkommens über den Tagesgang[493]. Die

490 WOLF, Slotallokation, S. 10.
491 GRUNDMANN, S. 49.
492 KRAHN, S. 26.
493 SEIDL, S. 62f.

Fluggesellschaften sind einzig im Interesse ihrer Passagiere auf eine gewisse Kontinuität angewiesen. Gerade in Bezug auf den Charterverkehr kann sich die Slotnachfrage jedoch täglich ändern. Wartezeiten und folgedessen auch allfällige Verspätungskosten sind kaum kalkulierbar.

Dieses Verfahren ist somit nur für Flughäfen geeignet, die bereits über ausreichende Infrastrukturkapazität verfügen. Auf Flughäfen, die unter gravierenden Kapazitätsproblemen leiden, führt das Verfahren zu einem Nachfrageüberschuss: Zu viele Fluggesellschaften bewerben sich um zu wenige Slots. Es fügt sich nicht mehr automatisch ein Flugzeug nach dem andern im Lande- und Startablauf ein, Stauentwicklungen und Verspätungen sind die Folge.

Kann ein Flugzeug nicht zur Landung ansetzen, sobald es sich in der Nähe der Landebahn eines Flughafens befindet, wird es in eine Warteschlaufe verwiesen. Dadurch entstehen höhere Treibstoffkosten, den Kunden sind allenfalls Verspätungskosten in Form eines Schadenersatzes zurückzuerstatten. Zudem hat ein solches Warteschlaufendrehen[494] negative Auswirkungen auf die Umwelt[495]. Übermässiger Treibstoffverbrauch und zusätzlicher Lärm belasten die Natur; eine sowohl ökonomische wie auch ökologische Ressourcenverschwendung ist die Folge.

3. *High Density Rule (HDR)*

a) *Grundlagen*

In den späten sechziger Jahren wurde in den USA offensichtlich, dass das stetig zunehmende und in seiner Struktur durch die Einführung von Jets von Grund auf veränderte Luftverkehrsaufkommen in absehbarerer Zeit zu gravierenden Staus, hauptsächlich auf den hoch belasteten Flughäfen der amerikanischen Ostküste, führen würde[496]. Das herkömmliche first-come-first-serve-Verfahren wurde dieser Entwicklung nicht mehr gerecht.

494 KNIEPS, Überlastung des Luftraums, S. 198.
495 HARDAWAY, Airport Regulation, S. 195.
496 LÜKING, S. 68.

1969 entschied die FAA, die stark ausgelasteten New Yorker Flughäfen John F. Kennedy (JFK), La Guardia (LGA) und Newark[497] (NWA) sowie die Flughäfen Chicago O'Hare (ORD) und Washington National[498] (DCA) in High Density Risk Areas einzuteilen. Auf diesen Flughäfen sollte die so genannte High Density Rule (HDR) Anwendung finden[499].

Die Beschränkung auf diese vier Flughäfen wurde teilweise als willkürlich kritisiert, da der Flugverkehr auf Grossflughäfen wie Atlanta oder Dallas Forth Worth, die hinter Chicago die am zweit- und drittstärksten frequentierten Flughäfen der USA darstellen, trotz Einführung der HDR über das first-come-first-serve-Verfahren abgewickelt wurden[500]. Aus diesem Grunde stellte die FAA eine Ausweitung der Regel in Aussicht, falls andere amerikanische Flughäfen mit ähnlichen Kapazitätsengpässen konfrontiert werden sollten[501].

Die FAA konzipierte die HDR ursprünglich als administrativ kontrolliertes, aber von den Luftfahrtunternehmen selbstverwaltetes Allokationsverfahren für Slots[502]. Scheduling Committees, die aus Vertretern jener Fluggesellschaften bestanden, die den betreffenden Flughafen bedienten, waren für die Vergabe der Slots zuständig[503].

Bei Inkraftsetzung der Regelung am 27. April 1969 war vorgesehen worden, die Normen bereits Ende desselben Jahres auslaufen zu lassen. Aufgrund ihrer positiven Auswirkung auf Luftfahrtunternehmen, Flughäfen und Passagiere, trat die Regel jedoch nach zwei befristeten Verlängerungen in den Jahren 1970 und 1972 ab 1973 für die vier Flughäfen John F. Kennedy, New York (JFK), La Guar-

497 Der Flughafen New York Newark wurde im Oktober 1970 von der HDR ausgenommen; vgl. DE NEUFVILLE/ODONI, S. 466.

498 Im Februar 1998 wurde der Flughafen Washington National in Ronald Reagan Washington National Airport umbenannt.

499 U.S. DOT 1990, S. 2ff.

500 Deutsche Lufthansa AG, S. 80.

501 MAFFEO, Slot Trading, S. 1573.

502 WITTMANN, S. 21.

503 FASCHING, S. 47.

dia, New York (LGA), Chicago O'Hare (ORD) und Washington National (DCA) unbefristet in Kraft[504].

b) Benutzerkategorien

Die HDR unterteilt die Benutzer eines Flughafens in drei Kategorien: In die so genannten Air Carrier, die Linienflüge anbieten, die Commuter, die aus Pendler- und Zubringerfluggesellschaften sowie Air Taxis bestehen und die „Übrigen", die unter dem Oberbegriff der General Aviation zusammengefasste allgemeine Luftfahrt.

Die von der FAA festgesetzte limitierte Anzahl Slots wird auf der Basis der HDR auf diese drei Kategorien von Benutzern verteilt[505]. Slots für die Kategorien Air Carrier und Commuter sind jeden Tag zur selben Zeit reserviert, Slots für die General Aviation werden hingegen ad hoc aufgrund individueller Anfrage bis zu 48 Stunden vor der Durchführung des Fluges aufgrund des first-come-first-serve-Verfahrens vergeben[506].

c) Eckwerte pro Stunde

Jeweils zu Beginn des Jahres legt die FAA fest, wie viele Starts und Landungen nach Instrumentenflugregeln (IFR) pro Stunde auf jedem der vier Flughäfen durchgeführt werden können. Auf Sichtflüge (VFR) findet die HDR-Regel keine Anwendung[507]. VFR-Linienflüge auf HDR-Flughäfen erhalten nur dann eine Start- und Landeerlaubnis, wenn die festgelegte Slot-Tageshöchstgrenze bezüglich aller Flugbewegungen auf dem betreffenden Flughafen insgesamt noch nicht überschritten worden ist[508]. Sporadische VFR-

504 Vgl. 38 Federal Regulation 29.463 von 1973; GRUNDMANN, S. 49.
505 STARKIE, Recent Developments, S. 110.
506 STARKIE, Slot Trading, S. 6; BERNAUW, S. 40.
507 14 C.F.R. § 93.129.b: „The operator of an aircraft may take off and land the aircraft under VFR at a designated high density traffic airport without regard to the maximum number of operations allocated for that airport if the operation is not a scheduled operation to or from a high density airport and he obtains a departure or arrival reservation, as appropriate, from ATC."
508 14 C.F.R. § 93.129.b/c; vgl. auch GRUNDMANN, S. 50, Fn 209.

Flugbewegungen erlaubt das ATC hingegen auch auf HDR-Flughäfen ohne Rücksicht auf die maximale Obergrenze[509].

Die HDR-Restriktionen gelten nicht für alle vier Flughäfen rund um die Uhr. In Chicago O'Hare[510] dauert die regulierte Zeit von 06.45 Uhr bis 21.15 Uhr, auf dem New Yorker JFK Flughafen sind die Auflagen gar auf die Zeit zwischen 15.00 Uhr und 19.59 Uhr beschränkt. Einzig auf den Flughäfen New York La Guardia und Washington werden die Slots während der ganzen Betriebszeit und somit zwischen 06.00 Uhr und 24.00 Uhr gemäss HDR zugewiesen[511]. Regelmässig vergibt die FAA keine einzelnen Slots, sondern eine Serie von sieben Slots[512], was eine Flugbewegung zur selben Zeit an allen sieben Tagen der Woche ermöglicht.

d) Slotvergabepraxis

Zu Beginn der Einführung der HDR einigten sich die Fluggesellschaften – wie die FAA dies vorgesehen hatte – über so genannte „Airline Scheduling Committees" (ASC), die vom Civil Aeronautics Board (nachfolgend „CAB") anerkannt wurden[513] und stellten damit eine einvernehmliche Slotzuteilung sicher. Um Kollisionen mit dem amerikanischen Antitrustgesetz zu vermeiden, gewährte das CAB den Fluggesellschaften die Antitrust Immunity zur Durchführung der Allokationsverhandlungen[514].

Alle Fluggesellschaften, welche einen HDR-Flughafen für Starts und Landungen benutzten, bildeten zusammen das ASC. Die Slot-

509 14 C.F.R. § 93.129.b.

510 Vgl. U.S. Code 4175 a (1): Am 1. Juli 2002 wurde die HDR auf dem Flughafen Chicago O'Hare aufgehoben.

511 Grundmann, S. 51.

512 Vgl. 14 C.F.R. § 93.213.a (2): „Slot means the operational authority to conduct one IFR landing or take off-operation each day during a specific hour or 30 minute period at one of the High Density Traffic Airports [...]."

513 Dieses Entscheidfindungsverhalten wurde auch „Schlafmützenkonkurrenz" genannt, da es nur geringe Anreize lieferte, einer anderen Fluggesellschaft durch die Verweigerung der Zustimmung zu schaden; vgl. Olten, S. 60; Hüschelrath, S. 401.

514 Starkie, Recent Developments, S. 110.

vergabe basierte auf dem Einstimmigkeitsprinzip[515], jede Fluggesellschaft genoss allerdings ein Vetorecht. Im Falle einer Nichteinigung entschied die FAA über die Slotvergabe[516]. In einem derartigen Falle versuchte die Behörde Unstimmigkeiten zu umgehen, indem sie zumeist die Slots der vorangehenden Flugplanperiode perpetuierte[517].

Mit der Verabschiedung des Airline Deregulation Actes[518] im Jahre 1978, der eine Liberalisierung des Luftverkehrsmarktes mit sich brachte, drängten neu gegründete Fluggesellschaften in den Markt und boten attraktive Flugstrecken zu Tiefstpreisen an. Diese Neugestaltung des Marktes blieb nicht ohne Folgen: Die etablierten Fluggesellschaften waren nicht bereit, den Marktneulingen freiwillig Slots zuzuteilen respektive eigene Slots abzugeben. Eine Allokation durch das ASC wurde illusorisch[519].

4. Airline Deregulation Act

Basierend auf freiem Marktzugang, freier Kapazitätsgestaltung und freier Tariffestsetzung sah der Airline Deregulation Act eine stufenweise Überführung der regulierten Luftverkehrsindustrie in einen unregulierten Markt vor[520]. Das Gesetz stellte einen Versuch des Kongresses dar, den Wettbewerb in der Zivilluftfahrt zu beleben und zielte auf eine Erleichterung des Marktzugangs für neue Fluggesellschaften und eine gleichzeitige Erweiterung des Flugnetzes der USA ab. Mit der Einführung dieses Gesetzes wurden wettbewerbsbeschränkende Vereinbarungen verboten und die Tarifpolitik in der Luftfahrt[521] liberalisiert: Die Fluggesellschaften konnten Streckenführung und Preise nach eigenem Gutdünken festlegen; die bisher geltende Genehmigungspflicht wurde abgeschafft[522].

515 Hüschelrath, S. 397.
516 Bernauw, S. 40.
517 Grether/Isaac/Plott, S. 38 ff.
518 Airline Deregulation Act, Pub. L. 95–104 vom 24. Oktober 1978 (92 Stat. 1705).
519 Maffeo, Slot Trading, S. 1575; Johannsen, S. 511.
520 Wolf Peter, S. 15.
521 Tettenborn, S. 51.
522 Bailey/Graham/Kaplan, S. 34.

Kurz nach Einführung dieses Gesetzes wurden zahlreiche neue Fluggesellschaften gegründet, welche etablierte Anbieter zu verdrängen versuchten. Die Folgen waren unvermeidlich: Etliche dieser neuen Fluggesellschaften konnten sich im Markt nicht durchsetzen; Fusionen und Konkurseingaben führten zu einer Konzentration unter den Fluggesellschaften – Flugpreiserhöhungen waren die Folge. Gleichzeitig nahmen gravierende Flugverspätungen zu und die Passagiere mussten Einbussen bei der Servicequalität in Kauf nehmen[523].

Im Jahr 1980 versuchte die New York Air (nachfolgend „NYA"), Flüge von New York nach Washington anzubieten und fragte bei den Flughäfen New York La Guardia und Washington um Start- und Landeslots nach. Die etablierten Anbieter waren nicht bereit, ihrem Konkurrenten Slots in diesem Ausmasse zu überlassen. Die NYA zog den Entscheid des ASC an die FAA weiter, die der NYA immerhin achtzehn der zwanzig beantragten Slots zuteilte[524].

5. *Slot Exchange Program*

Im Jahre 1982 führte die FAA während einer Versuchsphase von 42 Tagen an 22 Landesflughäfen das so genannte „Slot Exchange Program" durch, welches den Handel und Tausch von Slots zuliess[525]. In dieser kurzen Zeit wurden nicht weniger als 248 Slots zu Marktpreisen zwischen US$ 12'000.00 und US$ 500'000.00 pro Slot verkauft. Gleichzeitig etablierte die FAA eine so genannte use-or-lose-Regel, wonach Slots von den Fluggesellschaften zu mindestens 70 Prozent genutzt werden mussten und anderenfalls von der Behörde eingezogen wurden[526].

Diese als temporäre Massnahme eingeführte Regel hatte den Zweck, die wachsenden Probleme der Überlastungen als Folge der Liberalisierung und die daraus resultierenden Verspätungen zu reduzieren. Die eingesessenen Fluggesellschaften weigerten sich

523 Dempsey, S. 615 ff.
524 Grundmann, S. 53.
525 Brachmann, S. 186.
526 Maffeo, Slot Trading, S. 1575.

allerdings, für die Slots hohe Preise zu bezahlen, weshalb die FAA das Projekt bereits nach sechs Wochen beenden musste[527]. Da der Ansatz hingegen erfolgsversprechend erschien, entwickelte die FAA mit der Buy Sell Rule ein ausgeklügelteres System, welches sie vier Jahre nach dem Abbruch des Slot Exchange Programs lancierte.

6. *Buy Sell Rule*

Am 1. April 1985 löste die Einführung der Buy Sell Rule die administrative Slotvergabe ab, die seit 1969 auf den vier HDR-Flughäfen für den inneramerikanischen Verkehr gegolten hatte.

a) Primärallokation

Die Primärallokation der Slots erfolgte auf der Basis von Grossvater-Rechten[528]. Mit Stichtag 16. Dezember 1985[529] gingen alle Slots, die von amerikanischen Luftverkehrsgesellschaften für inneramerikanische Flüge genutzt wurden, in deren Nutzungsrecht über[530]. Gleichzeitig erhielt jeder Slot im Losverfahren eine Rangnummer zugeteilt für den Fall, dass er später einmal eingezogen werden müsste[531].

b) Allokation der Poolslots

Da bei einer Slotallokation auf der ausschliesslichen Basis von Grossvater-Rechten etablierte Luftfahrtunternehmen übermässig bevorzugt gewesen wären, beschloss das DOT, einen so genannten „Kick Start" durchzuführen. Hierzu wurden im März 1986 ein-

527 KNIEPS, Überlastung des Luftraums, S. 203.
528 Ganzer Abschnitt vgl. BERNAUW, S. 41.
529 14 C.F.R. § 93.215.a.
530 Vgl. 14 C.F.R. § 93.223 (a). Die Fluggesellschaften erhalten damit die Slots nicht zu ihrem Eigentum, es handelt sich nur ein Nutzungsrecht, welches uneingeschränkter behördlicher Kontrolle unterliegt. Vgl. S. 81 ff. vorne.
531 14 C.F.R. § 93.223 (b): „The FAA shall asign, by random lottery, withdrawal priority numbers for the recall priority of slots at each airport."

malig fünf Prozent aller Slots auf den Flughäfen New York La Guardia (36 Slots), Washington (28 Slots) und Chicago O'Hare (84 Slots) den etablierten Fluggesellschaften entzogen und anschliessend unter den „New Entrants" und jenen Luftverkehrsgesellschaften, die über weniger als acht Slots pro Tag und Flughafen verfügten, verlost[532]. Zudem verloste die FAA Slots, die aufgrund von Kapazitätserweiterungen neu geschaffen oder zuvor aufgrund der use-or-lose-Regel eingezogen wurden.

c) Zulässigkeit eines Slothandels

Gemäss dem für die US-amerikanischen HDR-Flughäfen geltenden Recht ist der freie Handel mit Slots zulässig.

aa) Freigabe des Slothandels

Gemäss 14 C.F.R. § 93.221 (a) gilt:

> [...] slots may be bought, sold or leased for any consideration and any time period and they may be traded in any combination for slots at the same airport or any other high density traffic airport.

Demnach ist auf den vier HDR-Flughafen ein unbeschränkter Handel mit Slots zulässig. Einzige Auflage ist das Bestätigungserfordernis der „Handänderung" durch die Slot Administration in Washington. Sobald dieser Beleg vorliegt, kann der neue Inhaber den Slot für seine Flugbewegungen benutzen[533]. Überdies ist jede Art der Gegenleistung zulässig, sei es beispielsweise Geld oder andere Slots[534].

bb) Slothandelspartner

„Any person may buy or sell slots and any air carrier or commuter may use them."[535] Aufgrund dieser Norm ist der Erwerb von Slots nicht nur Luftfahrtunternehmen vorbehalten, sondern steht unter

532 Starkie, Slot Trading, S. 13.
533 14 C.F.R. § 93.221.a (4).
534 Tettenborn, S. 200.
535 14 C.F.R. § 93.221.c.

anderem auch Banken und Gemeinden offen. Auch ausländische Personen können rechtsgültig Slots kaufen[536]. Von dieser Möglichkeit wurde denn auch rege Gebrauch gemacht. 1992 gehörten ungefähr zehn Prozent aller Slots auf HDR-Flughäfen luftfahrtsfremden Unternehmen[537].

Die Möglichkeit, Slots kaufen zu können, bedeutete einerseits für kleine, abgelegene Gemeinden, die Anbindung an eines oder mehrere Zentren der USA garantieren zu können. Fluggesellschaften andererseits konnten mit den erstandenen Slots ihre Bankkredite sichern, da die Banken beim Eintritt einer Insolvenz die Slots aufgrund dieser Regel zu verwerten glaubten[538]. Für Einzelpersonen und Firmen, die ausserhalb des Luftfahrtsektors tätig sind, ist jedoch eine ex ante Beurteilung, ob der Slotpreis die zu erwartenden Erträge nicht etwa übersteigt, schwer zu kalkulieren. Zudem ist die Gefahr des Slotentzuges[539] durch die FAA und einem damit einhergehenden, entschädigungslosen Verlust nicht ausser Acht zu lassen[540].

d) Oberaufsicht durch die FAA

Die FAA behält jedoch trotz grosser Freiheiten der Fluggesellschaften nach wie vor die Aufsicht über den Slothandel. Aufgrund der Statuierung gewisser Restriktionen[541] betreffend den freien Handel, aber auch über die Entzugsmöglichkeit der Slots, steuert sie den Markt[542].

e) Slotentzug und Neuvergabe durch die FAA

Da Slots gemäss US-amerikanischem Recht trotz ihrer Handelbarkeit kein Eigentum der Fluggesellschaften darstellen, kann das Department of Transport Slots jederzeit entschädigungslos entzie-

536 BERNAUW, S. 41.
537 WENDLIK, S. 150.
538 MAFFEO, Slot Trading, Fn 25; vgl. auch S. 81 ff. (Kasuistik) vorne.
539 Vgl. für Europa S. 52 ff. vorne.
540 KRAHN, S. 77.
541 Vgl. hierzu S. 119 ff. hinten.
542 STARKIE, Recent Developments, S. 110.

hen[543]. Einzig jene Slots, die für internationale Flüge oder EAS[544]-Verbindungen benutzt werden, sind ausgenommen und können nicht eingezogen werden[545]. Überdies ordnet das DOT einen Slotentzug nur an, wenn alle im Slotpool vorhandenen Slots bereits vorgängig vergeben worden sind[546].

Der Slotentzug findet, abgesehen von einigen Ausnahmen[547], stets in der Reihenfolge der bereits erwähnten Rangnummern statt[548]. Die Reallokation dieser Slots, wie auch die Vergabe der Slots, die aufgrund ungenügenden Gebrauches entzogen wurden, findet mit einer Lotterie statt.

f) Use-or-Lose-Regel

Um Finanzspekulationen sowie einer Hortung von Slots entgegenzuwirken, erliess die FAA im Rahmen der Buy Sell Rule 1986 eine use-or-lose-Regel[549]. Gemäss der ursprünglichen Form erlaubte diese Regelung unter anderem den Entzug von Slots, welche die Fluggesellschaften während eines Zeitraumes von zwei Monaten weniger als 65 Prozent genutzt hatten. Am 1. November 1992[550] wurde der Prozentsatz der erforderlichen Nutzung auf 80 Prozent erhöht und entspricht somit jenem der europäischen Slotverordnung[551].

Wie auch gemäss europäischer Slotverordnung kann die FAA bei Nichterreichen der 80 Prozent-Regel aufgrund eines Streiks[552] oder eines Konkurses der Fluggesellschaft[553] von einem Entzug

543 14 C.F.R. § 93.227: „Slots may be withdrawn at any time to fulfil the Departments operational needs, such as providing for international operation or essential air services or other operational needs […].“
544 Vgl. S. 120 hinten.
545 14 C.F.R. 93.223 2.
546 14 C.F.R. 93.223 (a).
547 Vgl. 14 C.F.R 93.223 (c) 1-4.
548 Vgl. auch S. 115 hinten.
549 14 C.F.R. § 93.227.
550 Diese Änderung trat am 1. Januar 1993 in Kraft; vgl. STARKIE, Recent Developments, S. 111.
551 14 C.F.R. § 93.227.a; SEIDL, S. 65 ff.
552 14 C.F.R. § 93.227.c.
553 14 C.F.R. § 93.227.d.

absehen. Die use-or-lose-Regel gilt in den USA auch für Neubewerber[554], wobei die ersten 90 Tage nicht in die Berechnung fallen[555]. 25 Prozent aller aufgrund dieser Regel in den Pool eingezogenen Slots teilt die FAA anschliessend Neubewerbern zu[556].

Die Statuierung einer use-or-lose-Regel im Zusammenhang mit der Handelbarkeit der Slots scheint notwendig zu sein, da nur auf diese Weise ein Horten der Slots durch Fluggesellschaften, die dadurch Mitkonkurrenten verdrängen wollen, verhindert werden kann. Allerdings kann diese Auflage zum ineffizienten und kaum ökonomischen Betreiben von Flugstrecken führen, nur damit die zum Erhalt des Slotrechts notwendige 80-prozentige Nutzung gesichert ist.

g) Einschränkungen der freien Handelbarkeit

aa) HDR gilt nur für inneramerikanische Flüge[557]

Die High Density Rule gilt nur für den inneramerikanischen Flugverkehr. Die Slotzuteilung und -übertragung bezüglich internationaler Flugbewegungen[558], die durchschnittlich nur zehn Prozent des gesamten Flugaufkommens an den HDR-Flughafen ausmacht, wird auf der Basis der IATA WSG vorgenommen[559] und richtet sich nach bilateralen Abkommen zwischen der USA und Drittstaaten. Festzuhalten ist, dass die Flughäfen Washington und La Guardia nationale Flughäfen sind, auf denen keine internationalen Flüge abgewickelt werden.

554 Als Neubewerber gilt, wer bisher nicht an den HDR Flughafen vertreten ist; vgl. 14 C.F.R. § 93.213.a (1).

555 14 C.F.R. § 93.227.a (1); U.S. DOT 1990, S. 29.

556 Bis Juni 1986 waren es nur fünfzehn Prozent; vgl. STARKIE, Secondary Markets, S. 68; SEIDL, S. 65.

557 Vgl. hierzu S. 123f. hinten.

558 BERNAUW, S. 41.

559 14 C.F.R. § 93.217.a (2); SEIDL, S. 61; BERNAUW, S. 41; WENDLIK, S. 112. Slots für internationale Flugverbindungen werden von der FAA nur für eine Flugplanperiode vergeben und ein Tausch der Slots ist nur auf einer Basis Eins-zu-Eins erlaubt.

Slots für internationale Flugverbindungen[560] auf den Flughäfen John F. Kennedy[561] und O'Hare[562] werden analog den IATA WSG auf den Scheduling Conferences (re-)alloziert und können nicht gehandelt werden[563].

Falls die Summe der für die internationalen und nationalen Flüge beantragten Slots die durch die HDR vorgegebenen stündlichen Grenzen überschreitet, werden die entsprechenden Slots dem Inlandflugverkehr entzogen[564]. Der internationale Flugverkehr geniesst somit Priorität. Diese Vorrangstellung internationaler Flüge resultiert aus zahlreichen bilateralen Abkommen der USA mit andern Staaten, die zumeist zwingende Regelungen über die Anzahl der durchzuführenden Flüge in einem bestimmten Zeitintervall beinhalten[565].

bb) Slots für Essential Air Service-Flüge

Um die Aufrechterhaltung des Flugverkehrs zwischen grossen Zentren und kleinen Städten der USA zu sichern, entwickelte die FAA 1978[566]

560 Flüge zwischen der USA und Kanada sowie Flüge zwischen zwei HDR-Flughäfen werden nicht als internationale Verbindungen, sondern als Transborderflüge bezeichnet, vgl. 14 C.F.R. § 93.217.a.

561 14 C.F.R. § 93.217.a (5).

562 Vgl. Fn 560 vorne.

563 14 C.F.R. § 93.217.a (2): „Slots […] may not be bought, sold or leased, or otherwise transferred, except that such a slot may be traded to another slotholder on a one-for-one basis for a slot at the same airport in a different hour or half-hour period […]."

564 14 C.F.R. § 93.217.a (8): „To the extent vacant slots are available, additional slots during the high density hours shall be allocated at Kennedy Airport for new international scheduled air carrier and commuter operations, […]. In addition, slots may be withdrawn from domestic operations at Kennedy Airport under this paragraph if required by international obligations."

565 14 C.F.R. § 92.217 a (7): „If required by bilateral agreement, additional slots shall be allocated at LaGuardia Airport for international scheduled passenger operations within the hour requested."

566 Das EAS-Programm wurde im Rahmen des Airline Deregulation Actes vom 24. Oktober 1978, kodifiziert in 49 U.S.C. 1389 (aufgrund der Revision des Titels 49 durch Public Law 103–272 vom 5. Juli 1994 umbenannt in 49 U.S.C. 41731 ff.), eingeführt und bis 24. Oktober 1988 befristet. Im Rahmen des Airport and Airway Safety and Capacity Expansion Act von 1987,

das so genannte Essential Air Service Program[567] (EAS). Auf diese Weise sicherte die FAA im Rahmen des Airline Deregulation Acts allen Städten, die vor der Deregulierung durch bundesrechtlich konzessionierten Luftverkehr bedient worden waren, den Fortbestand dieser Flugdienste[568].

Basierend auf der Buy Sell Rule vergibt die FAA für die Durchführung von EAS-Flügen Slots direkt an die betreffenden Fluggesellschaften[569]. Falls die FAA über zu wenige Slots für die Vergabe zu diesem Zwecke verfügt, kann der Minister of Transport etablierten Fluggesellschaften Slots hierfür entziehen. Für die Reihenfolge des Entzuges spielt, wie bereits erwähnt[570], die anlässlich der Allokationslotterie vergebene Prioritätennummer die ausschlag-

---

Public Law 100–223, wurde die Gültigkeit des Programms um weitere zehn Jahre verlängert. Mit Public Law 104–264 vom 9. Oktober 1996 wurde das EAS-Programm erneut auf unbestimmte Zeit verlängert, kodifiziert in 49 U.S.C. § 41742.

567 49 U.S.C. § 1389: „The Essential Air Service (EAS) program was established in 1978 to guarantee continued service from small airports following deregulation. The program maintains a link between small airports with insufficient enplanements to support service to hub airports, guaranteeing residents of small communities access to the national air travel network", U.S. GAO 1994, S. 118 ff.; Kark, S. 65.

568 Woerz, S. 34.

569 14 C.F.R. § 93.219: „Whenever the Office of the Secretary of Transportation determines that slots are needed for operations to or from a High Density Traffic Airport under the Department of Transportation's Essential Air Service (EAS) Program, those slots shall be provided to the designated air carrier or commuter operator [...]." „Under the program, the U.S. Department of Transportation (DOT) is authorized to declare a community elegible for essential air service. DOT specifies the frequency of service and the hub(s) to which service will be provided. Typically, a community is guaranteed two round-trip flights per day, 6 days per week, to a medium or large hub. If revenues from the service do not cover costs, the carriers providing the service can apply for subsidy"; U.S. DOT GAO 1994, S. 1 ff.; vgl. auch Cornelius, S. 203.

570 Vgl. S. 118 vorne.

571 Vgl. S. 115 vorne.

gebende Rolle[571]. Falls eine Fluggesellschaft ihre EAS-Slots während mehr als zwei Wochen nicht für entsprechende Flugdienste verwendet, muss sie diese der FAA zurückgeben[572].

EAS-Slots sind zudem von der freien Handelbarkeit ausgeschlossen. Sie können weder verkauft noch verleast, sondern einzig auf der Basis Eins-zu-Eins getauscht werden[573].

cc) Sperrfrist

Slots, die einer Fluggesellschaft aufgrund einer Lotterie zugesprochen wurden, unterliegen einer eingeschränkten Handelbarkeit. Die Luftfahrtunternehmen haben die Verpflichtung, diese Zeitnischen zunächst während 24 Monaten ununterbrochen zu benutzen[574].

In dieser Zeitspanne ist einzig ein Austausch des Lotterie-Slots im Verhältnis Eins-zu-Eins und ausschliesslich gegen einen Slot desselben Flughafens erlaubt. Als weitere Auflage dürfen die Fluggesellschaften Lotterie-Slots einzig an Neueinsteiger und Fluggesellschaften übertragen, die selbst nur über eine limitierte Anzahl Slots verfügen[575].

572 14 C.F.R. § 93.219. (b): „Any slot obtained under this section [Essential Air Service Program] must be returned to the FAA if it will not be uses for EAS purposes for more than a 2-week period."

573 14 C.F.R. § 93.219.a: „Slots obtained under this section [Essential Air Service Program] may not be bought, sold, leased or otherwise transferred, except that such slots may be traded for other slots on a one-for-one basis at the same airport."; vgl. auch STARKIE, Secondary Markets, S. 68; BENNET, S. 5.

574 14 C.F.R. § 93.221.a (5) i: „Until a slot obtained by a new entrant or limited incumbent carrier in a lottery [...] has been used by the carrier that obtained it for continuous 24-month period transferred only by trade for one or more slots at the same airport or to other new entrant or limited incumbent carriers [...]."

575 Quelle vgl. Fn 573 vorne.

h) Slotzuteilung auf HDR-Flughäfen in „low-demand periods"

Sämtliche Slots ausserhalb der regulierten Peak-Hours[576], partielle Slots[577] sowie Zeitnischen, die für weniger als eine gesamte Flugplanperiode vergeben werden[578], alloziert die FAA – nachdem allen internationalen und EAS-Slotanträgen stattgegeben werden konnte – auch auf den vier HDR-Flughäfen gemäss first-come-first-serve-Regel[579].

Ein freier Handel mit jenen Slots ist untersagt, da diese Slots von der Buy Sell Rule ausgenommen sind und gemäss den für die übrigen US-amerikanischen Flughäfen geltenden Regeln vergeben werden.

7. Fazit

US-Slots können den Fluggesellschaften durch die FAA nach Massgabe der gesetzlichen Bestimmungen, beispielsweise aufgrund zu geringer Nutzung, entzogen werden. Ein Slot stellt daher kein absolutes Recht im Sinne eines dinglichen Anspruchs gegenüber der Behörde dar. Die Slotzuteilung verdient keinen Eigentumsschutz, da die Zuweisung unentgeltlich erfolgt. Der Vertrauensschutz in den dauerhaften Besitz des einzelnen Slots ist daher gering. Im Verhältnis zu Privaten hingegen besteht ein absoluter Schutz der Slots, das heisst namentlich ein Anspruch auf störungsfreie Nutzung und Veräußerung[580].

576 Die Off-Peak-Hour in La Guardia und Washington National dauert zwischen 06.00 Uhr und 06.59 Uhr sowie zwischen 22.00 Uhr und 24.00 Uhr, vgl. 14 C.F.R. § 93.226.a (3) i/ii.

577 Partielle Slots sind Zeitnischen, die während weniger als fünf Tage die Woche genutzt werden, vgl. 14 C.F.R. § 93.226.a (1).

578 14 C.F.R. § 93.226.a (2): „any time period for which a slot is available for less than a full season".

579 14 C.F.R. § 93.226.a: „If there are available slots in the following time periods and there are no pending requests for international or EAS operations at these times, FAA will allocate slots upon request on a first-come, first-served basis, [...]."

580 SCHENK, S. 78.

Die Beurteilung der Regelung in den USA findet sich im Kapitel „Erfahrungen und Reformansätze der USA[581]“.

C. Einführung eines Slot-Sekundärmarktes

1. *Ausgangslage*

Wie bereits erörtert[582], ist es gemäss den IATA WSG und der europäischen Slotverordnung den Fluggesellschaften grundsätzlich erlaubt, Slots zu tauschen. Neben der Möglichkeit eines Eins-zu-Eins-Tausches können jedoch bei einer Freigabe des Slothandels auf dem so genannten Sekundärmarkt Start- und Landeslots zusätzlich gekauft und verkauft werden. Dieser Slot-Sekundärmarkt kann nur dann stattfinden, wenn zuvor die Slots an ihre ersten Besitzer alloziert worden sind.

Überblicksmässig unterstreicht Fabermann die wichtigsten Vorteile eines Sekundärmarktes, namentlich die Flexibilität wie folgt:

> [...] after-markets must be set up in a manner to allow total leasing and buying and selling of slots. It is the only way to give the carriers and the whole system the flexibility that it needs to react to changes in marketplaces and business conditions and to rationalize schedules.[583]

Fünfzehn Jahre nach Fabermann charakterisieren de Neufville/Odoni[584] in ihrem Buch über die Flughafenplanung einen freien Handel mit Slots fast identisch, gehen jedoch bezüglich der Rechtsqualität der Slots noch einen Schritt weiter: Sobald die Zahl der zu vergebenden Slots eruiert worden ist und diese Slots auf irgendeine Weise an die Fluggesellschaften oder an andere Nutzniesser vergeben worden sind, sollten sie ins Eigentum der momentanen Besitzer übergehen, welche die Slots entweder zur Operation ihrer

581 Vgl. S. 158 ff. hinten.
582 Vgl. S. 91 ff. vorne.
583 FABERMANN, S. 12.
584 DE NEUFVILLE/ODONI, S. 489.

eigenen Flüge benutzen können oder sie einem anderen Benutzer verleasen oder verkaufen können, wie jeden anderen Vermögenswert. Nur auf diese Weise könne die notwendige Flexibilität garantiert werden.

Ob sich allerdings ein derartiger Slot-Sekundärmarkt für die Luftfahrt positiv auswirken würde, darüber streiten sich Praktiker und Politiker bereits seit Längerem.

2. *Rechtliche Zulässigkeit eines Sekundärmarktes*

a) Chicago-Übereinkommen

Ob die Einführung eines Slot-Sekudärmarktes zulässig wäre, ist auf internationaler Ebene unter Beizug des Chicago Übereinkommens über die Internationale Zivilluftfahrt[585], das allgemeine Grundsätze für die zivile Luftfahrt festlegt, zu prüfen. Einschlägige Normen zu Slotvergabe und Übertragung enthält das Chicago-Übereinkommen nicht, da bei dessen Inkraftsetzung im Jahre 1944 Kapazitätsengpässe auf Flughäfen noch kaum bestanden.

Gemäss Art. 1 des Abkommens besitzt jeder Staat die volle und ausschliessliche Souveränität bezüglich des Luftraumes über seinem Hoheitsgebiet. Unter dem Aspekt der Souveränität kann ein Staat unter gewissen, nachfolgend in diesem Abschnitt erläuterten Einschränkungen den Zugang zu den Flughäfen selber regeln. Die Entscheidung, ob der Zugang zum Luftraum und zu Flughäfen nach einschränkenden Kriterien oder nach der Laisser-faire-Methode geregelt ist, liegt somit im Ermessen des betreffenden Staates.

Obgleich das Chicago-Übereinkommen in Art. 1 den einzelnen Staaten die volle und ausschliessliche Souveränität betreffend den Luftraum über ihrem Hoheitsgebiet zusichert, müssen hinsichtlich einer freien Handelbarkeit der Slots dennoch Einschränkungen beachtet werden: Art. 5 Abs. 1 Ziff. 1 räumt allen ausserhalb des planmässigen internationalen Fluglinienverkehrs eingesetzten Luft-

585 Für Details zum Chicago-Übereinkommen; vgl. MENSEN, Luftfahrt, S. 23; ABEYRATNE, Chicago Convention, S. 113 ff.; MILDE, S. 119 ff.

fahrzeugen der Vertragsstaaten das Recht ein, ohne vorher erteilte Erlaubnis in das Hoheitsgebiet eines anderen Vertragsstaates einzufliegen, es ohne Aufenthalt zu durchfliegen und nichtgewerbliche Landungen vorzunehmen[586].

Um dieser Bestimmung des Chicago-Übereinkommens Rechnung zu tragen, müssen bei einer Einführung eines Slot-Sekundärmarktes in einem Staat genügend nicht koordinierte Flughäfen[587] zur Verfügung stehen, auf denen Flugzeuge des nichtkommerziellen Gelegenheitsverkehrs landen können[588]. Stünden in einem Staat nur vollständig koordinierte Flughäfen zur Verfügung, würde Art. 5 Abs. 1 verletzt, wonach der nicht gewerbliche internationale Flugverkehr Landungen ohne Einholung einer vorgängigen Erlaubnis vornehmen können muss.

Eine weitere Einschränkung beinhaltet Art. 15 des Abkommens, wonach ein Flughafen den Luftfahrzeugen aller Vertragsstaaten unter einheitlichen Bedingungen zur Verfügung stehen muss[589].

586 Art. 5, 1. Abschnitt Chicago-Übereinkommen: „Jeder Vertragsstaat erklärt sich damit einverstanden, dass alle nicht im planmässigen internationalen Fluglinienverkehr eingesetzten Luftfahrzeuge der anderen Vertragsstaaten [...] berechtigt sind, ohne Einholung einer vorherigen Erlaubnis in sein Hoheitsgebiet einzufliegen oder es ohne Aufenthalt zu durchfliegen, und dort nicht gewerbliche Landungen vorzunehmen [...].“

587 Vgl. S. 18 vorne.

588 Im Sinne einer Entlastung der hochfrequentierten vollständig koordinierten Flughäfen wäre allerdings eine Regelung, wonach der nichtgewerbliche Verkehr vollständig koordinierte Flughäfen nicht anfliegen dürfte, (dies widerspricht Art. 5 Abs. 1 Ziff. 1 des Chicago-Übereinkommens nicht), zu begrüssen. Zu beachten ist allerdings Art. 15 Abs. 1 des Chicago-Übereinkommens, wonach diese Regelung sowohl für die internationale als auch für die nationale Luftfahrt gelten muss.

589 Art. 15, 1. Abschnitt Chicago-Übereinkommen: „Jeder Flughafen in einem Vertragsstaat, der den inländischen Luftfahrzeugen zur öffentlichen Benutzung offen steht, hat vorbehaltlich der Bestimmungen des Artikels 68 auch den Luftfahrzeugen aller anderen Vertragsstaaten unter einheitlichen Bedingungen offen zu stehen.“ Art. 68 des Abkommens bestimmt: „Jeder Vertragsstaat kann vorbehaltlich der Bestimmungen dieses Abkommens die Strecken bezeichnen, die der internationale Fluglinienverkehr innerhalb seines Hoheitsgebiets einzuhalten hat, sowie die Flughäfen, die ein solcher Verkehr benutzen darf.“

Die Einführung eines Slot-Sekundärmarktes ist somit nur zulässig, wenn einschränkende Bedingungen gleichermassen für innerstaatliche und grenzüberschreitende Flüge gelten und keine Inländerbevorzugung stattfindet. Bei Einhaltung dieser Vorgaben lässt das Chicago-Übereinkommen einen Sekundärhandel mit Slots zu.

b) Bilaterale Verträge

Des Weiteren ist zu prüfen, ob die bilateralen Luftverkehrsverträge der einzelnen Staaten[590] einen Slotmarkt zulassen. Bei einem bilateralen Luftverkehrsabkommen handelt es sich um einen völkerrechtlichen Vertrag zwischen den Regierungen oder Luftfahrtbehörden zweier luftfahrtbetreibender Staaten. Inhalt dieser Verträge ist die Regelung der kommerziellen Verkehrsrechte sowie ihre Ausübung im planmässigen Fluglinienverkehr[591]. Sie ergänzen das Chicago-Übereinkommen, da jenes den Linienverkehr auf multilateraler Ebene nicht umfassend regeln kann[592].

In diesen Verträgen wird die Slotthematik in der Regel nicht ausdrücklich geregelt; konkrete Vorgaben, wie die Slots zu allozieren sind oder ob ein Verkauf von Slots zulässig ist, finden sich darin nicht. Ein Vertragsstaat kann allerdings gestützt auf ein durch das Luftverkehrsabkommen gewährtes Verkehrsrecht verlangen, dass ihm ein anderer Vertragsstaat für die effektive Nutzung dieses Rechtes Slots zur Verfügung stellt[593]: Bilaterale Verträgen be-

590 Das Bundesamt für Zivilluftfahrt hat bis heute 114 bilaterale Abkommen mit Drittstaaten abgeschlossen, die bereits in Kraft getreten sind. Verträge mit elf weiteren Staaten sind zur Inkraftsetzung pendent, siebzehn Verträge stehen zur Unterzeichung bereit; Informationen hierzu sind auf der Homepage des BAZL zu finden; URL: http://www.aviation.admin.ch (Stand: Dezember 2004). Die globale Anzahl bilateraler Luftverkehrsabkommen wurde bereits im Jahre 1990 auf ca. 2'500 Verträge geschätzt; WENGLORZ/WITTMANN, S. 146. Bereits im Jahr 1995 existierten weltweit über 3'000 bilaterale Luftverkehrsabkommen; BÖCKSTIEGEL/KRÄMER, S. 375.

591 Zur Definition des bilateralen Abkommens, vgl. BÖCKSTIEGEL/KRÄMER, S. 375.

592 BRACHMANN, S. 56.

593 Vgl. hierzu KOST, S. 25 ff.

zeichnen jene Flughäfen, auf denen eine Landung erlaubt ist und ermöglicht werden muss. Es besteht hingegen kein Anspruch auf die Erteilung eines zeitlich bestimmten Slots. Der Staat hat einzig die Verpflichtung dafür zu sorgen, dass die im Abkommen erwähnten Fluggesellschaften genügend Slots erhalten, damit diese die entsprechenden Verkehrsrechte nutzen können[594].

Einer gänzlich freien Übertragung von Slots auf Sekundärmärkten sind somit Grenzen gesetzt. Die Einhaltung der in den bilateralen Verträgen festgesetzten Start- und Landerechte muss garantiert sein. In einem vollständig liberalisierten, unbeschränkten Markt können die Marktteilnehmer ihre Vertragspartner allerdings frei wählen. Eine Sicherstellung der vertraglich zugesicherten Start- und Landerechte ist folglich im freien Markt nicht gewährleistet.

c) EG-Recht

Es ist weiter zu prüfen, ob das EG-Recht einer freien Slotübertragung entgegensteht. Gemäss einer Studie des deutschen Bundesministeriums für Verkehr, Bau- und Wohnungswesen (BMVBW) aus dem Jahre 1999 stellt das gemeinschaftliche Wettbewerbsrecht allenfalls eine Hürde für die Einführung eines marktorientierten Slotübertragungssystems dar. Demnach darf es nicht dazu kommen, dass die Neuregelung es einem Teil der Marktteilnehmer ermöglicht, Markteintrittsbarrieren für Neueinsteiger zu errichten[595].

aa) Kartellverbot – Art. 81 EGV

Das Wettbewerbsrecht der Europäischen Gemeinschaft[596] untersagt in Art. 81 Abs. 1 EGV[597] Vereinbarungen und aufeinander abgestimmten Verhaltensweisen,

594 Brachmann, S. 68.

595 BMVBW, S. 26; Seidler, S. 179.

596 Festzuhalten ist an dieser Stelle, dass gemäss Art. 11 LVA, das EU-Wettbewerbsrecht auf wettbewerbsrechtliche Sachverhalte in der Schweiz, welche Auswirkungen auf den EU-Markt haben, integral und unmittelbar Anwendung findet und auch der Vollzug den Organen der EU obliegt, Krauskopf/Carron-Roth, S. 172.

597 Art. 81 Abs. 1 EGV (Kartellverbot).

welche den Handel zwischen Mitgliedstaaten zu beeinträchtigen geeignet sind und eine Verhinderung, Einschränkung oder Verfälschung des Wettbewerbs innerhalb des Gemeinsamen Marktes bezwecken oder bewirken

und statuiert somit ein Kartellverbot. Allerdings können gemäss Art. 81 Abs. 3 EGV die Bestimmungen des Abs. 1 auf Vereinbarungen, die zwar den Wettbewerb beschränken, aber dennoch insgesamt als positiv zu bewerten sind, für nicht anwendbar erklärt werden.

Bis Mai 2004 überprüfte die Europäische Kommission im Freistellungsverfahren (Anmeldesystem), ob die Voraussetzungen einer Freistellung vom Kartellverbot vorlagen und erliess gestützt auf Art. 81 Abs. 3 EGV Einzelfreistellungen, stellte Gruppen von Vereinbarungen frei (so genannte Gruppenfreistellungsverordnungen) oder beantwortete Freistellungsanträge mit Verwaltungsschreiben, so genannten comfort letters. In den comfort letters bestätigte die Europäischen Kommission den Unternehmen, dass ihre Absprachen die materiellrechtlichen Voraussetzungen für eine Anwendung von Art. 81 Abs. 3 EGV erfüllten[598].

Aufgrund der am 1. Mai 2004 in Kraft getretenen Verordnung (EG) Nr. 1/2003 des Rates vom 16. Dezember 2002 zur Durchführung der in den Artikeln 81 und 82 des Vertrags niedergelegten Wettbewerbsregeln[599], der so genannten Kartellverfahrensverordnung, hat das europäische Kartellrecht grundlegende Änderungen erfahren. Die Europäische Kommission gewährt nach neuem Recht keine Freistellungen mehr. Im Sinne eines Legalausnahmesystems ist jede Vereinbarung automatisch freigestellt, sofern die Voraussetzungen von Art. 81 Abs. 3 EGV erfüllt sind. Die Unternehmen müssen selbst entscheiden, ob ihre Vereinbarung gegen das EU-Wettbewerbsrecht verstösst oder nicht[600].

598 Mestmäcker/Schweitzer, S. 331 f.

599 Vgl. die Verordnung (EG) Nr. 1/2003 des Rates vom 16. Dezember 2002 zur Durchführung der in den Artikeln 81 und 82 des Vertrags niedergelegten Wettbewerbsregeln, nachfolgend Kartellverfahrensverordnung (EG) Nr. 1/2003, Amtsblatt der Europäischen Union (ABl.) vom 4. Januar 2003, L 1, S. 1.

600 Krauskopf/Carron-Roth, S. 188.

Die von der Europäischen Kommission vor dem Jahr 2004 erlassenen Gruppenfreistellungsverordnungen, welche das Verbot von Art. 81 Abs. 1 EGV für bestimmte näher bezeichnete Arten von Vereinbarungen für unanwendbar erklären[601], bestehen allerdings weiter.

Auch im Luftfahrtsektor gilt seit dem 1. Mai 2004 die Kartellverfahrensverordnung (EG) Nr. 1/2003. Vereinbarungen, Beschlüsse und aufeinander abgestimmte Verhaltensweisen betreffend die Zuweisung von Zeitnischen sind grundsätzlich geeignet, den Wettbewerb zu beschränken und den Handel zwischen Mitgliedstaaten zu beeinträchtigen. Gleichzeitig können sie jedoch eine effiziente Nutzung der Flughafenkapazitäten und des Luftraums ermöglichen. Der Zugang zu überlasteten Flughäfen muss allerdings gewährleistet bleiben, wenn der Wettbewerb nicht ausgeschaltet werden soll[602].

Daher sah die auf den 30. Juni 2005 befristete Gruppenfreistellungsverordnung (EWG) Nr. 1617/93 vor, dass Artikel 81 Absatz 1 EGV unter anderem nicht auf bestimmte Vereinbarungen, Beschlüsse oder aufeinander abgestimmte Verhaltensweisen betreffend die Zuweisung von Zeitnischen auf Flughäfen für Luftverkehrsdienste zwischen Flughäfen der Gemeinschaft anwendbar ist.

Im Juni 2004 hatte die Kommission eine Konsultation über die Neufassung der Verordnung (EWG) Nr. 1617/93 durchgeführt, um zu ermitteln, ob die Gruppenfreistellungsverordnung aufgehoben, in ihrer ursprünglichen Form fortgeführt oder aber in ihrem Anwendungsbereich erweitert werden sollte. Die Reaktionen sei-

601 ENCHELMAIER, S. 264, vgl. weiterführend hierzu CRAIG/DE BURCA, S. 968 f.: „The object of such exemptions is to exclude a generic type of agreement from the ambit of Article 81 (1), thereby obviating the need for separate and timeconsuming individual exemptions."

602 Verordnung (EWG) Nr. 1617/93 der Kommission vom 25. Juni 1993 zur Anwendung von Artikel 85 Absatz 3 EWG-Vertrag auf Gruppen von Vereinbarungen, Beschlüssen und aufeinander abgestimmten Verhaltensweisen betreffend die gemeinsame Planung und Koordinierung von Flugplänen, den gemeinsamen Betrieb von Flugdiensten, Tarifkonsultationen im Personen- und Frachtlinienverkehr sowie die Zuweisung von Zeitnischen auf Flughäfen.

tens der Mitgliedstaaten, der Luftfahrtunternehmen, der Reisebüros und der Verbraucherverbände ergaben, dass es keine hinreichenden Gründe für eine Verlängerung der Gruppenfreistellungsverordnung gab[603].

Die Übergangs-Verordnung (EG) Nr. 1459/2006[604] bestimmt sodann, dass bis am 31. Dezember 2006[605] Artikel 81 Absatz 1 EG-Vertrag

> auf Vereinbarungen zwischen Unternehmen im Luftverkehrssektor, Beschlüsse von Vereinigungen und abgestimmte Verhaltensweisen von Unternehmen in diesem Sektor nicht anwendbar ist, die Folgendes bezwecken: [...] die Abhaltung von Konsultationen über die Zuweisung von Zeitnischen und die Planung von Flugzeiten für Luftverkehrsdienstleistungen, deren Ursprungsort und/oder Bestimmungsort in der Gemeinschaft liegt.

Voraussetzung ist allerdings, dass es sich um Luftverkehrsdienste handelt, deren Ursprungs- und/oder Zielort innerhalb der Gemeinschaft liegt.

Seit dem 31. Dezember 2006 muss die Luftfahrtindustrie selbst ermitteln, ob die Vereinbarungen und abgestimmten Verhaltensweisen zwischen Unternehmen und die Beschlüsse von Unternehmensvereinbarungen, die von Artikel 81 Absatz 1 EGV erfasst werden, die Voraussetzungen von Artikel 81 Abs. 3 erfüllen oder ob die Vereinbarungen abzuändern sind. Bei der Ermittlung der Zulässigkeit der Vereinbarungen ist unter anderem zu berücksichtigen, ob alle betroffenen Luftfahrtunternehmen an den Scheduling Conferences teilnehmen können[606].

603 Ganzer Abschnitt, vgl. Amtsblatt der Europäischen Union (ABl.) vom 18. Februar 2006, C 42, S. 15.

604 Art. 1 der Verordnung (EG) Nr. 1459/2006 der Kommission vom 28. September 2006 über die Anwendung von Artikel 81 Absatz 3 EG-Vertrag auf bestimmte Gruppen von Vereinbarungen und aufeinander abgestimmten Verhaltensweisen betreffend Konsultationen über Tarife für die Beförderung von Passagieren im Personenlinienverkehr und die Zuweisung von Zeitnischen auf Flughäfen.

605 Art. 4 Verordnung (EG) Nr. 1459/2006.

606 Verordnung (EG) Nr. 1459/2006, S. 1f.

bb) Missbrauchskontrolle – Art. 82 EGV

Auch wenn Unternehmen ihr Verhalten auf dem Markt nicht untereinander koordinieren, sondern wenn sie durch einseitiges Verhalten den Wettbewerb beschränken, kann dies durch das europäische Kartellrecht verboten sein. Gemäss Art. 82 EGV ist

> die missbräuchliche Ausnutzung einer beherrschenden Stellung auf dem Gemeinsamen Markt oder auf einem wesentlichen Teil desselben durch ein oder mehrere Unternehmen [verboten], soweit dies dazu führen kann, den Handel zwischen Mitgliedstaaten zu beeinträchtigen.[607]

Das Besitzen einer marktbeherrschenden Position alleine ist somit nicht mit Art. 82 EGV unvereinbar, wohl aber ein missbräuchliches Ausnutzen dieser Position.

cc) Staatliche Beihilfen – Art. 87 EGV

Staatliche Beihilfen sind – abgesehen von gewissen Ausnahmen – nach Art. 87 EGV unzulässig,

> [wenn sie] durch die Begünstigung bestimmter Unternehmen oder Produktionszweige den Wettbewerb verfälschen oder zu verfälschen drohen, [... und] soweit sie den Handel zwischen Mitgliedstaaten beeinträchtigen.

Das LVA übernimmt in Art. 13 die inhaltlich identische Bestimmung von Art. 87 EGV.

Als Beihilfen gelten nach der Rechtsprechung des EuGH nicht nur positive Leistungen an den Begünstigten wie Geld- oder Sachleistungen, sondern auch die Befreiung von Leistungen, die der Begünstigte im Normalfall hätte erbringen müssen. Allerdings liegt die Begünstigung nur vor, wenn der Vorteilsleistung keine angemessene Gegenleistung gegenübersteht. Ausnahmsweise können allerdings staatliche Beihilfen unter gewissen Bedingungen[608] zur

607 Vgl. hierzu KRAUSKOPF/CARRON-ROTH, S. 180ff.

608 Die Begünstigungen dürfen nur in Form von Darlehen oder Bürgschaften und nur zu einem angemessenen Marktzins gewährt werden und dürfen nur vorübergehenden Charakter haben (die Rückzahlung soll innerhalb von zwölf Monaten nach der Auszahlung des Betrages erfolgen). Zudem muss die Möglichkeit der Weiterführung des Unternehmens bis zur Erstellung eines

Rettung und Umstrukturierung eines Unternehmens gewährt werden[609].

dd) Schlussfolgerung

Aus den erörterten EG-Bestimmungen kann geschlossen werden, dass das europäische Wettbewerbsrecht einer Liberalisierung des Slotmarktes in Europa grundsätzlich nicht entgegensteht. Allerdings auferlegt das EG-Wettbewerbsrecht den beteiligten Unternehmen zahlreiche (vorne erörterte) Vorgaben, die zur Aufrechterhaltung eines wettbewerbsfähigen Marktes beitragen.

d) Nationales Recht

Im Rahmen von Art. 81 und 82 EGV ist, sobald sich ein Sachverhalt auf mehrere EG-Staaten auswirkt, EG-Recht anzuwenden. Das nationale (Kartell-) Recht findet nur noch Anwendung, wenn sich Vereinbarungen rein innerstaatlich oder aber einzig im Verhältnis eines EG-Staates zu einem oder mehreren Drittstaaten auswirken[610]. Die so genannte Zwischenstaatlichkeitsklausel grenzt somit den Anwendungsbereich des nationalen und des EG-Rechts voneinander ab[611]. An die Zwischenstaatlichkeit werden in der Praxis allerdings keine allzu hohen Anforderungen gestellt, sie wird weit ausgelegt[612]. Bereits mittelbare Auswirkungen genügend zur Erfüllung der Klausel[613].

Umstrukturierungs- oder Liquiditätsplans oder bis zum entsprechenden Kommissionsentscheid gegeben sein und die Rettungsbeihilfe muss durch aktuelle soziale Gründe gerechtfertigt sein sowie nur einen verhältnismässigen Beihilfebetrag umfassen. Daneben muss ein Umstrukturierungsplan innerhalb von sechs Monaten nach Notifizierung an die Europäische Kommission vorliegen und eine hinreichende Aussicht auf eine erfolgreiche Umstrukturierung gegeben sein; BREITENMOSER/SEITZ, S. 205, mit ausführlicher Besprechung der Entscheidpraxis von Kommission und EuGH.

609 BREITENMOSER/SEITZ, S. 202f.

610 VON BÜREN/MARBACH, S. 355.

611 MESTMÄCKER/SCHWEITZER, S. 96.

612 VON BÜREN/MARBACH, S. 355.

613 MESTMÄCKER/SCHWEITZER, S. 132.

Bei der Einführung eines liberalisierten Slothandels ist in praktisch allen denkbaren Fällen die Zwischenstaatlichkeit gegeben. Sogar wenn die Slots für eine Strecke zwischen zwei koordinierten Flughäfen innerhalb eines Staates von einer Fluggesellschaft dieses Staates an eine andere Fluggesellschaft desselben Staates verkauft würden, ist die Zwischenstaatlichkeit erfüllt. Diesfalls könnte nämlich der Zugang zum Markt für potentielle ausländische Fluggesellschaften versperrt werden. Auch in einem solchen Falle ist somit EG-Recht anzuwenden. Die Vereinbarkeit von nationalem Kartellrecht und der Einführung eines liberalisierten Slothandels ist daher nicht zu prüfen.

e) Zwischen-Fazit

Die Einführung eines Slothandels ist sowohl mit dem Chicago-Übereinkommen und den bilateralen Verträgen als auch mit dem EG-Recht vereinbar. Innerhalb der soeben erörterten wettbewerbsrechtlichen Schranken ist eine marktwirtschaftliche Übertragung von Slots rechtlich zulässig.

3. Ausgestaltung eines Slotmarktes

a) Phasen eines Slot-Sekundärhandels

Die Einführung eines flächendeckenden Handels mit Slots in der EU und der Schweiz könnte folgendermassen ablaufen: Die Slots werden initial entsprechend der geltenden Prioritätenregelung durch den Flugplankoordinator vergeben. Dies bedeutet insbesondere, dass aufgrund der Grossvater-Regel eine etablierte Fluggesellschaft einen Slot (erneut) zugeteilt erhält.

Im Unterschied zum bisherigen Verfahren erhielten die Fluggesellschaften allerdings dauerhafte – allenfalls durch den Staat oder eine Flughafenbehörde entziehbare – (Eigentums-)Rechte zugestanden. Nach der Erst-Allokation können die Fluggesellschaften die erhaltenen Slots im Rahmen eines Sekundärmarktes verkaufen oder verleasen[614].

614 HÜSCHELRATH, S. 182.

b) Alleinige Folgeallokation über den Handel

Es wäre auch möglich, anschliessend an eine Erstallokation der Start- und Landerechte gemäss Slotverordnung, die Folgeallokation der Slots, die bisher an den halbjährlichen Scheduling Conferences vorgenommen wurde, einzig über den Handel abzuwickeln. Im Hinblick auf die Chancen der neu in den Markt eintretenden Fluggesellschaften sind allerdings sich wiederholende Verteilungsrunden vorzuziehen[615].

c) Gemeinden als Slotkäufer

Einige Autoren sind der Auffassung, wonach bei einem Sekundärmarkt für Start- und Landerechte analog der Buy Sell Rule in den USA als Käufer und Verkäufer nicht nur Luftfahrtunternehmen zugelassen werden sollten[616]: Der Markt sollte auch Maklern, luftfahrtfremden Unternehmen, Einzelpersonen und Gemeinden offen stehen. Eine derartige Öffnung des Marktes hätte den Vorteil, dass eine Vielzahl von Slots an unterschiedliche Interessen verfolgende Gruppierungen gelangen würde. Dies könnte die Gefahr wettbewerbsschädigender Absprachen unter den Fluggesellschaften senken.[617]

Bei einer Teilnahme nicht direkt mit der reinen Luftverkehrsleistung verbundener Organisationen an einem Slotmarkt darf überdies die Gefahr schädlicher Finanzspekulationen für die Luftfahrt nicht ausser Acht gelassen werden[618]. Einleuchtend ist meines Erachtens der Ansatz von Willecke/Holz, die den Slothandel auf jene Unternehmen beschränken wollen, die ein ökonomisches

615 WEIMANN, S. 160; vgl. auch WOLF HARTMUT, Vergabe von Start- und Landerechten, S. 197: Die Zeitspanne, die zwischen zwei Slotverteilungsrunden liegen soll, darf allerdings nicht zu kurz sein, da das Bedürfnis nach Planungssicherheit der etablierten Fluggesellschaften – insbesondere bei Linienfluggesellschaften – mit jenem der Newcomer, einen Slot zu erhalten kontrastiert.

616 WEIMANN, S. 161.

617 LANGNER, Allocation of Slots, S. 169ff.

618 WENDLIK, S. 271.

Interesse an der Transportdurchführung haben und nicht rein spekulativ tätig sind[619].

d) Beibehaltung der use-it-or-lose-it-Regel

Die Statuierung einer use-it-or-lose-it-Regel hat, wie erwähnt[620], zum Ziel, das Horten von Slots zu verhindern. Es stellt sich die Frage, ob bei der Einführung eines Slot-Sekundärhandels das Horten von Slots begünstigt würde. Obwohl die Erfahrung zeigt, dass sich ein solches Verhalten in anderen Märkten nicht bewährt hat, könnten im Luftverkehrsmarkt Anreize zum Horten bestehen. Das Gut Slot kann nämlich im Vergleich zu anderen Märkten – jedenfalls kurzfristig – nicht vermehrt werden[621].

Allerdings muss ein Slot beim Bestehen eines Sekundärmarktes nicht mehr in einer ineffizienten Weise benutzt werden, nur um den Verlust des Slots zu verhindern. Da der Slot nicht mehr entschädigungslos in den Pool gelangt, sondern gegen einen Marktpreis der Konkurrenz abgetreten wird, steigt der Anreiz, ineffizient verwendete Slots nicht zu horten, sondern zu verkaufen, um den Gewinn zu maximieren.

Die Erfahrungen der USA[622], wonach die stärksten Fluggesellschaften ihre Slotportfolios nach der Einführung der Buy Sell Rule ausbauen konnten, spricht allerdings für ein Beibehalten der use-it-or-lose-it-Regel auch im Rahmen eines Slot-Sekundärmarktes.

4. Vorteile einer Einführung eines Slot-Sekundärmarktes

a) Steigerung der Effizienz

Die Einführung eines Slothandels bewirkt, dass der kostenlos zugeteilte Slot einen Geldwert erhält, da die Fluggesellschaft den Slot verkaufen kann. Die Nutzung eines Slots führt zu so genannten

619 WILLECKE/HOLZ, S. 64.
620 Vgl. S. 52 ff. vorne.
621 KNIEPS, Slothandel, S. 11.
622 Vgl. S. 158 ff. hinten.

Opportunitätskosten[623] in der Höhe des bei einem Slotverkauf erzielbaren Verkaufspreises[624]. Hat eine Fluggesellschaft keine ausreichende eigene Verwendung für den Slot, verkauft sie ihn, da der damit erzielbare Preis höher ist als der Nutzen aus der eigenen Verwendung. Hat beispielsweise ein Newcomer eine effizientere Verwendung für einen durch Grossvater-Rechte an einen etablierten Anbieter zugewiesenen Slot, findet ein Verkauf des Slots statt. Da sich alle Marktteilnehmer an ihren Opportunitätskosten orientieren, ist es wahrscheinlich, dass die Slots im Idealfall in ihrer effizientesten Verwendung eingesetzt werden[625].

b) Erhöhung der Flexibilität

Ein Sekundärmarkt hat insbesondere den Vorteil, dass die Luftfahrtunternehmen auf Änderungen der Rahmenbedingungen[626] flexibel reagieren können[627]. Da für die Bedienung einer bestimmten Route ein Slot sowohl auf dem Start- wie auch auf dem Landeflughafen zur Verfügung stehen muss, könnte ein Sekundärmarkt auch hilfreich sein, wenn beispielsweise nur eine der beiden benötigten Zeitnischen im primären Verteilungsverfahren zugeteilt wurde[628].

5. Auswirkungen auf Neubewerber und etablierte Luftverkehrsunternehmen

a) Relevante Erstallokation

Für die Beurteilung der Auswirkungen eines freien Slothandels auf die Marktzutrittsmöglichkeit neuer Anbieter ist das Verfahren der

623 Als Opportunitätskosten bezeichnet man die Kosten der alternativen Verwendung eines knappen Faktors.

624 KNIEPS, Slothandel, S. 14.

625 WEIMANN, S. 163.

626 Veränderte Rahmenbedingungen können z.B. aufgrund eines Aufbaus oder einer Einstellung gewisser Strecken, aber auch aufgrund eines Markteintritts eines Newcomers vorliegen.

627 BORRMANN, S. 688.

628 WILKEN, S. 214.

primären Slotallokation entscheidend. Es ist fraglich, ob ohne Änderung des Primär-Allokationsverfahrens eines Sekundärmarktes der Marktzutritt neuer Fluggesellschaften erleichtert wird.

Erfahrungen in den USA[629] zeigen, dass die alleinige Einführung eines Sekundärmarktes ohne Implementierung eines teilweise marktwirtschaftlichen primären Verteilungsverfahrens den Marktzutritt für neue Luftfahrtunternehmen nur geringfügig erleichtert. Für den Newcomer besteht zwar auf einem Sekundärmarkt die Möglichkeit, die notwendigen Zeitfenster von anderen Fluggesellschaften oder allenfalls weiteren Organisationen[630] zu kaufen, es entstehen ihm jedoch wesentlich höhere Markteintrittskosten als dem etablierten Luftfahrtunternehmen, welches durch Grossvater-Rechte zahlreiche attraktive Slots bereits besitzt, ohne hierfür Zahlungen geleistet zu haben.

b) Marktsperrung durch etablierte Luftfahrtunternehmen

Seitens der etablierten Fluggesellschaften wird bei der Einführung eines Sekundärmarktes ein strategisch defensives Verhalten erwartet. Es ist durchaus vorstellbar, dass durch Grossvater-Rechte zugeteilte Slots trotz hoher Kosten in einer ineffizienten Verwendung eingesetzt werden. Auf diese Weise könnten sie den Markteintritt eines Neuanbieters verhindern; die Erfahrungen der USA bestätigen diese Vermutung[631].

c) IATA

Bei der Beurteilung der Chancen einer Einführung eines Slot-Sekundärmarktes nicht zu vernachlässigen ist der Umstand, dass die IATA ein freies Marktmodell in Europa vorerst ablehnt. Gemäss IATA sind intensive Analysen der Marktmechanismen notwendig, um eine „revolution in air transport regulation“ in Form einer Einführung eines freien Slotmarktes sowie alternativer Allokations-

629 Vgl. S. 158ff. hinten.
630 Vgl. S. 116f. vorne.
631 Vgl. S. 158ff. hinten.

methoden umzusetzen. Zudem könne die Einführung unter anderem unerwünschte Nebeneffekte zeitigen und kaum Vorteile bringen[632]. Auch die etablierten Luftfahrtunternehmen, die zum jetzigen Zeitpunkt von der Vergabe der Grossvater-Rechte profitieren, lehnen mehrheitlich jegliche Form eines Slothandels ab[633].

Aufgrund dieses Widerstandes gegen eine Freigabe des Slotshandels ist es zur Zeit nicht wahrscheinlich, dass sich eine marktwirtschaftliche Lösung auf europäischer Ebene in nächster Zeit durchsetzen kann[634].

6. *Fazit*

Die Normen des Chicago-Übereinkommens und der bilateralen Verträge sowie das EG-Recht stehen grundsätzlich einer Einführung eines Slot-Sekundärmarktes nicht entgegen. Allerdings statuieren insbesondere das Chicago-Übereinkommen in Bezug auf den nichtkommerziellen Gelegenheitsverkehr und das EG-Wettbewerbsrecht hinsichtlich der Aufrechterhaltung eines wettbewerbsfähigen Marktes gewisse Auflagen.

Eine Liberalisierung des Slotmarktes könnte zu einer besseren Koordination der Start- und Landerechte auf den einzelnen Flughäfen verhelfen[635]. Die Möglichkeit einer Effizienzsteigerung und grössere Flexibilität stellen die hauptsächlichen Vorteile eines Slot-Sekundärmarktes dar.

Die Übereinstimmung von Angebot und Nachfrage kann aufgrund eines Slot-Sekundärmarktes unter Umständen wesentlich höher sein als wenn – zumindest während der laufenden Flugplan-

632 IATA Comments on the European Commission's Staff Working Document regarding Commercial Slot Allocation Mechanisms, S. 8.

633 Sandvoss, S. 89.

634 Vgl. auch Hüschelrath, S. 287.

635 Borrmann, S. 688 und Höfner, S. 301 ff. Vgl, allerdings Doganis, Airline Business, S. 15 f.: „[...] attempts to open up the system of slot allocation by abandoning the grandfather rules are unlikely to be any more successful in generating real competition than they have been in the past. [...] more open and transparent slot auctions and secondary slot trading may still be considered.“

periode – die Slots abgesehen von vereinzelten Tauschabläufen statisch im Besitze einer Fluggesellschaft verbleiben.

Besonderes Augenmerk bei der Einführung eines liberalisierten Slot-Markts ist der Stellung der Neubewerber zu schenken, insbesondere hinsichtlich der Möglichkeit, neue Slots zu erwerben[636]. Ein Vorgehen, wonach die Slots für eine endliche Nutzungsperiode zugeteilt und danach wieder in den Slotpool zurückfliessen würden[637], könnte diesem Anliegen Rechnung tragen.

Ausserdem gilt es gerade im Zusammenhang mit der Einführung eines Slot-Sekundärmarktes, Anreize zu schaffen[638], um die Fluggesellschaften zum Einsatz eines nicht nur ökonomischen, sondern soweit als möglich auch umweltverträglichen Fluggeräts zu bringen[639].

636 EWERS, S. 1 und OLIVA/HÜTTENMOSER/LÜKING, S. 72.

637 WITTMANN, S. 134f.

638 „Die Europäische Kommission hat die Möglichkeit erwogen, Umweltkriterien, wie zum Beispiel den Lärmausstoss des Fluggeräts, in die Regeln für die Vergabe von Zeitnischen einzubeziehen", in: SEK 2002 373, Ziff. 14. Die Europäische Kommission hielt fest, dass es langfristig anzustreben sei, dass die Umwelt-freundlichkeit des Luftverkehrs in einem Masse gesteigert werde, das die negativen Auswirkungen des Wachstums übersteige, KOM 1999 640, Ziff. 5, S. 6. Ökologische Kriterien wurden schlussendlich nicht in die revidierte Slotverordnung aufgenommen, da die Kommission einräumte, die Auswirkungen einer solchen Modifizierung der vorhandenen rechtlichen Systeme erfordere eine weitergehende sorgfältige Prüfung erfordern, um eine Störung des Verhältnisses zwischen den Interessen etablierter Luftfahrtunternehmen und neuer Marktteilnehmer zu verhindern. Die Kommission zog daraus den Schluss, Vorschläge für die Zuweisung von Slots auf der Grundlage von Umweltschutzleistungen der Luftfahrtunternehmen erst zu einem späteren Zeitpunkt zu machen, in: KOM 1999, 640, Ziff. 62 c, S. 23.

639 WILLECKE/HOLZ, S. 5f.

III. Die Revision der europäischen Slotverordnung

A. Verfahren der Verordnungsrevision

1. *Ausgangslage*

Die Geltungsdauer der europäischen Slotverordnung war ursprünglich auf den 1. Juli 1997 begrenzt. Bis zum 1. Januar 1996 hätte die Europäische Kommission einen Vorschlag über die Fortgeltung oder Abänderung der Verordnung vorlegen müssen. Unterschiedliche Auffassungen der Kommissionen Verkehr und Wettbewerb in Bezug auf eine Liberalisierung der Slotvergabe und eine allfällige Freigabe eines Slot-Sekundärmarktes haben die Ausarbeitung eines Kommissionsentwurfes jedoch während längerer Zeit verzögert[640].

Um die notwendigen Änderungen der Slotverordnung in technischer und begrifflicher Hinsicht nicht zu gefährden, wurde die Reform in zwei Phasen aufgeteilt: In einem ersten, formalen Schritt sollten keine grundlegenden Neuerungen in die Verordnung eingefügt werden[641]. Ziel dieser ersten Phase war es, Klarheit und Transparenz, welche die Verordnung (EWG) Nr. 95/93 teilweise vermissen liess, zu schaffen, indem beispielsweise Zweideutigkeiten in Bezug auf das Verfahren der Zuweisung von Slots oder deren Übertragung beseitigt wurden[642]. Die Einführung alternativer Allokationsmodelle sowie einer Legalisierung eines Slot-Sekundärmarktes wird hingegen erst in einer zweiten Phase in Angriff genommen.

640 SEIDL, S. 207.
641 Vgl. BASS, S. 82 ff.; Morrisroe/Cole, S. 12: „This is the first step in a comprehensive revision process of the slot Regulation in Europe – further reviews are to be scheduled."
642 KOM 2004 136, S. 2.

Die erste Verfahrensphase wurde im April 2004 mit der Unterzeichnung der revidierten Slotverordnung[643] durch das Europäische Parlament und den Rat erfolgreich abgeschlossen. Die zweite Phase, die allenfalls zu grundlegenden Änderungen führen könnte, soll in den nächsten Jahren in Angriff genommen werden.

2. *Mitentscheidungsverfahren*

Wie bei den meisten Rechtsetzungsverfahren in der EG fand auch bei der Revision der Slotverordnung das Verfahren der Mitentscheidung[644] Anwendung. Im Rahmen dieses Verfahrens können Rechtsakte und deren Änderung nur vom Europäischen Rat und dem Europäischen Parlament gemeinsam erlassen werden[645].

Zu Beginn des Verfahrens fordern Rat[646] oder Parlament[647] die Kommission auf, einen Änderungsvorschlag vorzulegen[648] oder aber die Kommission wird von sich aus tätig. Letztere unterbreitet danach im Rahmen ihres Initiativrechts Rat und Parlament gleichzeitig ihren Vorschlag für den Rechtsakt oder dessen Änderung[649]. Seit dem EG-Vertrag in der Fassung von Amsterdam besteht zudem die Möglichkeit, ein Dossier im Mitentscheidungsverfahren bereits nach der ersten Lesung abzuschliessen. Diese neue Bestimmung erfordert parallele Beratungen in beiden Organen, einen intensiven Informationsaustausch und eine starke Bereitschaft des Ratsvorsitzes zu Sondierungsgesprächen und Verhandlungen mit dem Europäischen Parlament.

643 Verordnung (EWG) Nr. 95/93, zuletzt geändert durch Verordnung (EG) Nr. 793/2004.
644 Art. 251 EGV.
645 Art. 251 EGV; EPINEY/RIEDER/VON DANCKELMANN, S. 104.
646 Art. 208 EGV.
647 Art. 192 Abs. 2 EGV.
648 Die Kommission muss der Aufforderung nicht nachkommen. In diesem Falle könnten Parlament und Rat jedoch eine Untätigkeitsklage nach Art. 232 EGV anstreben; vgl. HETMEIER, Rz 4 zu Art. 251 EGV.
649 Art. 251 Abs. 2 EGV.

a) Abschluss nach erster Lesung

Nach der Stellungnahme des Parlaments zum Kommissionsvorschlag[650] – mit oder ohne Änderungsanträgen – hat der Rat folgende Möglichkeiten: Entweder billigt er das Ergebnis der ersten Lesung des Parlaments mit den Änderungen, die das Parlament vorgeschlagen hat; in diesem Falle kann bereits in erster Lesung eine Einigung erzielt werden und der Rechtsakt wird vom Rat erlassen[651]. Wenn das Parlament selbst kcine Änderungen vorschlägt und der Rat zustimmt, kann[652] der Rechtsakt in Form des Kommissionsvorschlages nach einer rechtlichen und sprachlichen Überarbeitung vom Rat erlassen[653] und den Präsidenten und Generalsekretären des Parlaments und des Rates zur Unterzeichnung vorgelegt werden.

b) Keine Einigung in erster Lesung

Der Rat kann jedoch das Ergebnis der ersten Lesung des Parlaments auch ablehnen und einen so genannten „Gemeinsamen Standpunkt“ ausarbeiten[654]. In diesem Falle nimmt das Parlament in einer zweiten Lesung binnen dreier Monate zum Gemeinsamen Standpunkt des Rates Stellung[655].

Billigt das Parlament diesen Gemeinsamen Standpunkt oder fasst es keinen Beschluss, gilt der Rechtsakt entsprechend der Fassung des Gemeinsamen Standpunktes als erlassen[656]. Lehnt das Parlament den Gemeinsamen Standpunkt mit absoluter Mehrheit seiner Mitglieder ab, so gilt der Rechtsakt als gescheitert[657]. Schlägt das Parlament Änderungen zum Gemeinsamen Standpunkt des

650 Art. 251 Abs. 2, Uabs. 2, 1. Hs EGV.
651 Art. 251 Abs. 2, Uabs. 2 EGV.
652 Die „kann-Formulierung“ verdeutlicht, dass der Rat vom Parlament nicht zum Erlass gezwungen werden kann; vgl. HETMEIER, Rz 4 zu Art. 251 EGV.
653 Art. 251 Abs. 2 Uabs. 2, 2. Spstr. EGV.
654 Art. 251 Abs. 2 Uabs. 2, 3. Spstr. EGV.
655 Art. 251 Abs. 2 Uabs. 3 EGV.
656 Art. 251 Abs. 2 Uabs. 2 EGV.
657 Art. 251 Abs. 2 Uabs. 3 lit. b EGV.

Rates mit absoluter Mehrheit vor[658], wird diese Fassung Rat und Kommission zugeleitet und die Kommission gibt ihrerseits eine Stellungnahme dazu ab.

Bei zustimmender Stellungnahme der Kommission kann der Rat binnen dreier Monate den durch die Änderungen des Parlaments modifizierten Gemeinsamen Standpunkt billigen und mit qualifizierter Mehrheit erlassen[659]. Bei ablehnender Stellungnahme der Kommission kann der Rat Änderungen entgegen dieser Kommissionsstellungnahme billigen und den Rechtsakt trotzdem erlassen[660]; dann allerdings ist Einstimmigkeit verlangt.

c) Vermittlungsausschuss

Billigt der Rat bei ablehnender oder zustimmender Stellungnahme der Kommission nicht alle Änderungen des Parlaments, wird innert sechs Wochen ein Vermittlungsausschuss[661] eingesetzt, der eine Einigung zwischen Rat und Parlament erzielen soll[662]. Bleibt die Einigung aus[663], kommt es zu einem „Gemeinsamen Entwurf"[664]. Rat und Parlament behandeln diesen gemeinsamen Entwurf anschliessend während sechs Wochen[665]. Lehnt ein Gremium den Entwurf ab, gilt der Rechtsakt als gescheitert[666]. Wird der Gemeinsame Entwurf hingegen im Rat mit qualifizierter Mehrheit und kumulativ im Parlament mit absoluter Mehrheit angenommen[667], gilt der Rechtsakt als erlassen[668].

658 Art. 251 Abs. 2 Uabs. 3 lit. c EGV.
659 Art. 251 Abs. 3 Satz 1 EGV.
660 Art. 251 Abs. 3 Satz 1 EGV.
661 Dieser Vermittlungsausschuss besteht aus je fünfzehn Mitgliedern von Rat und Parlament unter Teilnahme der Kommission.
662 Art. 251 Abs. 3 und Abs. 4 EGV.
663 Kann im Vermittlungsausschuss keine Einigung erzielt werden, gilt der vorgeschlagene Rechtsakt als gescheitert, vgl. Art. 251 Abs. 6 EGV.
664 Art. 251 Abs. 5 Satz 1 EGV.
665 Auf Initiative von Parlament oder Rat kann die Sechs-Wochen-Frist um zwei Wochen, die Drei-Monats-Frist um einen Monat verlängert werden, vgl. Art. 251 Abs. 7 EGV.
666 Art. 251 Abs. 5 Satz 2 EGV.
667 Art. 251 Abs. 5 Satz 1 EGV.
668 Vgl. zum Ganzen BREITENMOSER/HUSHEER, S. 161, 162.

3. *Erste Phase – „technische“ Revision der Slotverordnung*

a) Zunächst keine Einigung in den Kommissionen

Obwohl alle europäischen Gremien der Überzeugung waren, dass eine Reform der Slotverordnung dringend notwendig sei, konnten die zuständigen Generaldirektionen der Kommissionen Verkehr und Wettbewerb keinen Konsens über die Einschränkung des Bestandesschutzes der Grossvater-Rechte und über die allfällige Einführung eines Slot-Sekundärmarktes erzielen.

EG-Verkehrskommissar Neil Kinnock[669] beabsichtigte, für Start- und Landerechte einen freien Markt einzuführen, der EG-Wettbewerbskommissar Karel van Miert[670] lehnte dies hingegen ab, weil seines Erachtens der Verkauf von Slots die starke Position der etablierten Luftverkehrsgesellschaften zwangsläufig verstärken und damit die bestehenden Markteintrittsbarrieren erhöhen würde[671].

b) Anstoss durch Loyola de Palacio

Im Jahre 2000 äusserte Loyola de Palacio, die damals neu gewählte Kommissarin für Energie und Verkehr die Absicht, erneut Vorschläge bezüglich alternativer Allokationsmechanismen und die Einführung eines Slot-Sekundärmarktes vorwärts zu treiben. Dieses Vorgehen hatten jedoch etliche EG-Mitgliedstaaten und eine grosse Lobby nationaler Fluggesellschaften erfolgreich verhindert. Indes wurde beschlossen, dass die Kommission zunächst eine rein technische Reform der Slotverordnung ausarbeiten sollte. Die Diskussion über die Einführung alternativer Allokationsmechanismen

669 Im Jahre 2000 hat Loyola de Palacio, Spanien, das Amt von Neil Kinnock übernommen, der seinerseits bis am 21. November 2004 als Vizepräsident der Kommission amtete. Seit dem 21. November 2004 führt nun Jacques Barrot, Frankreich, die Verkehrskommission.

670 Im Jahre 2000 hat Mario Monti, Italien, das Amt von Karel van Miert übernommen. Seit dem 21. November 2004 führt Neelie Kroes, Niederlande, diese Kommission.

671 Seidl, S. 207f.

sowie eines Sekundärmarktes sollten – wie bereits erwähnt – erst in einer zweiten Phase behandelt werden[672].

c) Legislativverfahren der europäischen Gremien

Mit Schreiben vom 22. Juni 2001 unterbreitete die Kommission dem Europäischen Parlament gemäss Art. 80 Abs. 2 EGV[673] einen Vorschlag für eine Änderung der Verordnung (EWG) Nr. 95/93 des Rates vom 18. Januar 1993 über gemeinsame Regeln für die Zuweisung von Zeitnischen auf Flughäfen der Gemeinschaft. Dieses Dokument erhielt interimistisch den Namen KOM 2001 335 – 2001/0140 (COD)[674].

Am 20. März 2002 nahm der Europäische Wirtschafts- und Sozialausschuss zum Vorschlag Stellung und billigte das Vorgehen grundsätzlich[675]. Am 11. Juni 2002 legte das Europäische Parlament seinen Standpunkt in erster Lesung vor[676]. Anlässlich seiner Plenartagung hatte das Parlament den Kommissionsvorschlag für eine Slotverordnung zwar vorbehältlich einer Reihe von Abänderungen, aber dennoch mit grosser Mehrheit gebilligt. Bereits am 8. November 2002 unterbreitete die Kommission dem Parlament den geänderten Vorschlag für eine Revision der Slotverordnung[677];

672 Boyfield, S. 37.

673 Art. 80 Abs. 2 EGV: „Der Rat kann mit qualifizierter Mehrheit darüber entscheiden, ob, inwieweit und nach welchen Verfahren geeignete Vorschriften für die Seeschifffahrt und die Luftfahrt zu erlassen sind."

674 Stockmann, Bericht, Geschäftsordnungsseite, S. 4; Die Abkürzung COD bedeutet, dass das Mitentscheidungsverfahren Anwendung findet.

675 Die Stellungnahme wurde am 20. März 2002 verabschiedet; vgl. Amtsblatt der Europäischen Gemeinschaften (ABl.) vom 27.5.2002. Der Wirtschafts- und Sozialausschuss ist kein Organ der Europäischen Union im eigentlichen Sinne wie Rat, Kommission und Parlament, das der Gemeinschaft zugewiesene Aufgaben in rechtlich verbindlicher Weise wahrnimmt. Der Ausschuss ist am Rechtsetzungsprozess nur in beratender Funktion beteiligt. Er erarbeitet Stellungnahmen zu den Vorschlägen der Kommission, sofern er ein Anhörungsrecht geniesst oder vom Rat dazu aufgefordert wird [Anmerkung: In Sachen Verkehr hat der Ausschuss ein Anhörungsrecht; vgl. Catling, S. 175.]. Er setzt sich aus 222 Mitgliedern der fünfzehn EG-Staaten zusammen, vgl. Seidl, S. 92 ff.

676 Caveri, Bericht 2003, S. 4.

677 Caveri, Bericht 2003, S. 4.

Beratungen in Parlament und Rat folgten. Am 19. Februar 2004 wurde der Gemeinsame Standpunkt vom Rat angenommen[678] und linguistisch überprüft.

Bereits im März und April 2004 nahm das Europäische Parlament in zweiter Lesung Stellung, am 21. April 2004 schliesslich wurde die neue Verordnung von Parlament und Rat unterzeichnet, am 1. August 2004 ist sie in Kraft getreten.

4. *Zweite Phase – Chancen alternativer Allokations-Verfahren*

a) Positionierung der Länder

Aufgrund der bereits erörterten[679] liberalen Handhabung des Tauschhandels von Slots erstaunt es kaum, dass gerade Grossbritannien sich für einen Slot-Sekundärmarkt ausspricht und alternativen Allokationsmöglichkeiten aufgeschlossen gegenüber steht:

> Britain is one of the Member States that is in favour of adopting a more market-orientated approach to the allocation of slots at congested airports. Such an approach would also allow for an open, transparent market in the secondary trading of slots. The Civil Aviation Authority (CAA) has consistently supported such an initiative and has published its own views in detailed studies. Treasury officials are also in favour of such a radical overhaul to the allocation of slots. The Treasury's viewpoint is not entirely altruistic, since it senses that it can levy a windfall tax on revenue generated by such slot sales.[680]

Die Koordinatoren von Portugal[681], Griechenland[682], Italien[683], Spanien[684] und Österreich[685] drücken offen ihre Abneigung gegen die Einführung eines Sekundärmarktes aus.

678 KOM 2004 136, S. 2.
679 Vgl. S. 96 ff. vorne.
680 BOYFIELD, S. 38 ff.
681 Fachgespräch mit CYSNEIROS MARIA ISABEL, Koordinatorin Portugal.
682 Fachgespräch mit MENZOU NIKI, Koordination Griechenland.
683 Fachgespräch mit GIORDANO RENATO, Koordinator Italien.
684 Fachgespräch mit MONASTERIO IGNACIO, Koordinator Spanien.
685 Fachgespräch mit SAGER ANDREAS, Koordinator Österreich.

b) Positionierung der Luftfahrtunternehmen

Von grosser Wichtigkeit im Zusammenhang mit einer radikalen Änderung des Allokationssystems wird die Haltung der grossen Luftverkehrsgesellschaften sein. Allerdings sind sich diese bei Weitem nicht einig:

aa) Luftfahrtunternehmen mit Heimatflughäfen ohne Slotknappheit

Grundsätzlich kann davon ausgegangen werden, dass jene Luftverkehrsgesellschaften einem Slothandel positiv gegenüber stehen, die an ihrem Heimatflughafen nicht unter Slotknappheit leiden: Bei der Einführung eines Slothandels könnten diese Luftfahrtunternehmen an slotknappen Flughäfen Slots erwerben. Dadurch können sie geschlossene Märkte eindringen und ihre Marktanteile erhöhen.

Luftfahrtunternehmen, auf deren Heimatflughäfen keine Slotknappheit vorhanden ist und bereits bis anhin jedes Luftfahrtunternehmen einen beantragten Slot erhielt, können durch die Einführung eines Slotshandels ohnehin keine gesicherte Position verlieren[686].

bb) Luftfahrtunternehmen mit Heimatflughäfen mit Slotknappheit

Luftfahrtunternehmen, die an einem slotknappen Flughafen ihren Verkehrsschwerpunkt haben, werden einem Slothandel nur zustimmen, wenn sie über ausreichende finanzielle Mittel verfügen, um genügend Slots auf anderen Flughäfen kaufen zu können und auf diese Weise ihre eigene Marktposition verteidigen oder gar weiter ausbauen können. Dank der Slotknappheit geniessen sie auf ihren Heimatflughäfen einen weitgehenden Schutz vor potentiellen Wettbewerbern[687].

686 SEIDL, S. 211 ff.
687 SEIDL, S. 211 ff.

5. *Fazit*

Nachdem sich bereits die erste technische Phase der Slotverordnungsrevision harzig gestaltete und erst im Jahr 2004 abgeschlossen werden konnte, ist nicht davon auszugehen, dass Modifikationen der Slotallokation im Rahmen einer erneuten Verordnungsrevision innerhalb der EU bald beschlossen werden können.

Insbesondere stehen aufgrund konträrer Einstellungen der EG-Mitgliedstaaten hinsichtlich der Änderung des Slotvergabeverfahrens sowie dem Vorhandensein prioritärer Themen andere Arbeiten aktuell im Vordergrund.

B. Alternative Slotvergabemodelle

1. *Ausgangslage*

Bevor die Europäische Kommission die Entscheidung, die Slotverordnungs-Revision in zwei Phasen zu unterteilen[688], gefällt hatte, wurden heftige Diskussionen darüber geführt, ob und allenfalls welche neue Methoden der Slotvergabe, die eventuell in einer Abschwächung oder gar Aufhebung bestehender Grossvater-Rechte resultieren würden, erfolgsversprechende Alternativen zum bisher praktizierten Allokationssystem darstellen könnten.

Zur Evaluation der Auswirkungen einer Einführung alternativer Methoden hat die EU im Juli 2003 bei den National Economic Research Associates (nachfolgend „NERA“) eine Studie in Auftrag gegeben[689], die am 10. Februar 2004 veröffentlicht wurde.

Nachfolgend werden mögliche alternative Allokationsmethoden (primary trading) für Pool-Slots erläutert und eine Verbindung derartiger Methoden mit der Einführung eines Slot-Sekundärmarktes (secondary trading) thematisiert[690].

688 Vgl. S. 141 vorne.

689 Diese Studie wurden von NERA London in Zusammenarbeit mit dem luftrechtlichen Institut der Universität Leiden, Niederlande erarbeitet.

690 Zum Sekundärmarkt vgl. S. 124 ff. vorne.

2. *Slotauktionen*

Die Auktion ist ein Marktinstrument, welches aufgrund vorgängig bestimmter Regeln die Vergabe von Ressourcen sowie deren Preise auf der Basis von konkurrenzierenden Preisangeboten der Marktteilnehmer bestimmt[691].

Bezogen auf Slotauktionen bedeutet dies, dass die Fluggesellschaften Slots nicht mehr kostenlos zugeteilt erhalten, sondern für die Zeitnischen bezahlen müssen.

Theoretisch betrachtet würde das Auktionsverfahren, bei optimaler Anwendung, dazu führen, dass jene Fluggesellschaft den Slot erhält, die bereit ist, am meisten dafür zu zahlen. In der Praxis allerdings können gewichtige, im folgenden Abschnitt erörterte, Probleme auftreten.

Die Durchführung von Auktionen zur Vergabe von Gütern wird seit jüngerer Zeit – auch von staatlichen Stellen – in zahlreichen Wirtschaftssektoren gefördert[692]. Im Bereich der Flughafenkapazität wurde dieses Verfahren hingegen bis anhin kaum[693] durchgeführt[694]. Andere Wirtschaftssektoren, namentlich im Bereiche der Telekommunikation, bedienen sich hingegen bereits seit längerem dieses Modells.

In der Schweiz hat das Bundesamt für Kommunikation (nachfolgend „BAKOM") im Auftrag der Eidgenössischen Kommunikationskommission (ComCom) im Dezember 2000 vier UMTS[695]-Konzessionen mittels Auktion versteigert[696].

Das BAKOM wollte die Konzessionen jenen Firmen zuteilen, welche die Frequenzen am besten zu nutzen wissen um damit den

691 McAffe/McMillan, S. 701.

692 Haniotis, S. 365, mit Verweis auf die Einführung von Auktionen zur Vergabe von Weisswein-Import-Lizenzen in der Schweiz im Jahr 1997.

693 Vgl. aber Auktionen in den USA, S. 164 hinten.

694 Vgl. NERA-Studie 2004, S. 69.

695 Der Begriff UMTS steht für „Universal Mobile Telecommunications System". UMTS stellt einen der Standards der „dritten Generation" im Bereiche des Mobilfunks dar.

696 Vgl. Medienmitteilung BAKOM vom 6.12.2000, http://www.bakom.ch/dokumentation/medieninformationen/00471/index.html?lang=de&msg-id=2245 (Stand: August 2006).

gesamtwirtschaftlich grösstmöglichen Nutzen zu kreieren. Die Telecom-Firmen verfügen gegenüber dem Bundesamt allerdings über grösseres technisches Know-How und Marktwissen und können den Wert ihres Business-Planes abschätzen. Gerade dieser Informationsvorsprung der Telecom-Firmen kann bei einer Konzessionsvergabe mittels Auktion ausgenutzt werden. Die Konzession wird demjenigen Bewerber zugeschlagen, der den grössten Nutzen davon erwartet[697].

Bei der Einführung von Auktionen von Slots würde das bisherige Verfahren der Grossvater-Rechte aufgehoben werden. Alle[698] Slots eines Flughafens würden an die interessierten Fluggesellschaften entweder durch die Flughafenorganisation selbst oder durch ein unabhängiges Unternehmen versteigert werden.

Die Literatur thematisiert hauptsächlich vier Auktionsvarianten mit unterschiedlichen Auswirkungen für die Luftfahrtunternehmen.

a) *Auktions-Modelle*

- Bei der englischen Auktion[699] geben alle teilnehmenden Bieter ihre Angebote offen – etwa durch Zurufen – im Beisein der anderen Auktionsteilnehmer bekannt. Die Auktion beginnt mit einem Mindestpreis und endet, wenn alle Bieter ausgeschieden sind ausser dem Letzten, der das Objekt erhält.
- Bei der holländischen Auktion[700] beginnt der Auktionator mit einem Preis, den er so lange sukzessive herabsetzt, bis der erste Bieter seinen Zuschlag gibt.

697 Zum ganzen Abschnitt vgl. LENGWILER, Bemerkungen zur Auktion der UMTS-Frequenzen in der Schweiz, Newsletter der Koordinationsstelle Informationsgesellschaft des BAKOM; http://www. wwz.unibas.ch/witheo/yvan/papers/UMTS-ISPS.html (Stand: September 2006).

698 NERA analysierte überdies die Möglichkeit einer Auktion von jeweils zehn Prozent aller Slots jährlich. Dies würde mit anderen Worten bedeuten, dass jeder Slot alle zehn Jahre neu vergeben würde. Die Einführung eines solchen Verfahrens käme gemäss Studie jedoch äusserst teuer zu stehen, vgl. NERA-Studie 2004, S. 199 ff.

699 KWONG, S. 8; BORMANN, S. 678 ff.

700 WOLF, Marktwirtschaftliche Verfahren, S. 15.

- Bei der verdeckten Erstpreisauktion[701] nennt jeder Bieter dem Auktionator sein Angebot in verschlossener Form; die anderen Mitbieter kennen diese Angebote nicht. Der Bieter mit dem höchsten Angebot erhält das Auktionsobjekt[702].
- Bei der verdeckten Zweitpreisauktion[703] nennt jeder Bieter dem Auktionator sein Angebot, ebenfalls ohne dass die andern Bieter dieses kennen. Der Bieter mit dem höchsten Angebot erhält den Zuschlag, zahlt allerdings nur den Preis in der Höhe des zweithöchsten Angebotes[704].

b) Komplementäre Slots sind unabdingbar

Ein Problem der Einführung der Slotvergabe mittels Auktion – dies gilt sinngemäss auch für die nachfolgend erläuterte Slot-Lotterie[705] – besteht darin, dass für eine Flugverbindung mehrere zeitlich und räumlich komplementäre Slots vorhanden sein müssen. Isoliert betrachtet nützt ein Slot in Zürich um 10.00 Uhr einer Fluggesellschaft, die einen Flug Zürich-London Heathrow ausführen möchte wenig, wenn sie einen Landeslot in London Heathrow erst um 22.00 Uhr erhält.

c) Notwendigkeit eines Slot-Sekundärmarktes

Finden die Versteigerungen nicht zeitgleich statt, bedeutet dies, dass eine Fluggesellschaft beispielsweise am 1. April einen Startslot in Zürich ersteigert, zu diesem Zeitpunkte jedoch noch nicht weiss, ob sie bei der Versteigerung in London Heathrow am 10. April einen passenden Landeslot erhalten wird.

Grössere Fluggesellschaften befinden sich in einem solchen Falle in der besseren Ausgangslage als kleinere, da ihnen mehr Slots zur Verfügung stehen, die sie fast beliebig kombinieren können. Die Einführung eines an die Auktion anschliessenden Slot-Sekun-

701 HULET, S. 25.
702 HÜSCHELRATH, S. 293.
703 RASSENTI/SMITH/BULFIN, S. 402 ff.; BALINSKI/SAND, S. 179 ff.
704 HÜSCHELRATH, S. 293.
705 Vgl. S. 154 f. hinten.

därmarktes könnte hingegen ermöglichen, dass die Slots im Anschluss an die Versteigerungen unter den verschiedenen Fluggesellschaften gehandelt würden[706].

d) Effizientere Nutzung der Slots durch Versteigerung

Die Tatsache, dass bei einer Versteigerung die Slots aufgrund der individuellen Zahlungsbereitschaft der Luftfahrtunternehmen verteilt werden, kann zu einer effizienteren Nutzung der Zeitnischen führen. Dieser Vermutung liegt die Überlegung zugrunde, dass bei einer Versteigerung jeweils dasjenige Luftfahrtunternehmen das höchste Gebot abgeben wird, welche das grösste Interesse an einem Slot hat, da sie ihn am effizientesten nutzen kann[707].

Gemäss De Neufville/Odoni kann jedoch nicht allgemein bewiesen werden, dass eine Versteigerung von Slots die effizienteste Verwendung der knappen Ressource bewirke[708]. Aufgrund der Befürchtungen, die grösseren Fluggesellschaften würden im Falle einer Versteigerung alle werthaltigen Slots aufkaufen, um potentiellen Konkurrenten den Markteintritt zu verwehren, wäre es wohl unabdingbar, eine effektive Missbrauchsaufsicht mit Sanktionierungskompetenz einzuführen. So könnte im Extremfall das Slotrecht an die Auktionsinstanz zurückfallen, wenn der Slot kaum oder überhaupt nicht genutzt wird.

e) Fazit

Die NERA-Studie[709] stützt die in diesem Kapitel erörterte These, wonach eine Auktionsallokation hinsichtlich einer effizienten Slotverteilung wohl nur bei gleichzeitiger Einführung eines Slot-Sekundärmarktes effektiv wäre, da eine von einem Sekundärmarkt losgelöste Auktionsvergabe eine sinnvolle Verteilung der Slots keineswegs garantieren kann. Aufgrund des komplizierten Verfahrens, welches Voraussetzung für eine zeitgleiche Auktion der Slots in ganz Europa

706 Wolf, Privatisierung, S. 249.
707 Wolf, Privatisierung, S. 195.
708 De Neufville/Odoni, S. 492.
709 NERA-Studie 2004, S. iv–vii.

bildet, sieht die NERA zudem eine erhebliche Gefahr unüberwindbarer Koordinationsschwierigkeiten zwischen den beteiligten Staaten. Die Studie geht zudem davon aus, dass die Kosten der Implementierung einer Auktionsallokation äusserst hoch sein würden. Ausserdem bestünde die Gefahr einer Instabilität bezüglich der Flugplangestaltung, was sich letztendlich vor allem auch auf die Passagiere negativ auswirken könnte.

3. Lotterien

a) Modelle

Als zweite Alternative zum bisher praktizierten Allokationsverfahren besteht die Möglichkeit der Einführung einer Slot-Lotterie[710]. Im einfachsten Falle werden alle verfügbaren Zeitnischen an die Fluggesellschaften, unabhängig von ihrem bisherigen Status und ihrer finanziellen Stärke, aber auch unabhängig von der Effizienz der Nutzung in bestimmten Abständen verlost.

b) Analyse

Vorteil dieses Allokationsmodelles ist es, dass niemand diskriminiert wird. Alle Interessenten besitzen dieselben Chancen, den gewünschten Slot zu erhalten. Allerdings ist die allokative Effizienz hierbei in keiner Weise gesichert, da die Slots nicht nach dem Wert für die einzelnen Luftfahrtunternehmen, sondern rein zufällig verteilt werden[711]. Die effizienteste Nutzung der Slots wird mit einer Lotterielösung bestenfalls zufällig erreicht[712]. Festzuhalten bleibt, dass wohl auch bei diesem Verfahren erst mittels eines Sekundärmarktes eine effizientere Verteilung ermöglicht werden könnte.

710 Auf diese Möglichkeit geht die NERA-Studie nicht ein.
711 WEIMANN, S. 150.
712 TETTENBORN, S. 219.

c) *Fazit zu Lotterien aus den praktischen Erfahrungen der USA*

Lotterieverfahren wurden auf HDR-Flughäfen bereits mehrmals angewendet. Die FAA verteilte dabei die im Slotpool verfügbaren Zeitnischen auf die interessierten Fluggesellschaften. Diese Pool-Slots waren jedoch wenig attraktiv, da 95 Prozent aller Slots bereits anlässlich der primären Allokation verteilt und nur die restlichen, weniger interessanten fünf Prozent dem Slotpool zugewiesen wurden.

Der Erfolg einer Lotterievergabe der Slots hängt also massgeblich davon ab, ob nur die üblichen sich im Slotpool befindenden Slots vergeben werden oder ob zu diesem Zwecke ein Teil oder alle bereits vergebenen Slots eingezogen und anschliessend neu vergeben werden.

4. *Knappheitsorientierte Gebühren*

a) *Charakterisierung*

Eine weitere Möglichkeit, das Slotsystem zu modifizieren und die Überlastungssituation auf Flughäfen zu entschärfen, bestünde darin, zeitabhängige Landegebühren[713] zu erheben, um auf diese Weise eine Glättung der Tagesstruktur zu erreichen; auf vielen stark ausgelasteten Flughäfen der EU bestehen nämlich ausserhalb der Spitzenzeiten genügend Slotkapazitäten[714].

713 Zu den Flughafengebühren im schweizerischen Recht vgl. im Detail STREIT MARC PATRICK, Grundlagen und Ausgestaltung von Flughafengebühren im schweizerischen Recht unter besonderer Berücksichtigung des Flughafens Zürich, Diss. Bern 2005.

714 Die Flughäfen Amsterdam, Berlin Tegel, Brüssel, Dublin, Kopenhagen, Lissabon, London Stansted, Malaga, Mallorca, Milano Malpensa, München, Paris Charles de Gaulle, Rom Fiumicino sowie Wien sind nur zu gewissen Tagesspitzenzeiten ausgelastet. Die Flughäfen Düsseldorf, Frankfurt, London Gatwick und Heathrow, Madrid, Milano Linate und Paris Orly leiden hingegen ganztags unter zu grosser Auslastung. Einzig die Flughäfen Athen, Berlin Schönefeld und Berlin Tempelhof, Bergamo, Milano, Faro, Gran Canaria, Helsinki, London Luton, Rom Ciampino, Stockholm und Thessaloniki kennen kaum eine zu starke Slotnachfrage, vgl. NERA-Studie S. 62.

Im Rahmen knappheitsorientierter Gebühren wäre ein Slot respektive eine Landung oder ein Start zu Spitzenzeiten teurer als ein Slot zu einer weniger ausgelasteten Zeit. Auf die Methode der Allokation hat die Einführung knappheitsorientierter Gebühren allerdings nicht zwingend einen Einfluss.

Bereits heute existieren auf Flughäfen unterschiedliche Gebühren: Die Fluggesellschaften haben namentlich eine Landegebühr, eine Lärmgebühr, eine Sicherheitsgebühr sowie eine Gebühr pro transportierten Passagier zu entrichten[715]. Diese Gebühren decken die Kapitalkosten des Flughafens, die Unterhalts- und Betriebskosten sowie die Kosten von Feuerwehr, Schneeräumung oder Sicherheitsvorkehrungen.

In der Schweiz verleiht die Betriebskonzession dem Flughafenhalter das Recht, Gebühren zu erheben[716]. Gemäss der Verordnung über die Infrastruktur der Luftfahrt[717] (VIL) können namentlich Landegebühren eingefordert werden. Es handelt sich dabei um öffentlichrechtliche Gebühren, die aufgrund einer gesetzlichen Grundlage erhoben werden und dem Kostendeckungs- und Äquivalenzprinzip unterliegen[718].

Die Landegebühr wird in Europa im Normalfall nicht zeitgestaffelt, sondern in Abhängigkeit des Gewichts des Flugzeugs definiert („Maximum Take-off Weight", maximales Startgewicht eines Flugzeuges, beziehungsweise in den USA „Maximum Landing Weight", maximales Landegewicht). Die Gebühr ist zu allen Tageszeiten grundsätzlich gleich hoch[719].

715 NERA-Einführungsbericht, S. 2.

716 Art. 10 VIL und Art. 36a Abs. 2 LFG.

717 Art. 32 VIL.

718 Zum Ganzen vgl. JAAG, Flughäfen, S. 50. Gemäss Art. 32 Abs. 1 VIL hat der Flughafenhalter für die einzelnen Gebührenelemente wie namentlich Landegebühren getrennte Kostenrechnungen zu führen. Die Aufsicht über die Festlegung und Anwendung der Flughafengebühren steht dem BAZL zu, vgl. Art. 33 Abs. 1 VIL. Die festgelegten Gebühren sowie die Taxen sind im Luftfahrthandbuch (AIP) zu veröffentlichen, vgl. Art. 34 VIL.

719 Ganzer Abschnitt vgl. DE NEUFVILLE/ODONI, S. 261.

b) Grossbritannien als europäischer Vorreiter[720]

Während – wie bereits erwähnt – die meisten europäischen Flughäfen keine zeitlich differenzierten Landegebühren erheben, existieren in Grossbritannien auf den Londoner Flughäfen Heathrow, Gatwick und Stansted – sowohl für nationale wie auch internationale Flüge[721] – seit dem 1. April 1972 zeitabhängige Landegebühren. Starts und Landungen zu Spitzenzeiten sind teurer als jene in Randzeiten[722]; in den Morgen- und Abendstunden ist eine Spitzenlast-Zulage zu entrichten, die vom Gewicht des Flugzeuges unabhängig ist[723].

Trotz der Einführung dieser Gebühren hat sich die Nachfragestruktur in London seit 1972 kaum geändert. Dies könnte damit zusammenhängen, dass die Kostenanteile dieser so genannten „Peak-Hour-Prices“ mit nur gerade fünfzehn Prozent der gesamten Betriebskosten äusserst gering ausfallen[724]; vorgeschlagen wird deshalb eine markantere Gebührenerhebung[725].

c) Fazit

Ziel einer Einführung solcher Gebühren ist eine effektivere Ausnutzung der Flughafenressourcen, indem insbesondere die allgemeine Luftfahrt aber auch andere Flüge mit niedriger Produktivität ihre Flugtätigkeit in den Spitzenzeiten aufgrund der hohen Gebühren auf kostengünstigere Flughäfen verlagern sollten.

720 In Asien und den USA wird die Erhebung zeitgestaffelter Landegebühren hingegen bereits seit Ende der sechziger Jahre vorgenommen, vgl. LANGNER, Allocation of Slots, S. 30 ff.

721 Vgl. Airport Charges, Pkt. 3 ff.

722 GRUNDMANN, S. 198.

723 In Heathrow z. B. sind zwischen dem 1. April und dem 31. Oktober die Peakzeiten mit erhöhten Gebühren zwischen 07.00 und 09.59 GMT sowie zwischen 17.00 und 18.59 GMT gelegen, vgl. Heathrow, Schedules of Charges. Neben den Londoner Flughäfen erheben in der EU einzig die Flughäfen Amsterdam, Dublin und Helsinki heute zeitabhängige Landegebühren, vgl. hierzu NERA-Studie 2004, S. 23 ff.

724 HÜSCHELRATH, S. 358 ff.

725 NERA-Einführungsbericht, S. 6.

Die Hauptschwierigkeit eines derartigen Gebühren-Systems bestünde gemäss NERA hingegen darin, dass die Flughafenverantwortlichen bereits ein Jahr zum voraus die Nachfrage eruieren müssten, um die Slotpreise festlegen zu können. Eine antizipierte Evaluation stellt jedoch ein schwieriges Unterfangen dar.

Allenfalls wäre ein Vorgehen nach dem „trial and error"-Prinzip notwendig, um die optimale Gebührenhöhe bestimmen zu können. Die festgesetzte Gebühr müsste anschliessend sporadisch überprüft werden, da sich die zugrunde liegenden Knappheiten und somit die Effizienz eines Flughafens laufend ändern[726].

Im Idealfall könnten mit der Einführung eines Sekundärmarktes und der gleichzeitigen Erhebung zeitabhängiger Gebühren Ineffizienzen vermieden werden. Positiv erscheint zudem die von der NERA geäusserte Vermutung wonach die Kosten der Implementierung eines solchen Systems moderat ausfallen würden.

C. Erfahrungen und Reformansätze in den USA

1. *Ausgangslage*

In den ersten neun Monaten[727] nach Einführung der Buy Sell Rule im Jahre 1986 kam es zu einer stetigen Zunahme von Käufen und Verkäufen von Slots. Die Fluggesellschaften waren bereit, für jene Slots, von denen sie einen Gewinn erwarteten, zu bezahlen. Eine beachtliche Anzahl Slots erstanden zudem luftfahrtfremde Betreibe[728].

In einer zweiten, zwischen 1987 und 1989 folgenden Phase, nahm die Zahl der Slot-Käufe und Verkäufe hingegen rapide ab. Im Gegenzug stieg die Anzahl Slot-Leasing-Verträge an[729]. In den

726 WOLF, Vergabe von Start- und Landerechten, S. 193 f.

727 Langner geht indessen von einer Zeitspanne von nur sechs Monaten aus, vgl. LANGNER, Transacting Slots, S. 151 ff.

728 STARKIE, Secondary Markets, S. 71.

729 Diese Leasingverträge wurden hauptsächlich für die Zeitspanne von weniger als einem Jahr oder gar nur während bestimmten Perioden eines Jahres abgeschlossen.

Jahren 1990 und 1991 war erneut eine Zunahme der Kauf- und Verkaufsvorgänge zu verzeichnen, die das jährliche Kaufvolumen von 1986 übertraf[730].

Die Zahl der „normalen" Tauschvorgänge stieg nach Einführung der Buy Sell Rule ebenfalls stetig an. Im Jahre 1988 wurden mehr als 50 Prozent der täglichen Slots, die auf den vier HDR-Flughäfen erhältlich waren, nach der ersten Allokation getauscht[731]. Der grösste Teil der Slots wechselte die Besitzer im Verfahren der „even trades", also im Verhältnis Eins-zu-Eins. Diese Tatsache ist wohl hauptsächlich damit zu begründen, dass die Slotpreise zumeist exzessiv waren und die Kosten eines Tausches im Vergleich dazu deutlich geringer ausfielen[732].

2. *Preisanstieg der Slots – Höhere Flugpreise*

Da auf den HDR-Flughäfen stets ein Nachfrage-Überschuss bezüglich Slots bestand und kurzfristig keine weiteren Zeitnischen mehr geschaffen werden konnten, gelang es den ursprünglichen Slotbesitzern, so genannte Knappheitsrenten abzuschöpfen. Die etablierte Luftfahrtunternehmen verzeichneten an den HDR-Flughäfen nach Einführung der Buy Sell Rule zusätzliche Erträge. Zudem forderten die Fluggesellschaften für Flüge mit Start- oder Zieldestination HDR-Flughafen deutlich höhere Preise im Vergleich zu Flugverbindungen, die keinen HDR-Flughafen involvierten[733].

Die Flugpreise auf drei von vier HDR-Flughäfen waren erwiesenermassen um 29–55 Prozent höher als jene anderer amerikanischer Flughäfen, die ein ähnliches Passagier- und Streckensegment bedienten. Einzig in New York – JFK waren vergleichbare Ticketpreise wie auf einem nicht regulierten Flughafen zu verzeichnen[734].

730 STARKIE, Secondary Markets, S. 70.
731 STARKIE, US Market, S. 325 ff.
732 LANGNER, Allocation of Slots, S. 147.
733 KRAHN, S. 78, bezüglich der Berechnungen mit Verweis auf BAILEY/GRAHAM/KAPLAN.
734 NERA-Studie 2004, S. 271.

Im Jahre 2003 kostete ein Slot auf einem HDR-Flughafen durchschnittlich bereits mehr als eine Mio. US Dollar[735] und stieg im Vergleich zu den Vorjahren um mehrere hunderttausend US Dollar.

3. *Ausbau der Marktmacht versus Chancenverbesserung der Neueinsteiger*

Mit der Einführung der Buy Sell Rule hat ein neuer Wettbewerber zwei Möglichkeiten, einen HDR- Slot zu erhalten: Entweder nimmt er an einer FAA-Lotterie teil und erhält Slots aus dem Slotpool oder er erwirbt oder least Slots von einer etablierten Fluggesellschaft oder einem anderen Slotbesitzer[736]. Die Chancen, mit der Lotterie einen wertvollen Slot zu erhalten, sind allerdings äusserst gering[737]. Dies, weil einerseits ausser den beiden Lotterien im März und Dezember 1986 lediglich drei weitere Lotterien[738] mit Pool-Slots durchgeführt worden sind[739]. Zudem handelt es sich bei Pool-Slots meist nicht um wirtschaftlich interessante Slots. Diese Tatsache lässt sich damit erklären, dass etablierte Fluggesellschaften versuchen, die use-or-lose-Regel und damit ein Slotentzug zu umgehen, indem sie überzählige Slots kurzfristig verleasen, um die 80 Prozent-Hürde zu erreichen. Dieses Vorgehen erlaubt ihnen gleichzeitig, Leasinggebühren einzuziehen[740].

Aus den genannten Gründen sind Lotterien für in den Markt eintretende Fluggesellschaften und für Fluggesellschaften, die ihr Streckennetz ausweiten wollen von geringer Bedeutung. Diese Luftfahrtunternehmen sind somit darauf angewiesen, Slots zu kaufen. Auch dies erweist sich in der Praxis als schwierig, da etablierte Fluggesellschafen kaum willens sind, wertvolle Slots an Neuanbieter zu verkaufen, es sei denn, zu hohen Preisen[741].

735 De Neufville/Odoni, S. 491.
736 Hüschelrath, S. 207.
737 Bennet, S. 4.
738 Weitere Slotlotterien (jedoch nur auf dem Flughafen New York – La Guardia) fanden in den Jahren 1987, 1989 und 2002 statt.
739 Hüschelrath, S. 208.
740 Langner, Allocation of Slots, S. 80.
741 Grundmann, S. 70.

4. Horten von Slots durch etablierte Fluggesellschaften

Kleit/Kobashi führten 1990 auf dem Chicagoer Flughafen eine Studie durch, bei der sie der Frage nachgingen, ob allozierte Slots effizient gebraucht oder aber nur gehalten würden, um Mitkonkurrenten auszuboten. Zu diesem Zweck untersuchten sie, ob die beiden grössten Fluggesellschaften in Chicago O'Hare – American Airlines und United Airlines – ihre Slots intensiver oder weniger intensiv als andere Fluggesellschaften nutzten.

Es ist vermutet worden, marktdominante Fluggesellschaften würden ihre Slots weniger effektiv benutzen als Neueinsteiger; die Studie konnte allerdings belegen, dass die American Airlines und United Airlines eine höhere Ausnutzungsquote aufwiesen. Der Vorwurf, führende Fluggesellschaften würden Slots horten, konnte somit zumindest am Beispiel von Chicago O'Hare widerlegt werden[742].

5. Aufrechterhaltung regionaler Flugdienste

Zu Beginn der Einführung der Buy Sell Rule gab es Befürchtungen, wonach Slots, welche die Anbindung kleiner Städte und Randregionen an städtische Zentren gewährleisteten, auf lukrativere Strecken übertragen würden und das flächendeckende Flugverkehrsnetz der Vereinigten Staaten gefährdet sein könnte[743]. Aus diesem Grunde beinhaltet die HDR eine Rechtsnorm, wonach der „Local Service" favorisiert wird, indem die Klassifikation „essential" für Verbindungen zwischen kleinen Gemeinden während zehn Jahren garantiert wird[744].

742 KLEIT/KOBASHI, S. 21.
743 HARDAWAY, The FAA Buy-Sell-Rule, S. 6.
744 Art. 419 ADA, vgl. auch 49 U.S. Code Sec. 1389.

6. *Reformen bezüglich der freien Handelbarkeit in den USA*

Während der neunziger Jahre geriet das U.S. Department of Transport seitens von Politikern und Lobbyisten immer stärker unter Druck, neu gegründeten Fluggesellschaften einen besseren Markteintritt zu ermöglichen. Die Anstrengungen der Politik verfehlten ihre Wirkung nicht: Unmittelbare Folge dieser Interventionen war die Statuierung einer Ausnahmeregelung in New York – JFK; die neu gegründete Fluggesellschaft Jet Blue erhielt eine relativ grosse Anzahl von Slots auf diesem Flughafen; weitere Ausnahmen folgten. Trotz dieser Konzessionen nahm der Druck auf das Department of Transport kontinuierlich zu, bis schliesslich im April 2000 ein neues Gesetz – der AIR 21[745] – im Kongress eine Mehrheit fand.

Dieses Gesetz führt zu einer Ausserkraftsetzung eines Grossteils der HDR-Regel[746] und sieht somit die allmähliche Abschaffung der Slotrestriktionen (HDR) vor[747]. Mit dieser Massnahme sollen einerseits neue Streckenführungen in kleine, abgelegene Regionen der USA ermöglicht und andererseits Fluggesellschaften der Eintritt in den Luftverkehrsmarkt erleichtert werden.

In einem ersten Schritt soll dieses Ziel erreicht werden, indem Flugzeuge mit bis zu 70 Sitzplätzen, die Verbindungen zu kleinen bzw. „non-hub"-Flughäfen anbieten, von der HDR ausgenommen wurden[748] und somit nicht mehr der stündlichen Maximalquote unterliegen. Festzuhalten bleibt, dass jene Slots hingegen weder verkauft noch transferiert werden dürfen[749].

745 Wendell H. Ford Aviation Investment and Reform Act for the 21st Century, Pub. L 106–181 vom 24. Januar 2000.

746 49 U.S. Code Sec. 41715 (Phase-out of slot rules at certain airports); vgl. auch STARKIE, Secondary Markets, S. 69.

747 Gemäss AIR-21 müssen die Slotrestriktionen in Chicago O'Hare nach dem 1. Juni 2002 und in New York JFK und La Guardia nach dem 1. Januar 2007 abgeschafft werden, vgl. 49 U.S. Code Sec. 41715 a (1) und (2) (Termination).

748 U.S. House of Representatives 2001, S. 7, vgl. 49 U.S. Code Sec. 41716 a (Exemptions for Air Service to Small or Nonhub Airports) betreffend Chicago O'Hare International Airport.

749 Vgl. NERA-Studie 2004, S. 272; ausserdem wurden Beschränkungen für Neubewerber aufgehoben, vgl. dazu 49 U.S. Code Sec. 41716 b und Sec. 41717 c (Exemptions for new Entrants and limited Incumbent Air Carriers).

a) HDR in New York JFK und La Guardia

Bei Inkraftsetzung des AIR 21 im Frühling 2000 lag das durchschnittliche Verkehrsaufkommen in La Guardia an einem normalen Wochentag bei 1'050 Flugzeugen. In den ersten sieben Monaten nach Inkraftsetzung des AIR-21 wurden hingegen mehr als 600[750] neue tägliche Flüge angemeldet[751], da jene Fluggesellschaften, die mit kleinen, regionalen Jets operierten, eine unlimitierte Anzahl neuer Flüge ab La Guardia anbieten konnten.

Im November 2000 nahmen die Fluggesellschaften mit rund 300 der angemeldeten Flüge den Betrieb auf, womit die durchschnittliche Anzahl Flüge pro Tag auf 1'350 Bewegungen anstieg. Dies hatte zur Folge, dass unzählige Flüge annulliert werden mussten oder enorme Verspätungen[752] aufwiesen[753]. Ein Eingreifen der staatlichen Behörde zugunsten der Flughäfen wurde unabdingbar: Die FAA begrenzte das Limit der Anzahl Start- und Lande-Slots unter AIR-21 in La Guardia ab dem 1. Januar 2001 auf 75 Linienflüge pro Stunde und führte für diese Slots eine Lotterie durch[754].

Auf diese Weise konnte das Verkehrsauskommen bis im August 2001 auf 1'205 Flüge täglich reduziert werden. Gleichwohl fasste die FAA ins Auge, in Zukunft die Slots administrativ oder anlässlich einer Auktion zu vergeben und die Anzahl Slots strikter zu regulieren[755]. Die gänzliche Aufhebung der HDR-Regel auf beiden New York Flughäfen ist per 1. Januar 2007 vorgenommen worden[756].

750 Zoeller, S. 2.
751 Bis anhin lag die tägliche Slotbelastung bei 1000 Slots, vgl. NERA-Studie 2004, S. 272.
752 Die Verspätung lag bei über 25 Prozent aller Flüge bei mehr als fünfzehn Minuten, vgl. NERA-Studie 2004, S. 273.
753 Zu Spitzenzeiten betrug die durchschnittliche Verspätung rund 80 Minuten.
754 U.S. House of Representatives 2001, S. 11.
755 De Neufville/Odoni, S. 468.
756 U.S. House of Representatives 2001, S. 7, 9.

b) Auslaufen der HDR in Chicago O'Hare

Auf dem Flughafen Chicago O' Hare wurde die HDR per 1. Juli 2002 aufhoben[757]. Auf diese Weise soll der Wettbewerb unter den Fluggesellschaften gestärkt werden[758]. Seit diesem Zeitpunkt werden die Slots in Chicago wieder mittels first-come-first-serve-Verfahren zugeteilt.

c) HDR in Washington

Auf dem Washingtoner Flughafen Ronald Reagan National wird die HDR-Regel bis auf weiteres in Kraft bleiben[759]; ein Auslaufen ist hier nicht geplant.

7. Neue Methoden der Slotallokation

a) Reformansätze für La Guardia

Auf dem Flughafen La Guardia stehen nach dem Auslaufen der HDR zwei neue Allokationsvarianten im Vordergrund: Einerseits wird die Statuierung zeitabhängiger Gebühren, ein so genanntes „congestion pricing" in Betracht gezogen. Andererseits wird darüber nachgedacht, eine bestimmte Anzahl Slots – momentan fasst das FAA eine Auswahl von 25 Prozent aller Slots ins Auge – anlässlich einer von der FAA oder der Flughafenleitung jährlich zu veranstaltenden Auktion zu allozieren. Das Recht auf diese Slots würde in diesem Falle vier Jahr lang gültig sein[760].

757 STARKIE, Secondary Markets, S. 69; vgl. auch 49 U.S. Code Sec. 41715 a 1.

758 Vgl. NERA-Studie 2004, S. 272.

759 STARKIE, Secondary Markets, S. 69; vgl. Washington National Airport 49 U.S. Code Sec. 41718.

760 Vgl. Federal Aviation Administration (2001) *Notice of Alternative Policy Options for Managing Capacity at LaGuardia Airport and Proposed Extension of the Lottery Allocation*. Published in the Federal Register 12 June 2001, http://api.hq.faa.gov/lga/June%2012%20notice(1) (Stand Oktober 2005).

b) Slots für Randregionen

Um auch zukünftig die Anbindung kleinerer Städte und Randregionen zu gewährleisten, besteht zudem die Absicht, auf den beiden New Yorker Flughäfen jährlich drei Prozent aller Slots einzuziehen, um diese anschliessend unter den interessierten Neueinsteigern mittels Lotterie zur Ausführung ausschliesslich regionaler Flugdienste zu vergeben[761].

8. Fazit

Die Erfahrung der USA zeigt, dass die Buy Sell Rule – entgegen der Erwartungen – es den etablierten Anbietern eher erlaubt, Neueinsteiger vom Markt fernzuhalten als vor der Einführung des Slotmarktes auf den HDR-Flughäfen. Eine Studie des US General Accounting Office (nachfolgend „GAO") aus dem Jahr 1996[762] belegt diese These. Nur wenige Neueinsteiger konnten sich auf HDR-Flughäfen etablieren; die von der FAA angestrebte Marktöffnung blieb aus. Die eingesessenen Fluggesellschaften hingegen konnten ihre Slot-Portfolios ausbauen[763].

Eine zweite, im Jahr 1999 publizierte GAO-Studie bestätigt, dass neu in den Luftverkehrsmarkt eintretende Fluggesellschaften im direkten Vergleich mit etablierten Luftfahrtunternehmen namentlich bei Vorliegen eines liberalisierten Slot-Sekundärmarktes im Durchschnitt schlechter abschneiden[764]. Gleichzeitig zeigte sich, dass etablierte Luftfahrtgesellschaften aufgrund der Buy Sell Rule ihre Marktposition verbessern konnten, aber die Slots nicht horteten.

761 49 U.S. Code Sec. 41716; NERA-Studie 2004, S. 273. Federal Aviation Administration (2001) *Notice of Alternative Policy Options for Managing Capacity at LaGuardia Airport and Proposed Extension of the Lottery Allocation.* Published in the Federal Register of 12 June 2001, www.http://api.hq.faa.gov/lga/June%2012%20notice(1).pdf (Stand Oktober 2005).

762 U.S. GAO 1996, S. 1ff.

763 Starkie, Secondary Markets, S. 71.

764 U.S. GAO 1999, S. 1ff.

Die Gründe der Benachteiligung der Neubewerber in den USA sind allerdings nicht nur in der Buy Sell Rule zu finden. In den USA stellen nicht in erster Linie die Slots den Engpassfaktor Nummer eins dar: Aufgrund der stark limitierten Infrastruktur, namentlich für die Sicherheitskontrollen, werden auf die Fluggesellschaften, die diese Infrastruktur in Anspruch nehmen, hohe Gebühren überwälzt[765].

Zudem ist festzuhalten, dass Neueinsteiger mehr als nur einen Slot für die Etablierung einer neuen Flugroute benötigen; deren sechs bis zehn Start- und Landemöglichkeiten, die zumindest eine drei- bis fünfmalige Rotation erlauben sind unerlässlich[766]. Eine derart grosse Anzahl Slots in kurzer Zeit auf dem liberalisierten Slotmarkt zu erhalten, ist für Neueinsteiger zumeist illusorisch.

Die Evaluierung alternativer Slotallokationsmethoden für den Flughafen New York La Guardia wird mit Diskussionen verbunden sein: Das Department of Justice zieht Slotauktionen vor, weil es davon ausgeht, damit die Ausgrenzung neuer Fluggesellschaften und ein Monopolverhalten etablierter Fluggesellschaften verhindern zu können. Die Air Transport Association of America (ATAA) hingegen erachtet eine Rückkehr zum first-come-first-serve-Verfahren als sinnvoll, weil es ohne grossen administrativen und finanziellen Aufwand eine effiziente und faire Slotallokation verspricht. Auch die führenden amerikanischen Fluggesellschaften American Airlines, United Airlines, Delta Airlines und US Airways stehen alternativen Allokationsmethoden wie einer Auktionsallokation skeptisch gegenüber, weil sie befürchtet, bei einem Wechsel zur Auktionsallokation ihre bisherige Stellung zu verlieren[767].

Aufgrund der Tatsache, dass in den USA nicht nur die ursprünglich von der FAA bestimmten HDR-Flughäfen – zu denen auch La Guardia zählt – unter Kapazitätsproblemen leiden, ist davon auszugehen, dass nur eine gemeinsame Lösung für alle überlasteten Flughäfen zu einer effizienten Slotallokation führen kann.

765 STARKIE, Allocating Airport Slots, S. 111 ff.
766 STARKIE, Allocating Airport Slots, S. 111 ff.
767 Ganzer Abschnitt vgl. NERA-Studie 2004, S. 274.

Als Fazit für die EU kann festgehalten werden, dass ein vollständig liberalisierter Slot-Sekundärmarkt ohne flankierende Massnahmen das geäusserte Ziel einer Erhöhung der Markteintrittschancen für neue Fluggesellschaften[768] kaum erreichen lässt. Um zu verhindern, dass etablierte Fluggesellschaften in der EU – ähnlich wie in den USA aufgrund der Buy Sell Rule – ihre Slotportfolios weiter ausbauen können[769], müsste ein liberalisierter Slot-Sekundärmarkt zumindest durch eine strikte Anwendung des europäischen Wettbewerbsrechts kontrolliert werden.

768 Vgl. KOM 2001 335, S. 2f.
769 Vgl. CZERNY/TEGNER, S. 8.

3. Teil

Der Rechtsschutz

I. Verfahren der Anfechtung in der EU

A. Vermittlung durch den Koordinierungsausschuss

1. Ausgangslage

Wie bereits in der ursprünglichen Fassung der europäischen Slotverordnung statuiert[770], sieht auch die revidierte Slotverordnung vor, den Koordinierungsausschuss als erste Beschwerdeinstanz bei Uneinigkeit zwischen dem Koordinator und einer Luftverkehrsgesellschaft im Anschluss an einen Entscheid des Ersteren einzusetzen[771].

Der Koordinierungsausschuss vermittelt zwischen der Flughafenkoordination und der Fluggesellschaft und versucht, eine einvernehmliche Lösung des Problems anzustreben. Sinn und Zweck dabei ist es, auf diese Weise einen Grossteil der Konflikte in Umgehung eines komplizierten und langwierigen Beschwerdeverfahrens zu lösen.

Die Vermittlung durch den Koordinierungsausschuss ist die erste Stufe des Rechtsschutzes, die ergriffen werden kann, wenn beispielsweise eine betroffene Fluggesellschaft ihre Rechte verletzt sieht.

770 Art. 8 Abs. 7 EWG Nr. 95/93 gemäss ursprünglicher Fassung.

771 In Grossbritannien ist mit den so genannten „Scheduling Committees", die sich aus Fluggesellschaften konstituieren und ebenfalls vermitteln, eine weitere Instanz dazwischengeschaltet; Fachgespräch mit MORRISROE PETER, Koordinator Grossbritannien.

2. *Zusammensetzung des Koordinierungsausschusses*

Gemäss Slotverordnung ist auf jedem koordinierten Flughafen im Gültigkeitsbereich der Slotverordnung ein Koordinierungsausschuss zu bestellen; ein Koordinierungsausschuss kann für mehrere Flughäfen zuständig sein. Der jeweilige Mitgliedstaat ist für die Einsetzung eines Koordinierungsausschusses zuständig[772].

Die Zusammensetzung des Koordinierungsausschusses wurde in der revidierten Slotverordnung im Vergleich zur Verordnung (EWG) Nr. 95/93 in ihrer ursprünglichen Fassung nur geringfügig verändert und erweitert.

Die Mitgliedschaft in diesem Gremium steht Vertretern aller Luftfahrtunternehmen, die einen koordinierten Flughafen anfliegen, deren Verbänden sowie dem Leitungsorgan des betreffenden Flughafens offen. Gemäss revidierter Slotverordnung können neu auch die Flugsicherungsdienststellen des betreffenden Flughafens sowie die Vertreter der allgemeinen Luftfahrt eine Mitgliedschaft anstreben[773]. Der Koordinator selbst ist nach wie vor nicht Mitglied dieses Ausschusses, sondern wird lediglich als Beobachter zu den Sitzungen des Koordinierungsausschusses eingeladen[774].

a) Luftfahrtunternehmen und ihre Verbände

Die Mitgliedschaft im Koordinierungsausschuss steht jeder Luftfahrtunternehmung offen, die den betreffenden Flughafen regelmässig nutzt. Regelmässige Nutzung bedeutet, dass Linien- oder Charterflugdienste während längerer Zeit jeweils am selben Tag ausgeführt werden[775]. Nicht regelmässiger Nutzung entsprechen hingegen ad hoc geplante Bewegungen wie Charterflüge, die beispielsweise nur alle zwei Monate ausgeführt werden oder Flug-

772 Art. 5 Abs. 1 EWG Nr. 95/93, zuletzt geändert durch Verordnung (EG) Nr. 793/2004.

773 Art. 5 Abs. 1 EWG Nr. 95/93, zuletzt geändert durch Verordnung (EG) Nr. 793/2004.

774 Art. 5 Abs. 2 EWG Nr. 95/93, zuletzt geändert durch Verordnung (EG) Nr. 793/2004.

775 Fachgespräch mit ULRICH CLAUS, Koordinator Deutschland.

dienste, die kurzfristig nach Bedarf, vielleicht nur zwei bis drei Mal pro Flugplanperiode – beispielsweise nur über Ostern – angeboten werden[776].

b) Vertreter der allgemeinen Luftfahrt

Aufgrund der revidierten Slotverordnung sind auch die Vertreter der allgemeinen Luftfahrt als Mitglieder im Koordinierungsausschuss zugelassen. Die allgemeine Luftfahrt besteht aus Segel- und Motorflugzeugen sowie Hubschraubern, aus Geschäftsreiseflugzeugen, Heissluftballons, Düsenjets sowie aus Ultraleichtflugzeugen und Blimps[777]. Auch private Charter- und Rundflugunternehmen, Ambulanzflugdienste, Paketdienste und Flüge zur Düngung von Feldern, Bekämpfung von Waldbränden, Erkennung von Staus und Unfällen, Ausbildungsflüge von Piloten sowie Materialtransport- und Vermessungsflüge werden unter diesem Begriff zusammengefasst[778]. Diese Erweiterung des Gremiums lässt sich damit begründen, dass eine sinnvolle Koordination jeglicher sich auf einem koordinierten Flughafen abspielenden Flugbewegungen nur möglich ist, wenn alle Flughafennutzer sich gemeinsam an einen Tisch setzen und Lösungen anstreben.

3. Beschwerdegründe im Rechtsmittelverfahren

Art. 11 der Slotverordnung enthält eine Auflistung der möglichen Beschwerdegründe, auf die sich die Luftfahrtunternehmen im Rechtsmittelverfahren stützen können.

a) Fehlende Unterrichtung des Koordinators

Eine korrekte Anwendung der Slotverordnung erfordert, dass die Koordinatoren über umfangreiche Informationen der Luftfahrt-

776 Fachgespräch mit Hungerbühler Florin, BAZL.
777 Blimps stellen eine Unterart der Zeppeline dar.
778 Ganzer Abschnitt vgl. URL: http://www.aopa.ch (Stand: August 2004).

unternehmen über die geplanten Dienste verfügen. Erst diese Informationen ermöglichen es dem Koordinator, eine rechtmässige Zuteilung der Slots vorzunehmen.

Art. 7 der Slotverordnung regelt demzufolge, dass die Luftfahrtunternehmen dem Flugplanvermittler oder Koordinator „alle von diesem erbetenen sachdienlichen Informationen“ in einem bestimmten Format und innerhalb einer festgelegten Frist vorlegen müssen[779]. Insbesondere hat das Luftfahrtunternehmen den Koordinator darüber zu unterrichten, ob es hinsichtlich des beantragten Slots in den Genuss des Neubewerberstatus kommen würde[780].

Erteilt ein Luftfahrtunternehmen dem Koordinator die Auskunft nicht, oder liefert es falsche und irreführende Angaben, berücksichtigt der Koordinator die Anträge dieses Luftverkehrsunternehmens nicht, es sei denn, mildernde Umstände könnten Anwendung finden[781].

b) Zuweisung von Zeitnischen

Die Fluggesellschaften können zudem die Anwendung von Art. 8 der Slotverordnung rügen. Art. 8 regelt die Zuteilung der Slots auf die Luftfahrtunternehmen. Darunter fallen hauptsächlich Streitigkeiten in Bezug auf die Gewährung von Grossvater-Rechten und weiteren Prioritätenkriterien sowie den Status des Neubewerbers.

Aufgrund maximal ausgelasteter Kapazitäten kann es theoretisch vorkommen, dass auf einem Flughafen keine freien Slot vorhanden sind. Steht die Kapazitätsgrenze zweifelsfrei fest, ist eine Anfechtung nicht möglich, da der Koordinator die Slotverordnung korrekt angewendet hat: Existieren keine freien Slots, kann der Koordinator auch keine Slots vergeben. In der Praxis wird dieser Fall jedoch kaum auftreten, da selbst in Heathrow, dem derzeit

779 Art. 7 Abs. 1 EWG Nr. 95/93, zuletzt geändert durch Verordnung (EG) Nr. 793/2004.

780 Art. 7 Abs. 1 EWG Nr. 95/93, zuletzt geändert durch Verordnung (EG) Nr. 793/2004.

781 Art. 7 Abs. 2 EWG Nr. 95/93, zuletzt geändert durch Verordnung (EG) Nr. 793/2004.

weltweit am stärksten ausgelasteten Flughafen, normalerweise rund drei Prozent aller Slots nicht vergeben sind[782].

Es kann hingegen vorkommen, dass im gewünschten Zeitpunkt auf einem Flughafen kein Slot mehr verfügbar ist. Aufgrund des erwähnten hohen Auslastungsgrades des Flughafens London Heathrow weist der Koordinator die meisten Neuanträge von Fluggesellschaften, die einen Slot zu einer bestimmten Zeit wünschen, ab[783]. In diesem Falle teilt der Koordinator der Fluggesellschaft die Gründe für die Nichtzuteilung mit und nennt ihr die zeitlich nächstgelegene Ausweichzeitnische[784]. Lehnt die Fluggesellschaft einen vom Koordinator angebotenen Slot, der zu einem Start oder einer Landung innerhalb einer Stunde vor oder nach der beantragten Zeit berechtigen würde, verliert sie den Neubewerberstatus[785]. Liegt der Zeitpunkt des erteilten Slots hingegen ausserhalb des zwei Stunden-Radius, obwohl faktisch genügend Slots vorhanden wären und keine ersichtlichen Gründe für den Entscheid vorliegen, besteht für die Fluggesellschaft eine Anfechtungsmöglichkeit.

Zur Anfechtung könnte allenfalls auch der Entscheid eines Koordinators berechtigen, einem Neubewerber trotz fristgerechter Deponierung eines Slotantrages keinen Pool-Slot zuzusprechen, da der Koordinator entweder eine die Neubewerber privilegierende Regel[786] nicht beachtet oder einen anderen Neubewerber ohne triftige Gründe bevorzugt[787].

782 Fachgespräch mit MORRISROE PETER, Koordinator Grossbritannien.
783 Fachgespräch mit MORRISROE PETER, Koordinator Grossbritannien.
784 Art. 8 Abs. 6 EWG Nr. 95/93, zuletzt geändert durch Verordnung (EG) Nr. 793/2004.
785 Art. 10 Abs. 7 EWG Nr. 95/93, zuletzt geändert durch Verordnung (EG) Nr. 793/2004.
786 Gemäss Art. 10 Abs. 6 EWG Nr. 95/93, zuletzt geändert durch Verordnung (EG) Nr. 793/2004 stehen 50 Prozent aller Slots aus dem Slotpool zuerst den Neubewerbern zu, falls sich deren Anträge nicht auf weniger als 50 Prozent belaufen.
787 Eine zeitlich frühere Eingabe eines Mitbewerbers kann beispielsweise einen triftigen Grund darstellen.

c) *Weitere Beschwerdegründe*

Gemäss Art. 11 Abs. 1 der Slotverordnung kann eine unrichtige Anwendung der Bestimmungen von Art. 8a derselben über die Zeitnischenmobilität gerügt werden[788]. Ausserdem kann die Anwendung der Regeln über den Zeitnischenpool gerügt werden[789]. Abschliessend kann eine Überprüfung der korrekten Anwendung der Slotverordnung in Bezug auf Entscheide des Koordinators, einem Luftfahrtunternehmen Slots aus verschiedenen Gründen zu entziehen, vorgenommen werden[790].

4. *Legitimation*

Das Verfahren der Beschwerdebehandlung vor dem Koordinierungsausschuss ist rechtlich kaum geregelt. Bezüglich der Legitimation sind auch der revidierten Slotverordnung keine Einzelheiten zu entnehmen. Aus den von allen EG-Mitgliedstaaten anerkannten allgemeinen Rechtsgrundsätzen[791] kann jedoch abgeleitet werden, dass jede Person oder Unternehmung, deren Interessen durch eine Entscheidung berührt werden, das Recht haben muss, eine Beschwerde einzulegen[792].

5. *Subsidiarität*

Der Koordinierungsausschuss wird grundsätzlich erst aktiv, wenn Gespräche zwischen dem Koordinator und der Fluggesellschaft gescheitert sind. Führt das Eingreifen des Ausschusses zu keiner Lösung, kann ein Schlichtungsverfahren angestrengt werden[793].

788 Zu den Vorgaben, die vom Koordinator bei der Slotallokation beachtet werden müssen, vgl. S. 47ff. vorne.

789 Vgl. S. 57f. sowie S. 62f. vorne zu den Rechtfertigungsgründen im Zusammenhang mit dem Verlust der Grossvater-Rechte.

790 Vgl. S. 52ff. vorne.

791 Vgl. S. 177ff. hinten.

792 Art. 6 EMRK.

793 Vgl. S. 180ff. hinten.

6. *Aufgaben des Koordinierungsausschusses*

Gemäss Slotverordnung[794] gehört es unter anderem zur Aufgabe des Koordinierungsausschusses, dem Koordinator und dem Mitgliedstaat Vorschläge zur Klärung von Beschwerden über die Zuweisung von Zeitnischen zu machen und zwischen den am Streit beteiligten Parteien zu vermitteln.

7. *Frist*

Da es kaum Sinn macht, eine Beschwerde in einem Zeitpunkt zu behandeln, in dem bereits die Slotantragsfrist für die nächste Flugplanperiode anläuft, darf sich das Verfahren vor dem Koordinierungsausschuss nicht in die Länge ziehen.

Die Slotverordnung enthält keine Frist zur Einreichung der Beschwerde an den Koordinierungsausschuss. Für die Behandlung des Schriftsatzes durch den Koordinierungsausschuss hingegen gilt eine Frist von einen Monat ab Eingang der Beschwerde[795]. Der erste Vorschlag der Kommission hatte ursprünglich eine dreimonatige Frist statuiert[796], das Europäische Parlament konnte im Hinblick auf obgenannte Gründe eine Fristenreduktion durchsetzen.

8. *Fazit*

Aufgrund der revidierten Slotverordnung erhalten die Koordinatoren weiterreichende Befugnisse, als dies gemäss der ursprünglichen Fassung der Slotverordnung der Fall war[797]. So kommt dem Koordinator eine zentrale Rolle im Koordinierungsprozess und bei der

794 Art. 11 Abs. 1 EWG Nr. 95/93, zuletzt geändert durch Verordnung (EG) Nr. 793/2004.

795 Art. 11 Abs. 1 EWG Nr. 95/93, zuletzt geändert durch Verordnung (EG) Nr. 793/2004.

796 Art. 11 Abs. 1 KOM 2001 335.

797 Vgl. Art. 4, 8 und 8a EWG Nr. 95/93, zuletzt geändert durch Verordnung (EG) Nr. 793/2004; vgl. auch KOM 2001 335, S. 21.

korrekten Anwendung der Slot-Regeln zu[798]. Überdies können mögliche Sanktionen griffiger durchgesetzt werden[799].

Dieser Entwicklung ist dahingehend zu begegnen, dass die Entscheide der Koordinatoren innerhalb angemessener Fristen einer Prüfung unterzogen werden können und den betroffenen Luftfahrtunternehmen das rechtliche Gehör gewährt wird.

Gemäss den von allen Mitgliedstaaten anerkannten allgemeinen Rechtsgrundsätzen muss jede Person oder Unternehmung, deren Interessen durch eine Entscheidung berührt werden, das Recht haben, eine Beschwerde einzulegen[800]. Die Kommission verweist mit dieser Formulierung im Zusammenhang mit der Revision der europäischen Slotverordnung auf den allgemeinen Rechtsgrundsatz der Rechtsweggarantie. Gemäss Art. 6 Abs. 2 EUV achtet die Europäische Union die Grundrechte, wie sie in der EMRK gewährleistet sind und wie sie sich aus den gemeinsamen Verfassungsüberlieferungen der Mitgliedstaaten als allgemeine Grundsätze des Gemeinschaftsrechts ergeben.

Obwohl im EG-Recht eine explizite Statuierung der Rechtsweggarantie in den Mitgliedstaaten fehlt[801], kann Art. 6 Abs. 1 EMRK,

798 KOM 2001 335, S. 6.

799 Vgl. Art. 14 EWG Nr. 95/93, zuletzt geändert durch Verordnung (EG) Nr. 793/2004.

800 KOM 2001 335, S. 21.

801 Vgl. aber die Charta der Grundrechte der Europäischen Union, anlässlich des EU-Gipfels vom Europäischen Rat am 7. Dezember 2000 in Nizza proklamiert (Amtsblatt der Europäischen Union (ABl.) C 364, S. 1). Art. 47 Abs. 1 der Charta der Grundrechte der EU statuiert, dass „Jede Person, deren durch das Unionsrecht garantierte Rechte oder Freiheiten verletzt worden sind, hat das Recht, nach Massgabe der in diesem Artikel vorgesehenen Bedingungen bei einem Gericht einen wirksamen Rechtsbehelf einzulegen." Zudem hat gemäss Art. 47 Abs. 2 der Charta „Jede Person ein Recht darauf, dass ihre Sache von einem unabhängigen, unparteiischen und zuvor durch Gesetz errichteten Gericht in einem fairen Verfahren, öffentlich und innerhalb angemessener Frist verhandelt wird." Die Charta „enthält einen umfassenden Grundrechtskatalog, der sich an der EMRK und den nationalen Verfassungen orientiert". Aufgrund der „fehlenden vertraglichen Grundlage kommt ihr jedoch vorerst keine rechtliche Verbindlichkeit zu [...]."; EPINEY/RIEDER/VON DANCKELMANN, S. 49.

wonach jede (natürliche und juristische) Person ein Recht darauf hat,

> dass über Streitigkeiten in Bezug auf ihre zivilrechtlichen Ansprüche und Verpflichtungen [...] von einem unparteiischen, auf Gesetz beruhenden Gericht in einem fairen Verfahren, öffentlich und innerhalb angemessener Frist verhandelt wird [...],

sinngemäss Anwendung finden. Auch die Gewährung des rechtlichen Gehörs innerhalb eines Verfahrens ist ein Rechtsgrundsatz, welcher vom EuGH anerkannt und entwickelt worden ist[802].

Die Koordinatoren, die ihre Entscheide gestützt auf die Slotverordnung erlassen, wenden europäisches Recht an; sie sind somit Adressaten der gemeinschaftlichen Grundrechte und Grundprinzipien[803] und haben diese zu befolgen.

Der Koordinierungsausschuss soll in einem ersten, praktisch formlosen Verfahren die Beschwerde gegen den Entscheid eines Koordinators behandeln. Dieses Vorgehen soll innerhalb kurzer Frist zu einer Beilegung der Streitigkeit zwischen Luftfahrtunternehmen und Koordinator führen.

Da koordinierte Flughäfen nach wie vor von der allgemeinen Luftfahrt benutzt werden dürfen, ist es sinnvoll, dass – aufgrund der Ausdehnung der Zusammensetzung des Koordinierungsausschusses durch die revidierte Slotverordnung – neuerdings auch Vertreter dieser Gruppierung im Gremium zugelassen sind.

802 Vgl. insbesondere das EuGH-Urteil *Transocean Marine Paint Association*, Rs. 17/74, Slg. 1974, Pkt. 15 sowie das EuGH-Urteil *Internationale Handelsgesellschaft*, Rs. 11/70, Slg. 1974, S. 1125, vgl. auch EPINEY/RIEDER/VON DANCKELMANN, S. 35; vgl. auch BREITENMOSER/HUSHEER, S. 142: „Die vom EuGH entwickelten allgemeinen Rechtsgrundsätze wurden durch richterliche Rechtsfortbildung aus den Zielen der Gemeinschaft und den gemeinsamen Verfassungsgrundlagen der Mitgliedstaaten hergeleitet."

803 Vgl. EPINEY/RIEDER/VON DANCKELMANN, S. 43.

B. Das Schlichtungsverfahren gemäss EG-Slotverordnung

1. *Ausgangslage*

Wird im Verfahren vor dem Koordinierungsausschuss keine einvernehmliche Lösung zwischen Koordinator und Luftfahrtunternehmen erarbeitet, findet ein so genanntes Schlichtungsverfahren unter der Leitung eines Verbandes der Luftfahrtunternehmen, der Flughäfen oder eines Dritten statt[804].

2. *Initiierung des Verfahrens*

Gemäss europäischer Slotverordnung ist der Staat für die Initiierung des Schlichtungsverfahrens und die Überprüfung der Einhaltung der Fristen verantwortlich, auf dessen Territorium sich der Flughafen befindet, dessen Koordinator den Slotentscheid gefällt hat[805].

3. *Verband der Luftfahrtunternehmen und der Flughäfen*

Die Slotverordnung bezeichnet einerseits so genannte „Dritte“ und andererseits Verbände der Luftfahrtunternehmen sowie Verbände der Flughäfen als mögliche Schlichtungsstellen. Die Wahl der zuständigen Flughafenverbände steht im Ermessen des jeweiligen Mitgliedstaates; die vom Slotentscheid betroffene Fluggesellschaft hat keinen direkten Einfluss darauf.

804 Art. 11 Abs. 1 EWG Nr. 95/93, zuletzt geändert durch Verordnung (EG) Nr. 793/2004.

805 Art. 11 Abs. 1 EWG Nr. 95/93, zuletzt geändert durch Verordnung (EG) Nr. 793/2004.

4. *Anfechtungsobjekt*

Das Anfechtungsobjekt im Verfahren vor der Schlichtungsstelle ist wie beim Verfahren vor dem Koordinierungsausschuss der Entscheid des Koordinators; die Vorinstanz fällt keinen Entscheid im rechtlichen Sinne. Auch in diesem Verfahrensstadium steht die Vermittlung zwischen den Parteien und das Ausarbeiten einer tragfähigen Lösung im Zentrum.

5. *Legitimation*

Die Legitimation hinsichtlich des Verfahrens vor der Schlichtungsstelle ist ebenfalls nicht explizit geregelt. Es kann jedoch davon ausgegangen werden, dass wiederum die vom Entscheid des Koordinators betroffene Fluggesellschaft legitimiert ist, eine Schlichtung zu beantragen, falls der vorangehende Streitbeilegungsversuch vor dem Koordinierungsausschuss gescheitert ist, da sie über ein Rechtsschutzinteresse verfügt.

6. *Fristen*

Die Frist für die Behandlung der Beschwerde im Schlichtungsverfahren beträgt zwei Monate ab Eingang der Beschwerde[806]. Es handelt sich gemäss dem Wortlaut der Norm wiederum um eine Behandlungsfrist, die der zuständigen Instanz auferlegt wird und nicht um eine Frist zur Einreichung der Beschwerde.

7. *Fazit*

Bei der Schlichtungsstelle handelt es sich – abgesehen von den Mediationsbemühungen der Joint Scheduling Advisory Group

806 Art. 11 Abs. 1 EWG Nr. 95/93, zuletzt geändert durch Verordnung (EG) Nr. 793/2004.

(JSAG)[807] der IATA – um die letzte „Instanz“, die eine Lösung der Streitigkeiten binnen „nützlicher Frist“ anbieten kann.

In der Praxis kann daher zumeist auf dieser Stufe eine von allen Beteiligten akzeptierte Lösung erarbeitet werden. Andernfalls steht den Luftfahrtgesellschaften das Ergreifen nationaler Rechtsmittel[808] offen.

C. Rechtsschutz durch die europäischen Gerichte

1. Ausgangslage

Der Rechtsschutz in der EU obliegt einerseits dem Europäischen Gerichtshof (EuGH) und andererseits – seit 1988 – dem Gericht erster Instanz[809] (EuG) sowie allenfalls gerichtlichen Kammern[810].

807 Die Joint Scheduling Advisory Group („JSAG“) der IATA bietet bei Slot-Streitigkeiten eine Mediation an, vgl. Sec. 7 WSG 2006. Diese Mediation stellt allerdings kein Beschwerdeverfahren im rechtlichen Sinne dar. Für eine Vermittlung durch das JSAG sind daher keine besonderen formellen oder materiellen (Prozess-)Voraussetzungen zu erfüllen, es sind überdies keine spezifischen Rügen vorzubringen. Die Rechtswirkungen einer Mediation durch das JSAG beschränken sich auf nicht justiziable Ratschläge, vgl. hierzu auch die Erörterungen zu den IATA Scheduling Procedures Guidelines, S. 40 vorne. Die Mediation des JSAG entspricht daher auch keinem Schiedsverfahren gemäss schweizerischem Recht, bei dem eine durch den Staat sanktionierte private Gerichtsbarkeit amtet und die Entscheidungen grundsätzlich die gleiche Bestandeskraft, insbesondere die gleiche materielle Rechtskraft und Vollstreckbarkeit geniessen, wie die Entscheidungen staatlicher Gerichte.

808 Vgl. u. a. S. 189 ff. hinten.

809 Vgl. Beschluss des Rates zur Errichtung eines Gerichtes erster Instanz vom 24. Oktober 1988. Im November 1989 nahm das Gericht seine Tätigkeit auf, vgl. Beschluss 88/591/EGKS, EWG, Euratom, Amtsblatt der Europäischen Gemeinschaften (ABl.) 1988, L 319, S. 1, Berichtigung in Amtsblatt der Europäischen Gemeinschaften (ABl.) 1989, L 241, S. 4; zit. in: Bölhoff, Fn 50.

810 „Dem Gericht erster Instanz [können] nach Massgabe des Artikels 225a [EGV] gerichtliche Kammern beigeordnet werden, die in einigen besonderen Bereichen in diesem Vertrag [EGV] vorgesehene gerichtliche Zuständigkeiten ausüben“, Art. 220 EGV; vgl. auch Art. 220 ff., insbes. Art. 225a EGV.

Diese Gerichten sind für die Wahrung des Rechts bei der Auslegung und Anwendung der Verträge sowie des gestützt darauf erlassenen sekundären[811] Gemeinschaftsrechts zuständig[812]. Die nachträgliche Errichtung des Gerichtes erster Instanz ermöglicht einen zweifachen Instanzenzug, entlastet den EuGH und verbessert den Rechtsschutz des Einzelnen[813].

Art. 225 EGV beschränkt die Zuständigkeit des Gerichts erster Instanz auf jene Klageverfahren, in welchen natürliche oder juristische Personen des Privatrechts als Kläger auftreten[814]. Das EuG ist ausserdem für die Beurteilung von Rechtsmitteln gegen Entscheidungen der gerichtlichen Kammern zuständig[815]. Für die Klagen der Mitgliedstaaten sowie der Organe der Gemeinschaft ist der EuGH zuständig[816], ebenso für das Vorabentscheidungsverfahren[817]. Gemäss Art. 225 Abs. 1 EGV kann beim EuGH zudem ein auf Rechtsfragen beschränktes Rechtsmittel gegen Entscheidungen des EuG eingelegt werden.

Zu bedauern ist in diesem Zusammenhang, dass obwohl in diversen Vorentwürfen zur Slotverordnungsreform die Initiierung eines einheitlichen Beschwerdeweges innerhalb der EG, allenfalls gar die Statuierung einer einheitlichen Gerichtszuständigkeit diskutiert worden war, dieses Postulat in der endgültigen Fassung der

811 „Das sekundäre Gemeinschaftsrecht umfasst die Rechtsakte, die von den Gemeinschaftsorganen nach Massgabe der Verträge erlassen werden. Es handelt sich um Verordnungen [wie beispielsweise die Verordnung (EWG) Nr. 95/93, zuletzt geändert durch Verordnung (EG) Nr. 793/2004], Richtlinien, Entscheidungen sowie Empfehlungen und Stellungnahmen (Art. 249 EGV).“, JAAG, Europarecht, S. 213. Ganzer Abschnitt vgl. JAAG, Europarecht, S. 252.

812 Art. 220ff. EGV. Ganzer Abschnitt vgl. JAAG, Europarecht, S. 252.

813 BÖLHOFF, S. 29.

814 Vgl. Art. 225 EGV; JAAG, Europarecht, S. 255f.; KIRSCHNER/KLÜPFEL, S. 37.

815 Art. 225 Abs. 2 EGV.

816 Art. 225 Abs. 1 EGV i.V.m. Art. 51 der Gerichtshofsatzung.

817 Vgl. Art. 234 EGV. Zwar können Klagen von Organen der Gemeinschaft und von Mitgliedstaaten gemäss Art. 225 Abs. 1 EGV ebenfalls dem EuG vorgelegt werden; die Satzung des Gerichtshofs schliesst dies in Art. 51 jedoch noch aus; vgl. JAAG, Europarecht, S. 255.

Slotverordnungsrevision keinen Eingang fand. Indessen wurde explizit auf den nationalen Rechtsweg verwiesen[818].

2. *Rechtsschutz gegen Anordnungen von Organen der EG-Mitgliedstaaten*

a) Grundsatz

Der Rechtsschutz richtet sich zum einen gegen die Gemeinschaftsorgane der EG[819] sowie zum andern gegen die Mitgliedstaaten, wenn der Vollzug des Gemeinschaftsrechts durch diese erfolgt[820]. Betreffend Entscheidungen mitgliedstaatlicher Organe obliegt der Rechtsschutz allerdings ausschliesslich den mitgliedstaatlichen Gerichten und Behörden nach deren Recht. Ein Weiterzug von Entscheiden letztinstanzlicher mitgliedstaatlicher Behörden oder Gerichte an den EuGH gibt es nicht[821].

b) Vorabentscheidungsverfahren[822]

Die Gerichte[823] der Mitgliedstaaten[824] haben das Recht, im Rahmen der bei ihnen hängigen Verfahren an den Gerichtshof zu ge-

818 Art. 11 Abs. 1 EWG Nr. 95/93, zuletzt geändert durch Verordnung (EG) Nr. 793/2004.
819 Zum Verfahren vor dem EuG und dem EuGH, vgl. JAAG, Europarecht, S. 259ff.
820 JAAG, Europarecht, S. 265.
821 JAAG, Europarecht, S. 265f.
822 Für Einzelheiten zum Vorabentscheidungsverfahren, vgl. OESCH, S. 487ff.
823 Aus der Rechtsprechung des EuGH lassen sich die Kriterien, welche erfüllt sein müssen, damit ein urteilendes Gremium als Gericht im Sinne von Art. 234 EGV gilt, ableiten. Im Grundsatzentscheid *Dorsch Consult* (Rs. C-54/96, Slg. 1997, Rn 23) hielt der EuGH namentlich fest, dass die Kriterien gesetzliche Grundlage der Einrichtung, ständiger Charakter, obligatorische Gerichtsbarkeit, streitiges Verfahren, Anwendung von Rechtsnormen durch diese Einrichtung sowie deren Unabhängigkeit erfüllt sein müssen.
824 Für die Schweiz besteht keine Möglichkeit an den EuGH zu gelangen, ihren Gerichten steht das Vorabentscheidungsverfahren nicht zur Verfügung, JAAG, Europarecht, S. 381.

langen und gemeinschaftsrechtliche Fragen klären zu lassen[825]. Dieses so genannte Vorabentscheidungsverfahren gemäss Art. 234 EGV, welches kein eigenständiges Verfahren, sondern ein Zwischenverfahren darstellt, dient hauptsächlich der einheitlichen Auslegung und Anwendung des Gemeinschaftsrechts[826]. Kann die Entscheidung eines Gerichtes nicht mehr mit einem ordentlichen Rechtsmittel an eine höhere nationale Instanz weitergezogen werden, ist das Gericht sogar – abgesehen von Ausnahmen[827] – verpflichtet, Fragen der Auslegung und Gültigkeit des Gemeinschaftsrechts dem EuGH vorzulegen[828].

825 „Der Gerichtshof entscheidet im Wege der Vorabentscheidung über die Auslegung dieses Vertrages [EGV] (lit. a), über die Gültigkeit und die Auslegung der Handlungen der Organe der Gemeinschaft und der EZB (lit. b) [und] über die Auslegung der Satzungen der durch den Rat geschaffenen Einrichtungen, soweit diese Satzungen dies vorsehen.“, Art. 234 Abs. 1 EGV. „Wird eine derartige Frage einem Gericht eines Mitgliedstaats gestellt und hält dieses Gericht eine Entscheidung darüber zum Erlass seines Urteils für erforderlich, so kann es diese Frage dem Gerichtshof zur Entscheidung vorlegen.“, Art. 234 Abs. 2 EGV.

826 COTTIER/EVTIMOV, Probleme des Rechtsschutzes, S. 204; EPINEY/RIEDER/VON DANCKELMANN, S. 127; BREITENMOSER/HUSHEER, S. 241 ff.

827 Die Ausnahmen zur Vorlagepflicht letztinstanzlicher Gerichte können anhand der so genannten CILFIT-Kriterien bestimmt werden, vgl. EuGH-Urteil *CILFIT*, Rs. 283/81, Slg. 1982, Rn 7. Gleichzeitig obliegt nicht letztinstanzlichen Gerichten ausnahmsweise die Pflicht, eine Frage dem EuGH vorzulegen, wenn sie Gemeinschaftsrecht verwerfen möchten (vgl. EuGH-Urteil *Foto-Frost*, Rs. 314/85 Slg. 1987) oder die Aussetzung der Vollziehung eines auf sekundärem Gemeinschaftsrecht beruhenden nationalen Aktes anordnen wollen (vgl. EuGH-Urteil *Zuckerfabrik Süderdithmarschen*, Rs. C-143/88 und 92/89, Slg. 1991).

828 „Wird eine derartige Frage in einem schwebenden Verfahren bei einem einzelstaatlichen Gericht gestellt, dessen Entscheidungen selbst nicht mehr mit Rechtsmitteln des innerstaatlichen Rechts angefochten werden können, so ist dieses Gericht zur Anrufung des Gerichtshofes verpflichtet.“, Art. 234 Abs. 3 EGV; vgl. JAAG, Europarecht, S. 27; BREITENMOSER/HUSHEER, S. 242. Nicht in Bezug auf Slotentscheide eines Koordinators, sondern bei wettbewerbsrechtlichen Streitigkeiten zwischen Gemeinschaftsorganen und Luftfahrtunternehmen (davon können auch schweizerische Luftfahrtunternehmen Gebrauch machen) ist das EuG und der EuGH zuständig, vgl. JAAG, Europarecht, S. 380; vgl. auch VON BÜREN, S. 71 ff.

Während der Dauer des Vorabentscheidungsverfahrens vor dem EuGH wird das Verfahren vor dem nationalen Gericht sistiert, bis der EuGH ein Urteil gefällt hat. Erst danach urteilt das nationale Gericht, welches an den Entscheid des EuGH gebunden ist, über den Fall abschliessend[829].

3. *Vertragsverletzungsverfahren*

Primär die Europäische Kommission[830], daneben aber auch die einzelnen Mitgliedstaaten[831] können beim Europäischen Gerichtshof eine Verletzung vertraglicher Pflichten eines Mitgliedstaates geltend machen. Private können die Einleitung eines Vertragsverletzungsverfahrens hingegen nicht erzwingen; den natürlichen und juristischen Personen steht die Vertragsverletzungsklage nicht zur Verfügung[832]. Bei der Verletzung vertraglicher Pflichten stehen Verstösse gegen gemeinschaftliches Primär- und Sekundärrecht, aber

829 JAAG, Europarecht, S. 269.

830 „Hat nach Auffassung der Kommission ein Mitgliedstaat gegen eine Verpflichtung aus diesem Vertrag [EGV] verstossen, so gibt sie eine mit Gründen versehene Stellungnahme hierzu ab; [...]“, Art. 226 EGV.

831 „Jeder Mitgliedstaat kann den Gerichtshof anrufen, wenn er der Auffassung ist, dass ein anderer Mitgliedstaat gegen eine Verpflichtung aus diesem Vertrag [EGV] verstossen hat. Bevor ein Mitgliedstaat wegen einer angeblichen Verletzung der Verpflichtungen aus diesem Vertrag gegen einen anderen Staat Klage erhebt, muss er die Kommission damit befassen“, Art. 227 EGV.

832 Zu beachten ist allerdings das EuGH-Urteil *Van Gend & Loos*, Rs. 26/62, Slg. 1963, S. 26: „Wenn der Vertrag in den genannten Artikeln [Art. 226, 227 EGV gemäss aktueller Fassung] der Kommission und den Mitgliedstaaten die Möglichkeit einräumt, den Gerichtshof anzurufen, falls ein Staat seinen Verpflichtungen nicht nachkommt, so bedeutet dies nicht, dass es für den Einzelnen unmöglich wäre, sich gegebenenfalls vor dem nationalen Richter auf diese Verpflichtungen zu berufen, ebenso wenig wie die Tatsache, dass der Vertrag der Kommission Mittel zur Verfügung stellt, um die Einhaltung der den Vertragsunterworfenen obliegenden Verpflichtungen zu gewährleisten, die Möglichkeit, ausschliesst, die Verletzung dieser Verpflichtungen in Prozessen zwischen Privatpersonen und vor nationalen Gerichten geltend zu machen.“ Vgl. auch JAAG, Europarecht, S. 272f. mit Verweis auf das EuGH-Urteil *Star Fruit*, Rs. 247/87, Slg. 1989, S. 291ff., Erw. 10ff.

auch Verstösse gegen allgemeine Rechtsgrundsätze der Gemeinschaft, beispielsweise der Nichtumsetzung einer EG-Richtlinie durch Organe der Mitgliedstaaten, im Zentrum[833].

4. *Die rechtliche Stellung von Koordinator und Koordinierungsausschuss*

Weder der gemäss Slotverordnung eingesetzte Koordinator noch der Koordinierungsausschuss stellen ein Gemeinschaftsorgan dar. Der Entscheid eines Koordinators kann daher nicht mit einer Vertragsverletzungsklage angefochten werden.

Das Unterlassen eines Mitgliedsstaates, die Slotverordnung umzusetzen und anzuwenden, beispielsweise eine Weigerung die Unabhängigkeit des Koordinators zu gewährleisten[834], kann hingegen mit einer Vertragsverletzungsklage gerügt werden.

Nach einer Abmahnung durch die Kommission und einer Gewährung des rechtlichen Gehörs sowie der Abgabe einer begründeten Stellungnahme der Kommission an den betroffenen Mitgliedstaat, wird die Vertragsverletzungsklage beim Gerichtshof eingereicht. Stellt der Gerichtshof eine Verletzung fest, wird der Staat verpflichtet, Massnahmen zu ergreifen[835], ansonsten er in einem zweiten Vertragsverletzungsverfahren vom Gerichtshof zu einer Zahlung eines Pauschalbetrags sowie allenfalls zusätzlich eines Zwangsgeldes verurteilt werden kann[836].

833 BREITENMOSER/HUSHEER, S. 245.

834 Der für einen flugplanvermittelten oder koordinierten Flughafen zuständige Mitgliedstaat stellt sicher, dass die organisatorische und finanzielle Unabhängigkeit des Flugplanvermittlers sowie des Koordinators gewährleistet ist; vgl. Art. 4 Abs. 1/2 EWG Nr. 95/93, zuletzt geändert durch Verordnung (EG) Nr. 793/2004; vgl. auch Morrisroe/Cole, S. 13.

835 „Stellt der Gerichtshof fest, dass ein Mitgliedstaat gegen eine Verpflichtung aus diesem Vertrag [EGV] verstossen hat, so hat dieser Staat die Massnahmen zu ergreifen, die sich aus dem Urteil des Gerichtshofes ergeben.“, Art. 228 Abs. 1 EGV.

836 „Stellt der Gerichtshof fest, dass der betreffende Mitgliedstaat seinem Urteil nicht nachgekommen ist, so kann er die Zahlung eines Pauschalbetrags oder Zwangsgelds verhängen.“, Art. 228 Abs. 2 EGV. Bei einem Pauschalbetrag

5. Fazit

Bei Slot-Entscheiden der Koordinatoren handelt es sich um Anordnungen von „Organen" der EG-Mitgliedstaaten, nicht aber von EG-Organen. Daher ist bei der Beschreitung des Rechtsmittelweges, der über die Vermittlung durch den Koordinierungsausschuss und die Schlichtungsstelle hinausgeht, grundsätzlich ein nationales Gericht anzurufen.

Die Zurückhaltung bei der Ergreifung von nationalen Rechtsmitteln ist vor allem darauf zurückzuführen, dass keine der beteiligten Parteien ein Interesse daran hat, sich auf langwierige und allenfalls kostspielige Verfahren einzulassen.

Nicht der Überprüfung durch die EG-Migliedstaaten vorbehalten sind allerdings jene Fragen, welche die einheitliche Auslegung des Gemeinschaftsrechts betreffen. Jene Fragen werden im Vorabentscheidungsverfahren[837] durch den EuGH entschieden.

---

handelt es sich um eine einmalige Busse, bei einem Zwangsgeld um eine periodisch wiederkehrende Busse, die bis zur Beendigung der Vertragsverletzung zu bezahlen ist. Die Festsetzung der Höhe des Bussgeldes hängt von der Schwere und der Dauer der Vertragsverletzung, vom Bruttoinlandprodukt des betreffenden Staates sowie von der Bevölkerungszahl des Staates respektive deren Anzahl Stimmen im Rat ab, JAAG, Europarecht, S. 274.

837 Vgl. S. 184f. vorne und weiterführend CRAIG/DE BURCA, S. 432ff.

II. Verfahren der Anfechtung in der Schweiz

A. Grundlagen der Anfechtung

1. Ausgangslage

Im Falle einer Slotstreitigkeit bezüglich eines Entscheides des Schweizer Koordinators kommt die europäische Slotverordnung zur Anwendung. Diese verweist allerdings nebst dem gemeinschaftlich geregelten Beschwerdeweg mit einer Vermittlung durch den Koordinierungsausschuss und einer Schlichtungsinstanz auf nationale Rechtsmittel[838].

Die schweizerische Slotkoordinationsverordnung übernimmt den gemeinschaftlich geregelten Beschwerdeweg, sieht allerdings für den nationalen Instanzenzug kein spezielles Rechtsmittelverfahren vor. Liegt eine Verfügung als Anfechtungsobjekt vor, kommt der gewöhnliche zweistufige Instanzenzug des Verwaltungsrechtspflegeverfahrens zur Anwendung.

2. Vermittlung durch den Koordinierungsausschuss

Sowohl die ursprüngliche wie auch die revidierte Slotverordnung legen fest, dass Beschwerden bezüglich der Zuweisung von Zeitnischen an den Koordinierungsausschuss zu richten sind[839]. Auch die Slotkoordinationsverordnung sieht vor, dass das BAZL ein Schlichtungsverfahren erst in die Wege leitet, wenn die Vermittlung durch den Koordinierungsausschuss zu keiner Lösung geführt hat[840].

838 Art. 11 Abs. 1 EWG Nr. 95/93, zuletzt geändert durch Verordnung (EG) Nr. 793/2004.
839 Art. 8 Abs. 7 EWG Nr. 95/93, zuletzt geändert durch Verordnung (EG) Nr. 793/2004.
840 Art. 7 Abs. 1 Slotkoordinationsverordnung.

Die Slotkoordinationsverordnung enthält jedoch keine weiteren Ausführungen zum Verfahrensablauf und zu den Voraussetzungen und den Rechtswirkungen. Die in der Slotverordnung festgesetzte einmonatige Frist zur Behandlung der Beschwerde durch den Koordinierungsausschuss[841] ist somit die einzige Auflage, die in der EG und der Schweiz Anwendung findet. Für Einzelheiten bezüglich des Verfahrens vor dem Koordinierungsausschuss kann auf die Erläuterungen vorne verwiesen werden[842].

3. *Schlichtungsverfahren in der Schweiz*

Wenn die Vermittlung durch den Koordinierungsausschuss zu keiner Lösung führt, ist gemäss Art. 7 Abs. 1 der Slotkoordinationsverordnung – in Übereinstimmung mit der Slotverordnung – ein Schlichtungsverfahren durchzuführen.

Die Schweiz hat das BAZL als Durchführungsorgan für das Schlichtungsverfahren[843] bestimmt: „Das BAZL führt ein Schlichtungsverfahren durch, wenn die Vermittlung des Koordinierungsausschusses zu keiner von den Parteien akzeptierten Lösung führt.“[844] Die Einsetzung des Schlichtungsorgans durch den Bund entspricht der Regelung des EG-Rechtes[845], wonach der jeweilige Staat das für die Schlichtung zuständige Gremium bezeichnen kann.

Eine diesbezügliche Zuständigkeit des BAZL macht Sinn, kann doch – sofern der Entscheid des BAZL als Verfügung im Sinne von Art. 5 VwVG qualifiziert wird – das zweistufige Rechtsmittelverfahren gemäss Bundesrecht anschliessen.

841 Art. 11 Abs. 1 EWG Nr. 95/93, zuletzt revidiert durch Verordnung (EG) Nr. 793/2004.

842 Vgl. S. 171 ff. vorne.

843 Zu den Einzelheiten des Schlichtungsverfahrens vgl. S. 180 ff. vorne.

844 Art. 7 Abs. 1 Slotkoordinationsverordnung.

845 Art. 11 Abs. 1 EWG Nr. 95/93, zuletzt geändert durch Verordnung (EG) Nr. 793/2004.

4. *Qualifizierung des Verfahrens vor dem Koordinierungsausschuss und der Schlichtungsstelle*

Weder die Slotkoordinationsverordnung noch die Slotverordnung regeln die Einzelheiten des Verfahrens vor dem Koordinierungsausschuss und der Schlichtungsstelle. Bezogen auf das schweizerische Rechtssystem kann allerdings festgehalten werden, dass es sich beim Schlichtungsverfahren nicht um ein förmliches Verfahren handelt, sondern um informelles Verwaltungshandeln. Im Unterschied zum Mediationsverfahren, bei welchem die mit der Mediation betraute Person die Parteien dazu bringen soll, selbst einvernehmliche Lösungen zu erarbeiten, unterbreitet beim Schlichtungsverfahren die Schlichtungsperson gemäss herrschender Auffassung den Parteien Vorschläge zur Beilegung des Streits[846].

Ziel des Schlichtungsverfahrens gemäss Slotkoordinationsverordnung ist es, dass die Parteien unter der Führung des BAZL partizipativ verhandeln und schliesslich eine Einigung erzielen. Der Vorteil dieses Vorgehens liegt einerseits in der erhöhten Akzeptanz der getroffenen Vereinbarungen und andererseits in einem Zeitgewinn im Vergleich zu einem förmlichen Verfahren. Erst wenn auch das Schlichtungsverfahren ergebnislos bleibt, verfügt das BAZL[847] aufgrund von Art. 7 Abs. 2 der Slotkoordinationsverordnung.

5. *Qualifizierung des Entscheides des BAZL*

Das Ergreifen eines Rechtsmittels gemäss VwVG ist nur zulässig, wenn es sich beim strittigen Entscheid um eine Verfügung im Sinne von Art. 5 VwVG handelt. Demnach hat es sich um eine behördliche, einseitige, individuell-konkrete, rechtsverbindliche und sich auf Bundesverwaltungsrecht stützende Anordnung zu handeln[848].

846 Bundesamt für Justiz (BJ), Leitfaden für die Ausarbeitung von Erlassen des Bundes, S. 316.

847 Art. 7 Abs. 2 Slotkoordinationsverordnung.

848 Art. 5 Abs. 1 Bundesgesetz über das Verwaltungsverfahren vom 20. Dezember 1968 (VwVG), SR 172.021.

Festzuhalten ist, dass eine Verfügung nicht ausdrücklich als solche bezeichnet werden muss[849].

a) Anordnung einer Behörde

Die Verfügung muss durch den zuständigen Träger der öffentlichen Gewalt respektive eine Behörde, welche Verfügungskompetenz besitzt, erlassen worden sein. Als Behörde wird jener Verwaltungsträger qualifiziert, der mit der Erfüllung von Staatsaufgaben betraut ist[850]. Gemäss Verwaltungsverfahrensgesetz gelten namentlich der Bundesrat, seine Departemente, die Bundeskanzlei und die ihnen unterstellten Dienstabteilungen, Betriebe, Anstalten und anderen Amtsstellen der Bundesverwaltung als Behörden[851].

Gemäss Art. 87 BV ist unter anderem die Gesetzgebung über die Luftfahrt Sache des Bundes. Dem Bund steht eine umfassende[852] Gesetzgebungskompetenz zu. Davon hat er mit dem Erlass der Slotkoordinationsverordnung Gebrauch gemacht. Diese Verordnung regelt, dass, falls die beteiligten Parteien im Schlichtungsverfahren keine Einigung erzielen können, das BAZL als zuständige Behörde entscheidet[853].

Das Privileg der Verfügungskompetenz ist grundsätzlich mit den öffentlichen Verwaltungsfunktionen wesensmässig verbunden, sofern es nicht gesetzlich wegbedungen ist[854].

> Wer zur Erfüllung einer Staatsaufgabe sachlich, örtlich und funktionell zuständig ist, ist auch zuständig, damit verbundene Verwaltungsrechtsverhältnisse durch Verfügung zu regeln. Grundsätzlich gilt, dass die Verwaltungsbefugnis die Verfügungsbefugnis einschliesst.[855]

849 SALADIN, S. 49f.
850 Art. 1 Abs. 2 VwVG.
851 Art. 1 Abs. 2 lit. a VwVG.
852 LENDI, S. 491ff.
853 Art. 7 Abs. 2 Slotkoordinationsverordnung.
854 Vgl. BGE 47 I 225.
855 GYGI, Bundesverwaltungsrechtspflege, S. 131; TSCHANNEN/ZIMMERLI, S. 214 mit Verweis auf BGE 115 V 375 E. 3.

Aufgrund der Übertragung der Entscheidbefugnis im Schlichtungsverfahren an das BAZL ist dieses folglich mit Verfügungsbefugnis ausgestattet.

b) Einseitigkeit

Das Kriterium der Einseitigkeit grenzt eine Verfügung gegenüber rechtsgeschäftlichen Handlungen ab. Für die Einseitigkeit ist der autoritative Charakter der Verfügung Ausschlag gebend. Führt das Slot-Schlichtungsverfahren zu keiner Einigung, entscheidet das BAZL gemäss Art. 7 Abs. 2 der Slotkoordinationsverordnung. Damit ist das Kriterium der Einseitigkeit erfüllt.

c) Individuell-konkrete Anordnung

Eine Verfügung muss sich an einzelne oder mehrere bestimmte Personen richten und einen konkreten Sachverhalt oder eine bestimmte Vielzahl von Sachverhalten regeln[856]: Der Entscheid des BAZL ergeht in einem bestimmten Schlichtungsverfahren betreffend eine bestimmte Slotstreitigkeit. Auch diese Bedingung ist folglich erfüllt.

d) Rechtsverbindlichkeit

Mit einer Verfügung wird ein Rechtsverhältnis, das Rechtswirkungen nach aussen zeitigt, definitiv und in erzwingbarer Weise festgelegt. Die Rechtswirkungen bestehen darin, dass Rechte oder Pflichten geändert, begründet, aufgehoben oder festgestellt werden, ein entsprechendes Begehren abgewiesen wird oder darauf nicht eingetreten wird. Zudem entfalten sich Rechtswirkungen sowohl für die Behörden, als auch für die Verfügungsadressaten unmittelbar[857].

856 KÖLZ/HÄNER, S. 178 ff.; TSCHANNEN/ZIMMERLI, S. 215.

857 Ganzer Abschnitt vgl. KÖLZ/HÄNER, S. 179 mit Verweis auf VPB 1996 Nr. 20 E. 4.1 und 5 sowie VPB 1995 Nr. 81 E. 1.1.

Der BALZ-Entscheid in der Slotstreitigkeit bestimmt, ob eine Fluggesellschaft zu einer bestimmten Zeit auf einem Flughafen starten oder landen darf[858]. Erhält eine Fluggesellschaft einen Slot zugesprochen, ist sie berechtigt, den Flughafen für ihre Flugbewegung zu nutzen. Erhält ein Luftfahrtunternehmen jedoch keinen Slot, kann sie auf einem Flughafen zur gewünschten Zeit legal nicht landen. Der Entscheid des BAZL stellt somit eine rechtsverbindliche Anordnung dar.

e) Anordnung in Anwendung öffentlichen Rechts des Bundes

Eine Verfügung im Sinne von Art. 5 VwVG muss sich auf öffentliches Recht des Bundes stützen oder hätte sich darauf stützen sollen[859]. In Abgrenzung zum Zivilrecht, dem Straf- sowie dem Schuld-, Betreibungs- und Konkursrecht mit je eigenen Bundesrechtsmitteln, versteht man unter öffentlichem Recht des Bundes einzig das Verwaltungsrecht[860].

Die Normstufe ist grundsätzlich unerheblich[861], die Anwendung einer Verordnung genügt. Es kann sich auch – wie in casu – teilweise um unmittelbar anwendbare Normen des Völkerrechts

858 Vgl. u.a. Art. 5 Abs. 1 lit. b sowie Art. 5 Abs. 2 Slotkoordinationsverordnung.

859 Vgl. BGE 123 II 20.

860 Gemäss KÖLZ/HÄNER, S. 182, umfasst der Begriff des öffentlichen Rechts des Bundes nur Erlasse „unterhalb der Verfassungsstufe". Anderer Meinung ZIMMERLI/KÄLIN/KIENER, S. 37, die sich auf BGE 120 Ib 390 E. 3a stützen („Mais la voie du recours de droit administratif n'est ouverte, selon l'art. 97 OJ, que contre les décisions au sens de l'art. 5 PA (RS 172.021) fondées sur le droit public fédéral, par quoi on entend en principe le droit administratif fédéral [...]. Il est vrai qu'en principe le droit constitutionnel ne ressortit pas au droit administratif fédéral. Cependant, une disposition de la Constitution fédérale – pour autant qu'il ne s'agisse pas d'un droit constitutionnel des citoyens – entre dans la catégorie du droit public fédéral au sens de l'art. 5 PA lorsqu'elle relève, par son objet, du droit administratif et régit une matière de façon suffisamment précise pour être immédiatement appliquée [...]".) und die Aussage von KÖLZ/HÄNER relativieren. Sich auf unmittelbar anwendbare Bestimmungen des Verfassungsrechts stützende Akte gelten entsprechend ebenfalls als Verfügung gemäss Art. 5 VwVG.

861 TSCHANNEN/ZIMMERLI, S. 219.

handeln[862]: Der Entscheid des BAZL in der Slotstreitigkeit stützt sich einerseits auf die schweizerische Slotkoordinationsverordnung und andererseits auf die europäische Slotverordnung (EWG) Nr. 95/93 (zunächst) in ihrer ursprünglichen Fassung, bei der es sich um für die Schweiz unmittelbar anwendbares Völkerrecht handelt[863]. Beide Erlasse erfüllen somit die Anforderungen von Art. 5 Abs. 1 VwVG hinsichtlich der anzuwendenden Rechtsgrundlagen.

6. *Der BAZL-Entscheid als Verfügung*

Der Entscheid des BAZL erfüllt alle gemäss Art. 5 VwVG vorausgesetzten Merkmale einer Verfügung: Es handelt sich um eine behördliche, einseitige, individuell-konkrete, rechtsverbindliche und sich auf Bundesverwaltungsrecht stützende Anordnung.

Aufgrund der Qualifizierung als Verfügung gemäss Art. 5 VwVG dient der Entscheid des BAZL als Anfechtungsobjekt für eine Verwaltungsbeschwerde respektive eine Verwaltungsgerichtsbeschwerde.

B. Rechtsmittelverfahren vor der Einführung des Bundesverwaltungsgerichts

1. *Ausgangslage*

Aufgrund der Qualifizierung des BAZL-Entscheides als Verfügung im Sinne von Art. 5 VwVG[864], ist nach Bundesrecht ein Weiterzug des Entscheides im Sinne eines zweistufigen Rechtsmittelverfahrens möglich.

862 Zimmerli/Kälin/Kiener, S. 37.
863 Zäch, S. 6; vgl. auch S. 31 f. vorne.
864 Vgl. S. 195 vorne.

Bevor im Anschluss an dieses Kapitel die Rechtslage nach der Justizreform[865], welche im Jahr 2007 zu massgeblichen Änderungen geführt hat, thematisiert wird, soll an dieser Stelle ein kurzer Überblick über das Rechtsmittelverfahren vor 2007 gegeben werden.

2. *Verwaltungsbeschwerde an die Rekurskommission*

a) Sachliche Zuständigkeit

Für die Behandlung einer Beschwerde im Beschwerdeverfahren war grundsätzlich die der verfügenden Behörde hierarchisch übergeordnete Instanz zuständig[866], soweit nicht der Bundesrat[867] oder andere Beschwerdeinstanzen gemäss Bundesrecht[868] zuständig waren. Sofern einschlägige Bundesgesetze dies vorgesehen hatten, entschieden eidgenössische Rekurskommissionen als Beschwerdeinstanzen[869].

Gemäss Luftfahrtgesetz waren Verfügungen, die auf dem Luftfahrtgesetz oder dessen Ausführungsbestimmungen beruhten, bis 1. Januar 2007 mit Beschwerde bei der Rekurskommission für Infrastruktur und Umwelt (nachfolgend „REKO/INUM“) anfechtbar[870].

Bei der Slotkoordinationsverordnung, auf die sich die Verfügung in der Slotstreitigkeit stützt, handelte es sich um einen Ausführungserlass[871] zum Luftfahrtgesetz. Somit war die REKO/INUM[872] für Beschwerden in Slotstreitigkeiten zuständig.

865 Vgl. S. 201 hinten.

866 Art. 47 Abs. 1 lit. c aVwVG; KÖLZ/HÄNER, S. 171 mit Verweis auf BGE 122 V 87.

867 Art. 47 Abs. 1 lit. a aVwVG.

868 Art. 47 Abs. 1 lit. b aVwVG.

869 Art. 71 lit. a Abs. 1 aVwVG, mit Wirkung per 1. Januar 2007 ist dieser Artikel aufgehoben worden.

870 Art. 6 Abs. 1 LFG (heute geändert); vgl. auch Entscheid der REKO UVEK im Beschwerdeverfahren B-2004-112 vom 27. April 2004, B 1.

871 Zu den Vollzugsverordnungen im schweizerischen Recht, vgl. TSCHANNEN, S. 576f.

872 Gemeinsam mit den anderen eidgenössischen Schieds- und Rekurskommissionen und den Beschwerdediensten der eidgenössischen Departemente,

b) Anfechtungsobjekt

Das Anfechtungsobjekt einer Verwaltungsbeschwerde war – und ist heute immer noch – eine Verfügung im Sinne von Art. 5 VwVG[873]. Der Entscheid des BAZL im Schlichtungsverfahren erfüllte – wie bereits erörtert[874] – diese Voraussetzung.

c) Legitimation

Zur Verwaltungsbeschwerde war berechtigt, wer materiell beschwert und durch die angefochtene Verfügung respektive den angefochtenen Entscheid des BAZL berührt war und ein schutzwürdiges Interesse an dessen Aufhebung oder Änderung hatte[875]. Ein rechtlich geschütztes Interesse wurde hingegen nicht vorausgesetzt, es genügte, wenn die beschwerdeführende Partei die Beeinträchtigung tatsächlicher Interessen – materieller oder ideeller Natur – geltend machte[876].

Die materielle Beschwer einer Fluggesellschaft stand kaum je in Frage. Ein für das Luftfahrtunternehmen ungünstiger Slot-Entscheid verhinderte, dass die Fluggesellschaft zur gewünschten Zeit einen Start oder eine Landung auf einem Flughafen durchführen konnte; sie war somit nicht in der Lage ihren Passagieren den gewünschten Flug anzubieten und erlitt allenfalls finanzielle Nachteile.

Das Interesse des Beschwerdeführers an der Aufhebung der Verfügung musste überdies aktuell und praktisch sein, ausser es handelte sich um Grundsatzfragen, an deren Klärung ein hinreichendes öffentliches Interesse bestand und zudem kaum jemals rechtszeitig ein Entscheid hätte gefällt werden können, sich die aufgeworfene Frage aber jederzeit unter gleichen oder ähnlichen Umständen wieder hätte stellen können[877].

---

wurde die REKO/INUM per 31. Dezember 2006 durch das Bundesverwaltungsgericht mit Sitz in Bern (ab 2010 in St. Gallen) abgelöst.

873 Art. 44 VwVG.

874 Vgl. S. 195 vorne.

875 Art. 48 lit. a VwVG.

876 Häfelin/Müller, S. 351; Kölz/Häner, S. 194, beide mit Verweis auf BGE 121 II 174.

877 BGE 123 II 287; Zimmerli/Kälin/Kiener, S. 102 ff.; Kölz/Häner, S. 194.

Bei den knappen Zeitverhältnissen im Zusammenhang mit der Zuteilung eines Slots kann es sein, dass im Zeitpunkt der Erhebung der Verwaltungsbeschwerde der jeweilige Halbjahresflugplan bereits in Kraft getreten ist. Bezüglich dieser Entscheidung ist das aktuelle Interesse möglicherweise nicht mehr gegeben. Die gleiche Frage könnte sich jedoch spätestens ein halbes Jahr später wieder stellen und ein rechtzeitiger Entscheid wäre auch in diesem Zeitpunkt nicht möglich. Das öffentliche Interesse daran, dass das BAZL das geltende Recht richtig anwendet ist indessen unbestritten. Daher konnte ausnahmsweise auch ohne aktuelles Interesse Verwaltungsbeschwerde geführt werden.

Dritte Voraussetzung der Legitimation stellte die formelle Beschwer dar. Demnach musste sich der Beschwerdeführer am vorinstanzlichen Verfahren beteiligt haben und mit seinen Anträgen ganz oder teilweise unterlegen sein[878]. Auf dieses Erfordernis konnte jedoch verzichtet werden, wenn die beschwerdeführende Partei ohne eigenes Verschulden an der Teilnahme am Verfahren der Vorinstanz verhindert war[879]. Das vom BAZL durchgeführte Schlichtungsverfahren gemäss Art. 7 Abs. 1 der Slotkoordinationsverordnung endete – sofern keine einvernehmliche Lösung gefunden werden konnte – mit dem Erlass einer ersten Verfügung[880]. Es stellte somit ein erstinstanzliches, so genanntes nichtstreitiges Verwaltungsverfahren dar. Der Beschwerdeführer musste dementsprechend an diesem Verfahren teilgenommen haben.

3. *Verwaltungsgerichtsbeschwerde ans Bundesgericht*

Gegen den Entscheid der REKO/INUM in der Slotstreitigkeit konnte die unterliegende Partei gemäss Art. 98 OG[881] Verwaltungsgerichtsbeschwerde beim Bundesgericht in Lausanne erheben. Art. 98 OG

878 GYGI, Bundesverwaltungsrechtspflege, S. 155 mit Verweis auf VPB 44 Nr. 4, S. 33 und 45 Nr. 50, S. 304.

879 ZIMMERLI/KÄLIN/KIENER, S. 106; KÖLZ/HÄNER, S. 195.

880 Vgl. Art. 7 Abs. 2 Slotkoordinationsverordnung.

881 Art. 98 lit. e OG. Vgl. hierzu auch KÖLZ/HÄNER, S. 285, 300 und BGE 123 II 545.

bezweckte das Verwaltungsrechtspflegeverfahren grundsätzlich auf zwei Rechtsmittelinstanzen zu beschränken. Einerseits sollte eine Rekurskommission oder eine Verwaltungsbehörde eine umfassende Prüfung der Tatbestandsfeststellung, des Ermessens und der Rechtsanwendung vornehmen, andererseits eine zweite und letzte Rechtskontrolle durch das Bundesgericht möglich sein[882].

a) Sachliche Zuständigkeit

Die sachliche Zuständigkeit wurde durch eine Generalklausel[883] ausgedrückt, wonach das Bundesgericht letztinstanzlich zur Beurteilung aller Verfügungen und Entscheide, die sich auf öffentliches Recht des Bundes abstützen, zuständig war. Ein Ausnahmekatalog[884] schränkte die Zuständigkeit allerdings ein.

Der Entscheid der REKO/INUM, der sich auf die Slotkoordinationsverordnung und die Verordnung (EWG) Nr. 95/93 (zunächst) gemäss ursprünglicher Fassung[885] und allenfalls weitere bundesrechtliche Luftfahrtnormen stützte, betraf keine im Ausnahmenkatalog erwähnte Materie[886]. Eine Zuständigkeit des Bundesgerichts war somit gegeben.

882 Ganzer Abschnitt vgl. KÖLZ/HÄNER, S. 301 mit Verweis auf BGE 122 V 203.

883 Vgl. Art. 97 Abs. 1 OG.

884 Art. 99ff. OG.

885 Europäische Luftrechtsnormen gehören ebenfalls zum öffentlichen Recht des Bundes vgl. S. 32 vorne.

886 Gewisse „Sachverhalte, [z.B. auf dem Gebiete der Seeschifffahrt, „Verfügungen betreffend den Namen, die Seetüchtigkeit, Sicherheit und Ausrüstung eines schweizerischen Seeschiffes oder einer schweizerischen Jacht"; Art. 100 Abs. 1 lit. o OG] bei denen der Verwaltung ein großer Ermessensspielraum zusteht und technische Fragen bedeutsam sind [...] erachtete der Gesetzgeber als nicht justiziabel. Daneben enthält das Gesetz auch Ausnahmen, die lediglich eine Klarstellung bedeuten und bereits aus anderen Gründen nicht der verwaltungsrechtlichen Kontrolle unterliegen, etwa weil das Anfechtungsobjekt fehlt. In diesen Fällen kann von unechten Ausnahmen gesprochen werden. Der Ausnahmekatalog von Art. 99ff. OG ist nicht abschliessend zu verstehen", KÖLZ/HÄNER, S. 307. Bezüglich Entscheiden von eidgenössischen Rekurs- und Schiedskommissionen gilt: „Ist das Bundesgericht aufgrund der Ausnahmebestimmungen von Art. 99ff. OG nicht zuständig, kann der Entscheid *nicht* an den Bundesrat weitergezogen werden,

b) Anfechtungsobjekt

Die ursprüngliche Verfügung des BAZL[887] bildete das Anfechtungsobjekt im Verwaltungsgerichtsbeschwerdeverfahren[888].

c) Beschwerdegründe, Legitimation und Kognition

Mit Verwaltungsgerichtsbeschwerde konnte die Verletzung von Bundesrecht einschliesslich der Überschreitung oder dem Missbrauch des Ermessens gerügt werden[889]. Das Bundesgericht prüfte die Anwendung des Bundesrechts grundsätzlich frei.[890] Zur Verwaltungsgerichtsbeschwerde legitimiert gemäss Art. 103 lit. a OG war, wer durch den angefochtenen Entscheid berührt war und ein schutzwürdiges Interesse an dessen Aufhebung oder Änderung hatte.

Da es sich bei der REKO/INUM als Vorinstanz im Zusammenhang mit einem Slotentscheid um eine richterliche Behörde handelte, war das Bundesgericht an deren Sachverhaltsfeststellung gebunden[891], es sei denn, die REKO/INUM hatte den Sachverhalt „offensichtlich unrichtig, unvollständig oder unter Verletzung wesentlicher Verfahrensbestimmungen“[892] festgestellt. Unangemes-

---

sondern er wird endgültig (Art. 74 lit. c VwVG).“, ZIMMERLI/KÄLIN/KIENER, S. 62; vgl. auch KÖLZ/HÄNER, S. 285 mit Verweis auf BGE 119 Ib 413 und 106 Ib 271 f.; vgl. auch Art. 27 VRSK: „Soweit die Verwaltungsgerichtsbeschwerde an das Bundesgericht [...] unzulässig ist (Art. 99–101, 129 OG), sind die Entscheide der Kommissionen endgültig; sie erwachsen am Tage ihrer Ausfällung in Rechtskraft.“

887 Vgl. S. 191 ff. zu den einzelnen Voraussetzungen einer Verfügung gemäss Art. 5 VwVG.

888 Art. 97 Abs. 1 OG; Art. 5 VwVG; Art. 44 VwVG.

889 Art. 104 lit. a OG. Zum Bundesrecht gehören auch die nicht ins Landesrecht transformierten Rechtsnormen, wie beispielsweise die Verordnung (EWG) Nr. 95/93 gemäss ursprünglicher Fassung.

890 KÖLZ/HÄNER, S. 335 mit Verweis auf BGE 123 II 388 sowie BGE 123 II 298.

891 Art. 105 Abs. 2 OG.

892 Vgl. Art. 105 Abs. 2 OG als Gegenausnahme zur statuierten Einschränkung der Kognition ebenfalls gemäss Art. 105 Abs. 2 OG im Falle einer richterlichen Behörde als Vorinstanz.

senheit[893] konnte nicht gerügt werden, da ein Slot-Entscheid keine Verfügung über die Festsetzung von Abgaben und öffentlich-rechtlichen Entschädigungen darstellte[894] und eine derartige Rüge im Luftfahrtgesetz überdies nicht vorgesehen war[895].

4. *Fazit*

Mit der Inkraftsetzung der Slotkoordinationsverordnung in der Schweiz wurde Klarheit geschaffen: Diese Verordnung – als Ausführungserlass zum LFG – eröffnete die Möglichkeit, den Entscheid des BAZL in Slotstreitigkeiten – als Verfügung gemäss Art. 5 VwVG – mit Verwaltungsbeschwerde bei der REKO/INUM anzufechten. Da die Vergabe der Slots in weiten Teilen auf technischen Kriterien beruht, machte die Zuständigkeit einer Rekurskommission als erste Rechtsmittelinstanz Sinn. Mit der Möglichkeit des Weiterzugs des Entscheides an das Bundesgericht kam sodann das gewöhnliche zweistufige Verwaltungsrechtspflegeverfahren zur Anwendung.

C. Rechtsmittelverfahren nach der Schaffung des Bundesverwaltungsgerichts

1. *Ausgangslage*

Am 12. Mai 2000 nahmen Volk und Stände die so genannte Justizreform[896] an. Die Totalrevision der Bundesrechtspflege setzte einen ersten Teil dieser Reform auf Gesetzesstufe um[897]. Sie be-

893 Art. 104 lit. c OG.
894 Art. 104 lit. c Ziff. 1 OG.
895 Art. 104 lit. c Ziff. 3 OG.
896 Bundesbeschluss vom 8. 10. 1999 über die Reform der Justiz, vgl. BBl 1999, S. 8633.
897 URL: http://www.bstrger.bvger.admin.ch/themen/bundesgerichte/gesetzte-d.html (Stand: Oktober 2005).

zweckte unter anderem mit der Schaffung eines Bundesverwaltungsgerichts gestützt auf Art. 191a Abs. 2 BV[898], das Bundesgericht zu entlasten und es funktionsfähig zu erhalten.

Die Totalrevision der Bundesrechtspflege umfasste mit dem Bundesgesetz über das Bundesgericht (nachfolgend „BGG"[899]), dem Bundesgesetz über das Bundesstrafgericht[900] (nachfolgend „SGG") sowie dem Bundesgesetz über das Bundesverwaltungsgericht[901] (nachfolgend „VGG") drei neue Gesetze. Im Rahmen der Botschaft[902] zur Totalrevision der Bundesrechtspflege hatte der Bundesrat dem Parlament am 28. Februar 2001 den Gesetzesentwurf zur Schaffung des Bundesstrafgerichts und des Bundesverwaltungsgerichts überstellt[903], am 1. April 2004 wurde das SGG bereits in Kraft gesetzt.

Am 1. Januar 2007 sind das Bundesgesetzes über das Bundesgericht sowie des Bundesgesetzes über das Bundesverwaltungsgericht, welche am 17. Juni 2005 vom Parlament verabschiedet worden waren, in Kraft getreten.

Am System des zweistufigen Rechtsmittelverfahrens wird auch mit der Totalrevision der Bundesrechtspflege nicht gerüttelt, allerdings werden die Rechtsmittel vereinheitlicht und die Instanzen teilweise neu organisiert. Es ist darauf hinzuweisen, dass in diesem Kapitel nur jene Neuerungen der Bundesrechtspflege behandelt werden, die im engen Rahmen dieser Dissertation von Bedeutung sind.

898 Gemäss Art. 191a Abs. 2 BV bestellt der Bund „richterliche Behörden für die Beurteilung von öffentlich-rechtlichen Streitigkeiten aus dem Zuständigkeitsbereich der Bundesverwaltung"; vgl. auch BBl 1999, S. 8633.

899 Bundesgesetz über das Bundesgericht vom 17. Juni 2005 (Bundesgerichtsgesetz, BGG), vgl. BBl 2005 S. 4045. Dieses Gesetz ersetzt das bisherige Bundesgesetz über die Organisation der Bundesrechtspflege (Bundesrechtspflegegesetz, OG).

900 Bundesgesetz über das Bundesstrafgericht vom 4. Oktober 2002 (Strafgerichtsgesetz, SGG), SR 173.71.

901 Bundesgesetz über das Bundesverwaltungsgericht vom 17. Juni 2005 (Verwaltungsgerichtsgesetz, VGG), vgl. BBl 2005, S. 4093.

902 BBl 2001, S. 4222.

903 Botschaft zum Aufbau des Bundesgerichts (Zusatzbotschaft zur Botschaft der Totalrevision der Bundesrechtspflege) vom 25.8.2004, BBl 2004, S. 4789.

2. *Rechtsmittelverfahren vor dem Bundesverwaltungsgericht*

a) Grundlagen

Das VGG regelt die Zuständigkeit und die Organisation des Bundesverwaltungsgerichts. Das Bundesverwaltungsgericht ist das allgemeine Verwaltungsgericht des Bundes[904] und entscheidet als Vorinstanz des Bundesgerichts, soweit das Gesetz die Beschwerde an das Bundesgericht nicht ausschliesst[905]. In Bundesverwaltungssachen verfügt das Bundesverwaltungsgericht somit über eine allgemeine Sachzuständigkeit[906].

Dieses Gericht löst damit einerseits die rund 30 eidgenössischen Rekurs- und Schiedskommissionen des Bundes als richterliche Vorinstanzen ab und tritt zum andern an die Stelle der Beschwerdedienste der Departemente und ist die zuständige Rechtsmittelbehörde in Fällen, in denen Verfügungen von Departementen, autonomen Anstalten und nicht richterlichen Kommissionen des Bundes vor der Reform direkt an das Bundesgericht weiter gezogen werden konnten[907].

b) Vorinstanzen des Bundesverwaltungsgerichts

Art. 33 VGG bezeichnet die Vorinstanzen des Bundesverwaltungsgerichts. Im Zusammenhang mit dieser Dissertation ist lit. d relevant, wonach als reguläre Vorinstanz des Bundesverwaltungsgerichts die Bundeskanzlei, die Departemente und die ihnen unterstellten oder administrativ zugeordneten Dienststellen der Bundesverwaltung, also auch der Bundesämter, gelten[908].

904 Art. 1 Abs. 1 VGG.
905 Art. 1 Abs. 2 VGG.
906 Vgl. BBl 2001 S. 4376. Art. 47 Abs. 1 lit. b VwVG wird daher einer Änderung unterzogen. Neu wird festgehalten, dass das Bundesgericht nach den Artikeln 31–34 des VwVG als Beschwerdeinstanz gilt.
907 BBL 2001, S. 4376 f. „Die Departemente, autonomen Anstalten und nicht richterlichen Kommissionen des Bundes treffen jährlich durchschnittlich rund 3'000 Verfügungen, die nicht bei einer eidgenössischen Rekurskommission anfechtbar sind.“, URL: http://www.bstger-bver.admin.ch/themen/bundesgerichte/bundesverwaltungsgericht.html (Stand: Oktober 2005).
908 Art. 3 lit. d VGG.

Zudem wurde der Wortlaut von Art. 6 Abs. 1 des Luftfahrtgesetzes im Rahmen der Einführung des VGG dahingehend abgeändert, dass gegen „Verfügungen, die sich auf dieses Gesetz und seine Ausführungserlasse stützen, [...] nach den allgemeinen Bestimmungen über die Bundesrechtspflege Beschwerde geführt werden" kann. Der Entscheid des BAZL, der aufgrund einer Slotstreitigkeit im Schlichtungsverfahren ergangen ist, kann somit beim Bundesverwaltungsgericht mit Verwaltungsgerichtsbeschwerde angefochten werden.

c) Verfahren gemäss Verwaltungsgerichtsgesetz

Der Grundsatz, wonach sich das Verfahren vor dem Bundesverwaltungsgericht nach VwVG richtet, soweit das VGG nichts anderes bestimmt, ist in Art. 37 VGG festgehalten. Nach wie vor bildet das Vorliegen einer Verfügung im Sinne von Art. 5 VwVG Voraussetzung für den Weiterzug einer Beschwerde ans Bundesverwaltungsgericht[909].

Art. 32 VGG enthält einen Ausnahmekatalog, der festhält, in welchen Fällen eine Beschwerde nicht zulässig ist. Die Behandlung von Beschwerden gegen einen Entscheid des BAZL in einer Slotstreitigkeit zählt nicht zu diesen Ausnahmefällen.

Hinsichtlich der Legitimationsvoraussetzungen ist aufgrund fehlender abweichender Bestimmungen im VGG nach wie vor Art. 48 VwVG zu beachten und es kann auf die Erörterungen im Kapitel zur Verwaltungsgerichtsbeschwerde vor der Justizreform respektive auf die Legitimationsvoraussetzungen der Verwaltungsbeschwerde verwiesen werden[910]. Die betreffende Norm des VwVG wurde allerdings im Rahmen der Einführung des VGG abgeändert. Die Voraussetzung der formellen Beschwer ist neu explizit im Gesetz erwähnt[911]. Die materielle Beschwer im Sinne der besonderen Berührtheit[912] sowie des schutzwürdigen Interesses an

909 Vgl. Art. 31 VGG.
910 Vgl. S. 197f. vorne.
911 Art. 48 Abs. 1 lit. a VwVG.
912 Art. 48 Abs. 1 lit. b VwVG.

der Aufhebung oder Änderung der Verfügung[913], bleibt unverändert eine Voraussetzung.

3. *Rechtsmittelverfahren vor Bundesgericht*

a) *Einführung der Einheitsbeschwerde*

Der Entscheid des Bundesverwaltungsgerichts kann an das Bundesgericht in Lausanne[914] weitergezogen werden. Die neu geschaffene „Einheitsbeschwerde"[915] – für jedes Rechtsgebiet gibt es eine einzige Beschwerde[916] – dient als Rechtsmittel.

Die Abgrenzung zwischen den drei Beschwerden ergibt sich aus dem vom angefochtenen Entscheid betroffenen Rechtsgebiet unabhängig davon, ob es sich um kantonales oder eidgenössisches Recht[917], um Verfassungsbestimmungen oder Gesetzesbestimmungen handelt. Art. 83 hält die Ausnahmen einer Zulässigkeit der Beschwerde in öffentlich-rechtlichen Angelegenheiten ans Bundesgericht fest.

Der Beschwerde kommt grundsätzlich keine aufschiebende Wirkung zu[918], allerdings kann der Instruktionsrichter von Amtes wegen oder auf Antrag einer Partei den Suspensiveffekt verfügen[919] oder weitere vorsorgliche Massnahmen treffen[920].

913 Art. 48 Abs. 1 lit. c VwVG.

914 Art. 82 lit. a BGG; Art. 86 Abs. 1 lit. a BGG. Art. 86 Abs. 1 lit. a bezeichnet das Bundesverwaltungsgericht als allgemeine Vorinstanz des Bundesgerichts.

915 Für Einzelheiten vgl. u. a. BBl 2001, S. 4235 ff.

916 Es wird unterschieden zwischen der Beschwerde in Strafsachen, der Beschwerde in Zivilsachen und der Beschwerde in öffentlich-rechtlichen Angelegenheiten, vgl. BBl 2001, S. 4234.

917 Art. 95 BGG.

918 Art. 103 Abs. 1 BGG.

919 Art. 103 Abs. 3 BGG.

920 Art. 104 BGG, vgl. Karlen, S. 60.

b) Legitimation

Die Voraussetzungen der Beschwerdelegitimation in öffentlich-rechtlichen Angelegenheiten gemäss Art. 89 BGG entsprechen denjenigen für die Verwaltungsgerichtsbeschwerde gemäss früheren Rechts[921]. Es ist somit jedermann beschwerdeberechtigt, der am Verfahren der Vorinstanz teilgenommen hat[922], durch den angefochtenen Entscheid besonders berührt ist[923] und ein schutzwürdiges Interesse an der Aufhebung des angefochtenen Entscheides hat[924].

4. Fazit

Seit 1. Januar 2007 kann eine Verfügung des BAZL in einer Slotstreitigkeit mit Verwaltungsgerichtsbeschwerde an das Bundesverwaltungsgericht mit Sitz in St. Gallen und provisorischer Niederlassung in Bern weitergezogen werden.

Die Verfahrensvoraussetzungen im Vergleich zum früher geltenden Recht bleiben sich allerdings praktisch gleich. Massgebend ist weiterhin das Verwaltungsrechtspflegegesetz; sofern das neue Verwaltungsgerichtsgesetz (VGG) nichts anderes bestimmt, findet das VwVG Anwendung.

Das Verfahren vor der zweiten Rechtsmittelinstanz, dem Bundesgericht in Lausanne, ist mit der Einführung einer Einheitsbeschwerde erleichtert und vereinfacht worden, indem alle Rügen in einer einzigen Beschwerde vorzubringen sind. Drittens wird das Bundesgericht in Lausanne massgeblich entlastet, da es die verschiedenen Rechtsmittelwege nicht voneinander abgrenzen muss[925]. Die Verfahrensvoraussetzungen des bis 2007 geltenden Rechts werden auch im Verfahren vor der zweiten Rechtsmittelinstanz beibehalten.

921 Art. 103 OG.
922 Art. 89 Abs. 1 lit. a BGG.
923 Art. 89 Abs. 1 lit. b BGG.
924 Art. 89 Abs. 1 lit. c BGG.
925 BBL 2005, S. 4234.

Schlussbetrachtungen und Ausblick

Das ungebrochene Wachstum des Luftverkehrsmarktes führt zu einer fortwährenden Steigerung der Nachfrage hinsichtlich benötigter Flughafeninfrastruktur. Insbesondere aufgrund der räumlichen Verhältnisse in Europa ist der Ausbau dieser Infrastruktur allerdings nur beschränkt möglich.

Von der Balance zwischen Infrastrukturangebot und Nachfrage hängt der Wettbewerb im Luftverkehr massgeblich ab: Die Ressource „Slot" wird aufgrund des grossen Bedarfs auf überlasteten Flughäfen knapp.

Im Zentrum dieser Dissertation steht die Frage, wie das knappe Gut Slot sinnvoll auf die zahlreichen Nachfrager verteilt werden kann. Das heute geltende System der Slotvergabe und Slotübertragung begünstigt die etablierten Fluggesellschaften. Diese wollen den status quo entsprechend bewahren. Eine Gegenbewegung zu dieser starken Lobby etablierter Fluggesellschaften zeichnet sich zurzeit noch nicht ab, weder innerhalb der Branche selbst, noch auf politischer, staatlicher Ebene. Nennenswerte Ausnahme bildet hierbei Grossbritannien, das seiner Auslegungsvariante der geltenden Slotverordnung im Hinblick auf die Möglichkeit eines von Zahlungen begleiteten Tauschs Nachachtung verschafft.

Die EU sieht sich zur Zeit mit Aufgaben und Problemen im Zusammenhang mit der vollzogenen Erweiterung ihrer Aussengrenzen konfrontiert und findet sich vorerst mit der heute vorliegenden – rein technisch-begrifflich, nicht aber materiell revidierten – Sloverordnung ab. Inhalt dieser seit 2004 geltenden revidierten Verordnung ist insbesondere eine Klarstellung, wonach an Slots kein Eigentumsrecht besteht sowie eine Verdeutlichung der Voraussetzungen einer zulässigen Slotübertragung. Zudem wird das Institut des Koordinators, der die Start- und Landerechte auf die einzelnen Fluggesellschaften zu vergeben hat, neu definiert und seine Unabhängigkeit von allen beteiligten Parteien zusätzlich verankert.

In Anbetracht der weiteren Verknappung der Ressourcen wird die EU jedoch nicht umhin kommen zu prüfen, ob der bisher kostenlos zugeteilte Slot mit einer knappheitsorientierten Benutzungsgebühr auszustatten sei, um einen effektiven und effizienten Umgang mit dem Lande- oder Startrecht zu gewährleisten.

Aus dieser Fragestellung entwickelt sich insbesondere die Thematik der Einführung eines Slot-Sekundärmarktes, der einen freien Handel der Slots unter den Luftfahrtunternehmen ermöglichen würde und weit über die heute zulässigen Formen des unentgeltlichen Tauschs und der restriktiv geregelten Übertragung von Slots hinausgeht.

Ob jedoch die Einführung eines vollständig liberalisierten Slot-Sekundärmarktes, bei dem das europäische Wettbewerbsrecht die einzige Schranke darstellen würde, einen gesunden Wettbewerb entstehen lassen und den neu in den Markt tretenden Luftfahrtunternehmen eine reelle Chance auf Etablierung zugestehen würde, ist aufgrund der Erfahrungen der USA mit einem Slot-Sekundärmarkt (Buy Sell Rule) offen zu lassen. Die in den Vereinigten Staaten erhoffte Marktöffnung ist trotz eines teilweise liberalisierten Slothandels auf den High Density Airports ausgeblieben und die FAA hat den Slothandel bereits mehrheitlich wieder untersagt.

Allerdings sei dahingestellt, ob eine Chancenangleichung zwischen etablierten Fluggesellschaften und neu in den Markt eintretenden Luftfahrtunternehmen überhaupt wünschenswert ist oder ob vorherrschende Marktmechanismen dem Luftverkehrsmarkt zu einem eigenen Gleichgewicht verhelfen sollen.

Die Schweiz hat mit der Inkraftsetzung des Bilateralen Luftverkehrsabkommens im Jahr 2002 und der damit inhärenten de facto-Übernahme der EG-Luftrechtsnormen einen grossen Schritt in Richtung Europa unternommen. Gerade in einem länderübergreifenden Bereich wie der Luftfahrt, der ein Zusammenwirken voraussetzt, ist ein solches Vorgehen auch angezeigt.

Mit der Gründung der Slotcoordination Switzerland im Jahr 2004 hat die Schweiz mit der Umsetzung der europäischen Normen begonnen. Da sich die Eidgenossenschaft jedoch nicht nur bezüglich der Slotvergabemethode sondern auch hinsichtlich der Koordinationsstelle stets an den internationalen Standards der

IATA-Richtlinien orientiert hat, an die sich die europäische Slotverordnung stark anlehnt, ist der Reformbedarf gering.

Im Herbst 2005 hat die Schweiz mit der Slotkoordinationsverordnung die letzten Lücken, die mit der Übernahme des europäischen Rechts im Bereiche der Slots, namentlich der Anwendung der europäischen Slotverordnung aufgetreten sind, geschlossen. Insbesondere der innerstaatliche Rechtsmittelweg, auf den die europäische Slotverordnung explizit verweist, steht nun zur Verfügung.

Bei Unstimmigkeiten im Anschluss an den Entscheid des Koordinators findet gemäss europäischem Recht eine Vermittlung zuerst durch den Koordinierungsausschuss und anschliessend durch eine Schlichtungsinstanz statt. Die schweizerische Slotkoordinationsverordnung übernimmt die Regelungen des EG-Rechts und bestimmt das Bundesamt für Zivilluftfahrt als Schlichtungsorgan. Dieses entscheidet – sofern keine Lösung gefunden werden kann – in Form einer Verfügung die Streitigkeit. Das Vorliegen einer Verfügung gemäss Art. 5 des Verwaltungsrechtspflegegesetzes ermöglicht sodann ein zweistufiges Rechtsmittelverfahren auf Bundesebene.

Studies in Global Economic Law
Studien zum globalen Wirtschaftsrecht
Études en droit économique mondial

Present and future economic, technological and societal changes and evolutions fundamentally affect traditional legal structures of the territorial state system. They increasingly call for global approaches and solutions, transgressing the tools of classical public international law. This trilingual series publishes monographs, studies and collected papers dedicated to these challenges. The contributions examine existing instruments, in particular within the framework of the international trading system. They explore new approaches and search for innovative solutions within the global process of legal integration. Research efforts are dedicated to different walks of life and areas of regulation, and to the quest for adequate constitutional structures of transnational and democratic processes.

Wirtschaftliche, technologische und gesellschaftliche Entwicklungen der Gegenwart und Zukunft bewirken tiefgreifende Änderungen traditioneller Strukturen des Rechts des Territorialstaats und rufen zunehmend nach globalen Vorgehensweisen und Lösungen, die oftmals über das Instrumentarium des klassischen Völkerrechts hinaus weisen. Die dreisprachige Reihe publiziert Monographien, Studien und Tagungsbände, die sich vertieft mit diesen Herausforderungen auseinandersetzen. Die Beiträge untersuchen das bestehende Instrumentarium namentlich im Rahmen des Welthandelssystems und forschen nach neuen Ansätzen und Lösungen im Rahmen des globalen Integrationsprozesses. Dazu gehören Studien zu den Regelungen einzelner Sach- und Lebensbereiche wie auch zu Fragen adäquater transnationaler demokratischer Verfassungs- und Entscheidungsstrukturen.

Les évolutions actuelles et futures sur le plan technique, économique et social ne cesseront d'influencer profondément les structures traditionnelles du droit de l'état territorial. Par conséquent, des approches et des solutions dépassant les instruments du droit international public classique deviennent de plus en plus nécessaires. Cette collection trilingue publie des monographies, études et actes de colloques qui analysent et font face à ces défis. Les contributions examinent les instruments existants, notamment dans la domaine du système commercial mondiale. Elles cherchent à développer des approches nouvelles et des solutions innovatrices dans le contexte du processus d'intégration globale en incluant des études de droit touchant aux différents secteurs et domaines de vie. De plus, les travaux de recherche seront également destinés à trouver les procédures consti-tutionnelles et décisionnelles les plus adéquates et démocratiques au niveau transnational.

Studies in Global Economic Law
Studien zum globalen Wirtschaftsrecht
Études en droit économique mondial

edited by THOMAS COTTIER

Vol. 1 MARTIN A. GIRSBERGER – Biodiversity and the Concept of Farmers' Rights in International Law. Factual Background and Legal Analysis, 1999

Vol. 2 DAVID WYSS – Bankdienstleistungen im Allgemeinen Dienstleistungsabkommen der WTO. Auswirkungen auf das schweizerische Bankenrecht, 1999

Vol. 3 BENOÎT MERKT – Harmonisation internationale et entraide administrative internationale en droit de la concurrence. Droit du GATT/OMC, droit européen, accords bilatéraux et perspectives pour le droit suisse, 2000

Vol. 4 INGO MEITINGER – Der Schutz von Geschäftsgeheimnissen im globalen und regionalen Wirtschaftsrecht. Stand und mögliche Entwicklungen der internationalen und regionalen Rechtsharmonisierung, 2001

Vol. 5 JOËLLE DE SÉPIBUS – Die Umweltschutzsubvention im Gemeinschaftsrecht. Eine umweltrechtliche Kritik der europäischen Beihilfekontrolle, 2003

Vol. 6 BOBJOSEPH MATHEW – The WTO Agreements on Telecommunications, 2003

Vol. 7 LUKAS ENGELBERGER – Die unmittelbare Anwendbarkeit des WTO-Rechts in der Schweiz. Grundlagen und Perspektiven im Kontext internationaler Rechtsentwicklungen, 2004

Vol. 8 THOMAS M. FISCHER – Die Entbündelung der letzten Meile in der Schweiz im Lichte des GATS, 2004

Vol. 9 DAE-WON KIM – Non-Violation Complaints in WTO Law. Theory and Practice, 2006

Vol. 10 QI ZHANG – Consultation within WTO Dispute Settlement. A Chinese Perspective, 2007

Vol. 11 Felix Bloch – Technologiettransfer zum internationalen Umweltschutz. Eine völkerrechtliche Untersuchung unter besonderer Berücksichtigung des Schutzes der Ozonschicht und des Weltklimas, 2007

Vol. 12 Bettina Beck – Die Regelung von Slots (Zeitnischen) im Luftverkehrsrecht. Vergabe, Übertragung und Anfechtung in der Schweiz und der EG unter rechtsvergleichender Berücksichtigung US-amerikanischer Normen, 2008

FSC
www.fsc.org
MIX
Papier | Fördert
gute Waldnutzung
FSC® C083411

Kolibri 360 GmbH
Ferdinand-Jühlke-Straße 7
99095 Erfurt, Deutschland
produktsicherheit@kolibri360.de